D1696869

Franco Selleri

Die Debatte um die Quantentheorie

Franco Selleri

Die Debatte
um die Quantentheorie

3., überarbeitete Auflage

Der Hauptteil der vorliegenden Fassung des Textes
wurde anhand des englischen Originalmanuskriptes
von Franco Selleri unter Mitarbeit von Roman U. Sexl erstellt.
Die in der 3. Auflage neu hinzugekommenen Passagen wurden von
Helmut Kühnelt übersetzt.
Die 1. und 2. Auflage erschien in der von Prof. Dr. Roman U. Sexl herausgegebenen
Buchreihe „Facetten der Physik".

1. Auflage 1983
2., überarbeitete Auflage 1984
3., überarbeitete Auflage 1990

Der Verlag Vieweg ist ein Unternehmen der Verlagsgruppe Bertelsmann International.

Alle Rechte vorbehalten
© Friedr. Vieweg & Sohn Verlagsgesellschaft mbH, Braunschweig 1990

Das Werk einschließlich aller seiner Teile ist urheberrechtlich geschützt. Jede Verwertung außerhalb der engen Grenzen des Urheberrechtsgesetzes ist ohne Zustimmung des Verlags unzulässig und strafbar. Das gilt insbesondere für Vervielfältigungen, Übersetzungen, Mikroverfilmungen und die Einspeicherung und Verarbeitung in elektronischen Systemen.

Umschlaggestaltung: Schrimpf und Partner, Wiesbaden
Satz und Druck: Lengericher Handelsdruckerei, Lengerich
Buchbinderische Verarbeitung: L. Langelüddecke, Braunschweig
Printed in the Federal Republic of Germany

ISBN 3-528-28518-4

Inhaltsverzeichnis

Vorwort VII

I Die Quantentheoretiker und die physikalische Welt 1

1 Drei grundlegende Fragen über die Physik 1
2 Die ältere Generation 5
3 Die mittlere Generation 11
4 Die jüngere Generation 25
5 Schlußfolgerungen 34

II Ist die Quantenmechanik eine vollständige Theorie? 42

1 Das Problem der Vollständigkeit und der verborgenen Variablen 42
2 de Broglies Paradoxon 46
3 Das Spin-$\frac{1}{2}$-System in der Quantenmechanik 49
4 Ein einfacher Beweis des von Neumannschen Theorems . . 54
5 Das von Neumannsche Theorem ist nicht allgemein genug . 59
6 Quantenpotential und Teilchentrajektorien 64

III Der Dualismus Teilchen – Welle 69

1 Einstein, de Broglie und der objektive Dualismus 69
2 Schrödinger und eine Welt aus Wellen 76
3 Bohrs Komplementarität 81
4 Focks Relativität der Beobachtungsmittel 87
5 Heisenberg jenseits der Komplementarität 91
6 Wigners Bewußtseinswellen 96
7 Experimente mit Neutroneninterferometern 100

IV Das Paradoxon von Einstein, Podolsky und Rosen 109

1. Die ursprüngliche Formulierung des Paradoxons 109
2. Bohrs Antwort 115
3. Spin-Zustände für zwei Teilchen 119
4. Eine neue Formulierung des Paradoxons 122
5. Die möglichen Lösungen 125

V Die Separabilität führt zu Ungleichungen 132

1. Die Korrelationsfunktion 132
2. Die Bellsche Ungleichung und das EPR-Paradoxon .. 136
3. Ungleichungen für faktorisierbare Spin-Zustände . 139
4. Zusätzliche Annahmen – Starke Ungleichungen 141
5. Beweis der starken Ungleichungen durch Clauser und Horne 145
6. Experimente mit Zwei-Weg-Polarisatoren 148

VI Experimentelle Philosophie 151

1. Die Einheit der Physik 151
2. Die Neutralität der Physik? 155
3. Eine Rolle für das Bewußtsein? 162
4. Experimente zum EPR-Paradoxon 167
5. Weitere experimentelle Philosophie 178
6. Schlußfolgerung 189

Allgemeine Bibliographie 194

Anmerkungen 197

Bildquellenverzeichnis 206

Namen- und Sachwortverzeichnis 207

Vorwort

Die Debatte über die Grundlagen der Quantentheorie, die auf eine mehr als fünfzigjährige Tradition zurückblickt, war in zwei Perioden besonders intensiv, nämlich unmittelbar nach der Begründung der Quantentheorie und wiederum in den letzten Jahren. An die Frühzeit der Quantenphysik erinnerte Max Born in seiner Rede, die er anläßlich der Verleihung des Nobelpreises im Jahre 1954 hielt. Er beschrieb die tiefgreifende Meinungsverschiedenheit, die die berühmtesten Quantentheoretiker in zwei Lager schied:[1] „Wenn ich sagte, die Physiker hätten die damals von uns entwickelte Denkweise angenommen, so war ich nicht ganz korrekt: es gibt ein paar sehr bemerkenswerte Ausnahmen, und zwar gerade unter den Männern, die am meisten zum Aufbau der Quantentheorie beigetragen haben. Planck selbst gehörte zu den Skeptikern bis zu seinem Tode. Einstein, de Broglie und Schrödinger haben nicht aufgehört, das Unbefriedigende der statistischen Interpretation der Quantenmechanik zu betonen."

Dieser intellektuelle Kampf betraf einige der grundlegenden Fragen der gesamten Naturwissenschaft: Existieren die atomaren Objekte unabhängig von der menschlichen Beobachtung und, wenn dies der Fall ist, sind sie dann dem menschlichen Verständnis zugänglich?

Im großen und ganzen kann man sagen, daß die Kopenhagener und Göttinger Schulen (Bohr, Heisenberg, Born ...) diese Fragen ziemlich pessimistisch beantworteten. Niels Bohr befürwortete beispielsweise den Gebrauch des Wortes „Phänomen" *nur* zur Beschreibung einer Messung, die notwendigerweise ein vollständige Beschreibung des Meßapparates mitenthielt und damit nicht das atomare Objekt selbst, sondern seine Wechselwirkung mit dem von Menschen gewählten Apparate betraf.

Diese negative Haltung führte zu einer lebenslangen Opposition bei Einstein, Planck, Schrödinger, Ehrenfest und de Broglie. Heisenberg meinte dazu: „Alle Gegner der Quantentheorie sind sich aber über einen Punkt einig. Es wäre nach ihrer Ansicht wünschenswert, zu der Realitätsvorstellung der klassischen Physik, oder allgemeiner gesprochen, zur Ontologie des Materialismus zurückzukehren, also zur Vorstellung einer objektiven, realen Welt, deren kleinste Teile in der gleichen Weise objektiv existieren wie Steine und Bäume, gleichgültig ob wir sie beobachten oder nicht."[2]

Die Opposition bedeutender Kritiker vermochte den Siegeszug der Quantenmechanik nicht zu stoppen. Niemand wollte eine Modifikation der Theorie zu einer Zeit in Betracht ziehen, in der ihre triumphalen Erfolge nahelagen, ihre Anwendungen auf zahlreiche Gebiete offenstanden und die Schwierigkeiten und Zweideutigkeiten noch unentdeckt blieben. Sogar heute kann man sagen, daß die Erfolge der Quantenmechanik so überwältigend sind, daß keine wissenschaftliche Theorie ihr jemals in bezug auf diesen empirischen Erfolg gleichkam.

Die kritischen Untersuchungen von Einstein, Schrödinger und de Broglie richteten sich daher mehr gegen die Deutung als gegen die Gültigkeit der Theorie. Was sie ablehnten, war vor allem der „philosophische Beigeschmack" der Kopenhagen-Göttinger Paradigmen. Sie waren dagegen bereit, die Theorie in ihren quantitativen Vorhersagen zu akzeptieren.

Diese Lage hat sich in den letzten Jahren etwas geändert, und zwar sowohl wegen experimenteller als auch theoretischer Entwicklungen. Zwar gibt es noch kein experimentelles Ergebnis, das der Quantenmechanik widerspricht. Doch haben die Forschungen über Neutroneninterferometer, ultrakalte Neutronen, Laserphysik, Superfluoreszenz, Strahlen niederer Intensität usw. unser konkretes Verständnis der atomaren Welt verschärft – und damit auch einige grundlegende Probleme. Typisch in dieser Beziehung ist die Untersuchung der Natur des Dualismus Teilchen – Welle mit Hilfe von Neutroneninterferometern.

Auf dem Gebiet der Theorie gab es eine geradezu dramatische Entwicklung, die vom sogenannten Einstein-Podolsky-Rosen-Paradoxon ihren Ausgang nahm. Diese Entwicklung zeigte, daß einige einfache und als elementar erscheinende physikalische Ideen zu empirischen Konsequenzen führen, die im eklatanten Widerspruch mit den Vorhersagen der Quantenmechanik stehen. Dieser Widerspruch drückt sich beispielsweise in den Bellschen Ungleichungen aus.

Alle diese Entwicklungen deuten auf zweierlei hin:

(a) Die Quantenmechanik nimmt keinesfalls eine philosophisch neutrale Stellung ein.

(b) Die mathematische Struktur der Quantenmechanik – zusammen mit den Zuordnungsregeln, die den Symbolen empirische Bedeutung geben – ist nicht mit der Idee verträglich, daß atomare Objekte in Raum und Zeit existieren und sich bei großer räumlicher Trennung unabhängig voneinander verhalten.

Diese experimentellen und theoretischen Entwicklungen haben zu einer neuen und höchst interessanten Lage der Quantenphysik geführt. Die alte Debatte zwischen Einstein und Bohr ist nun so weit gediehen, daß *Experimente* zu ihrer Entscheidung herangezogen werden können. Vielleicht dürfen wir für die nahe Zukunft einige Überraschungen erwarten – vielleicht aber auch nicht. Jedenfalls können wir hoffen, daß die hier dargestellten Entwicklungen bereits jetzt zu einem besseren Verständnis der Welt der Atome beigetragen haben und dies auch in Zukunft noch tun werden.

In den fünf Jahren, die seit der Fertigstellung des Manuskripts für die zweite Auflage vergangen sind, haben sich verschiedene wesentliche Entwicklungen ereignet: Viele internationale Konferenzen haben stattgefunden, neue Bücher sind erschienen und wichtige theoretische und experimentelle Forschungsarbeiten wurden veröffentlicht. Durch die gute Aufnahme der ersten und zweiten Auflage ermuntert, habe ich versucht, das Buch durch einige der wichtigsten neuen Ideen anzureichern und die Bibliographie entsprechend zu ergänzen.

Bari, im Juni 1989 *Franco Selleri*

A. PICCARD   E. HENRIOT   P. EHRENFEST   Ed. HERZEN   Th. DE DONDER   E. SCHRÖDINGER   E. VERSCHAFFELT   W. PAULI   W. HEISENBERG   R.H. FOWLER   L. BRILLOUIN
P. DEBYE   M. KNUDSEN   W.L. BRAGG   H.A. KRAMERS   P.A.M. DIRAC   A.H. COMPTON   L. de BROGLIE   M. BORN   N. BOHR
I. LANGMUIR   M. PLANCK   Mme CURIE   H.A. LORENTZ   A. EINSTEIN   P. LANGEVIN   Ch.E. GUYE   C.T.R. WILSON   O.W. RICHARDSON
Absents : Sir W.H. BRAGG, H. DESLANDRES et E. VAN AUBEL

I Die Quantentheoretiker und die physikalische Welt

Drei Fragen stehen hier zur Diskussion. Erstens: *Sind die mikroskopischen Objekte (Moleküle, Atome, Elementarteilchen) bloße menschliche Phantasien oder existieren sie objektiv in der materiellen Wirklichkeit?* Zweitens: *Ist die Materie dem Verständnis des Menschen zugänglich und ist ihre Beschreibung in Raum und Zeit sinnvoll?* Drittens: *Ereignen sich die physikalischen Phänomene auf wunderbare, rein zufällige Weise oder werden sie durch Ursachen bewirkt?*
Diese drei Grundprobleme der Physik stehen zur Debatte. Vielleicht glauben Sie, daß die großen Physiker, die die Wissenschaft unseres Jahrhunderts formten, in ihren Antworten übereinstimmen. Dann könnte dieses Kapitel einige Überraschungen für Sie bergen.

1 Drei grundlegende Fragen über die Physik

„Die Geschichte ist die grundlegendste aller Wissenschaften, da es kein menschliches Wissen gibt, das nicht seinen wissenschaftlichen Charakter verliert, wenn der Mensch die Bedingungen vergißt, unter welchen es entstand, die Fragen, die es beantwortete, und die Funktion, der es dienen sollte". Diese Zeilen Erwin Schrödingers[1] aus dem Jahre 1953 illustrieren eine kulturelle Tendenz, die im Gegensatz zur Haltung vieler Wissenschaftler steht, wonach die Geschichte der Wissenschaft für die Forschungspraxis wenig relevant ist.

Tatsächlich haben die meisten Quantenphysiker die Quantenmechanik von Anfang an als perfekte logische Struktur dargestellt, ohne die Schwierigkeiten und Widersprüche zu erwähnen, die in den Anfangsjahren dieser Theorie auftraten. Ohne diesen historischen Hintergrund ist es

Bild 1 Eines der berühmtesten Bilder der Physikgeschichte zeigt den Solvay-Kongreß des Jahres 1927. Mit Ausnahme Arnold Sommerfelds sind alle in diesem Kapitel erwähnten Urheber der Quantenmechanik hier zu sehen.

aber einfach unmöglich, eine *kritische* Einschätzung der heutigen Physik zu erlangen. Die wesentliche Rolle der Geschichte für ein tiefergehendes Verständnis der Wissenschaft wurde von Thomas S. Kuhn in seinem Buch „Die Struktur wissenschaftlicher Revolutionen" betont.[2] Die Lehrbücher der Physik werden hier – wie ich glaube richtigerweise – als Überredungskunststücke und pädagogische Texte dargestellt. Kuhn betont, daß ein wissenschaftlicher Begriff, der diesen Büchern entnommen wird, mit großer Wahrscheinlichkeit nicht korrekter ist, als eine Nationalkultur, die man aus einer Touristenbroschüre oder einem Sprachführer kennenlernt. Das hat zur Folge, daß die meisten Physiker lernen, wie man die Werkzeuge ihrer Forschungsarbeit benützt, ohne sie wirklich zu verstehen.

Derartige Schwierigkeiten beim Studium der Quantenphysik wurden von mehreren Autoren festgehalten. Dirac schrieb: „Der Leser mag vielleicht unzufrieden mit dem Versuch sein, ... die Existenz der Photonen mit der klassischen Lichttheorie in Einklang zu bringen. Er könnte argumentieren, daß eine sehr sonderbare Idee eingeführt worden ist – die Möglichkeit nämlich, daß ein Photon teilweise in jedem seiner beiden Polarisationszustände ist oder auch teilweise in jedem von zwei getrennten Strahlen. Aber selbst mit Hilfe dieser sonderbaren Ideen kann kein zufriedenstellendes Bild der grundlegenden Ein-Photonenvorgänge gegeben werden ... Darauf kann man antworten, daß das wichtigste Ziel der Physik nicht die Bereitstellung von Bildern ist, sondern die Formulierung von Gesetzen, die die Phänomene regieren, und die Anwendung dieser Gesetze auf die Entdeckung neuer Phänomene."[3] In ähnlicher Weise präsentierte Feynman eine detaillierte Beschreibung des Doppelspaltexperiments mit Elektronen und schließt: „Es ist alles ganz geheimnisvoll. Und je mehr man es betrachtet, um so geheimnisvoller erscheint es. Viele Ideen wurden erdacht, um die Kurve für P_{12} durch einzelne Elektronen zu erklären, die sich auf komplizierte Art durch die Löcher bewegen. Keine dieser Ideen war erfolgreich. Keine von ihnen kann die richtige Kurve für P_{12} durch P_1 und P_2 erklären."[4]

Es ist daher nicht überraschend, daß das „Studium" der Quantenmechanik im wesentlichen in einer Vermeidung der Hauptprobleme besteht, wie dies beispielsweise Dyson gezeigt hat: „Der Student lernt zunächst die Kunstgriffe ... dann wird er unruhig, da er nicht versteht, was er eigentlich tut. Dieser Zustand dauert oft sechs Monate und länger und ist anstrengend und unerfreulich. Höchst unerwartet meint der

Student aber dann schließlich zu sich: ‚Ich verstehe die Quantenmechanik!' Oder vielleicht eher: ‚Ich verstehe nun, daß gar nichts zu verstehen ist' ... für jede neue Studentengeneration muß weniger Widerstand gebrochen werden, bevor sie sich an die Ideen der Quantenmechanik gewöhnt haben."[5]

In diesem Kapitel werden wir zeigen, daß die Schwierigkeiten, die die meisten Studenten der Physik beim Verständnis der Quantenmechanik haben, im Grunde mit einer realistischen philosophischen Haltung einhergeht, derer sie sich vielleicht nicht bewußt sind. Eine derartige Haltung war jedenfalls der Ursprung einer langen und bis heute ungelösten Kontroverse zwischen den Anhängern der Kopenhagener und Göttinger Schulen („Kopenhagener Deutung der Quantenmechanik") einerseits und den Vertretern einer davon grundlegend verschieden philosophischen Meinung – wie etwa Einstein, de Broglie, Schrödinger, Planck oder Ehrenfest – auf der anderen Seite.

Wissenschaft wird von Menschen gemacht und entspringt ihrer Anstrengung, die Natur zu verstehen. Man muß von diesen Menschen ausgehen, um ihre Schöpfung voll begreifen zu können. Dieses erste Kapitel soll daher den Physikern gewidmet sein, die für die Entwicklung der Quantenmechanik im besonderen Maße verantwortlich waren. Zwölf Quantentheoretiker werden wir hier besprechen: Planck, Sommerfeld, Ehrenfest, Einstein, Bohr, Born, Schrödinger, Pauli, Dirac, de Broglie, Heisenberg und Jordan. Es ist unvermeidlich, daß hier einige wichtige Namen fehlen. Man könnte Lorentz erwähnen, oder Nernst, Debye, Franck, Langevin, van Vleck, Kramers, Bose, Ladenburg, Landé, von Neumann, Compton, Davison, O. Klein, Fermi und viele andere. Obgleich sie wichtig für die Entwicklung der Quantenphysik waren, verdanken wir die bedeutenderen Beiträge doch wohl den zuerst genannten Forschern, welchen wir dieses Kapitel widmen werden. In kurzen biographischen Skizzen sollen diese Autoren in einen menschlichen und historischen Rahmen eingeordnet werden, wobei auch ihre Haltung der Physik gegenüber zu erwähnen sein wird. Diese Skizzen sollten den menschlichen Hintergrund darstellen, vor dem die Quantenphysik sinnvoller und verständlicher erscheinen mag.

Im Besonderen werden wir die Meinungen dieser Physiker zu drei wissenschaftlichen Problemen untersuchen – zu Problemen, die so allgemein sind, daß man sie vielleicht am besten als philosophische Probleme bezeichnen könnte. Diese drei Fragen sind die folgenden:

(1) Existieren die grundlegenden Objekte der Atomphysik – Elektronen, Photonen und die Atome selbst – unabhängig von den Menschen und ihren Beobachtungen?

(2) Wenn ja, ist es dann möglich, die Struktur und Entwicklung atomarer Objekte und Vorgänge durch die Formung gedanklicher Bilder zu verstehen, die der Realität entsprechen?

(3) Sollte man die Gesetze der Physik so formulieren, daß jeder beobachtete Effekt auf zumindest eine Ursache zurückgeführt wird?

Diese drei Fragen werden wir im folgenden als die *Probleme der Realität, der Verständlichkeit und der Kausalität* bezeichnen. Es wird sich zeigen, daß in der Gründerzeit der Quantenmechanik ein Kampf rund um diese Fragen tobte, und daß die Sieger in diesem Kampf – die Physiker der sogenannten Kopenhagener und Göttinger Schulen – diese Fragen nicht sehr optimistisch beantworteten.

Die Grundlagen der Quantenmechanik wurden im Jahre 1927 erstellt. Die Heisenbergschen Unschärferelationen und Bohrs Prinzip der Komplementarität bildeten die endgültige Grundlage der mathematischen Struktur, die bereits damals Quantenmechanik genannt und zur Berechnung zahlreicher beobachtbarer Größen herangezogen wurde. Die weiteren Entwicklungen der Quantentheorie waren alle natürliche Verallgemeinerungen oder Vervollständigungen des theoretischen Kernes, der in den ersten 27 Jahren unseres Jahrhunderts entstand. Die Erfolge der Quantentheorie sind so zahlreich und so genau, daß man mit Recht behaupten darf, daß keine andere wissenschaftliche Theorie der Quantentheorie jemals nahegekommen ist. Historisch ging die Quantentheorie aus der Atomphysik hervor und konnte die Eigenschaften einzelner Atome und von Aggregaten von Atomen in ausgezeichneter Übereinstimmung mit der Erfahrung erklären. Deshalb gehören alle Eigenschaften der Materie in den Bereich der Quantentheorie. Ihre erfolgreichen Vorhersagen reichen von den Spektren der Atome über Linienbreiten, Polarisation bis zur Supraleitung, der spezifischen Wärme von Festkörpern, ihren thermischen und magnetischen Eigenschaften – also, kurz gesagt, bis zur gesamten Festkörperphysik. Auch manche Eigenschaften von Atomkernen und von Elementarteilchen vermag die Quantenfeldtheorie mit erstaunlicher Genauigkeit vorherzusagen.

Gewiß weist die Quantentheorie auch einige Schwierigkeiten auf. Diese hängen mit den Problemen der „Divergenzen" zusammen, denen man heute mit Renormierungstechniken zu Leibe rückt, und mit der großen Zahl von „Elementarteilchen", die bisher bekannt sind.[6] Die Elementarteilchen-Physik ist die Arena, auf der die Quantentheorie ihre schwierigsten Tests zu bestehen hat. Es gab aber auch hier wichtige Erfolge der relativistischen Formulierung der Quantentheorie (wie beispielsweise der Quantenelektrodynamik) und ihrer Anwendungen auf zahlreiche Eigenschaften von Teilchen und von Atomkernen (Schalenstruktur, optisches Modell usw.).[7] Im allgemeinen kann jedoch die Quantentheorie in der Teilchenphysik nicht als vollständig zufriedenstellend betrachtet werden. Einige wesentliche Probleme sind bis heute ungelöst, obwohl eine unübersehbare Anzahl von Forschern – ausgerüstet mit großen Geldmitteln und modernster Technik und Mathematik – sich durch mehr als ein Vierteljahrhundert an ihrer Lösung versuchten.

2 Die ältere Generation

Planck und Sommerfeld waren die ältesten der Physiker, die wesentlich zur Quantentheorie beitrugen: Planck schlug im Alter von 42 Jahren seine berühmte Formel für das Spektrum der Strahlung schwarzer Körper vor, und Sommerfeld war 47 Jahre alt, als er seine berühmten Quantenbedingungen entdeckte und auf die Theorie des Wasserstoffspektrums anwendete.

Die wissenschaftlichen Persönlichkeiten dieser beiden Forscher waren sehr unterschiedlich. Plancks Forschungen waren von seinem Glauben an eine reale Außenwelt bestimmt, deren geistiges Bild die Physik entwerfen sollte. Sommerfeld war dagegen weit mehr mathematisch orientiert und freute sich an der Anwendung von Differentialgleichungen auf physikalische Probleme. Planck hatte eine wohlbestimmte wissenschaftstheoretische Haltung, die er oft darlegte und verteidigte. So akzeptierte er weder den Mangel an Kausalität in einer physikalischen Theorie, noch ihr Unvermögen, Bilder der Realität zu liefern. Sommerfeld war dagegen an philosophischen Ideen völlig uninteressiert und akzeptierte alles, was sich nur mathematisch behandeln ließ. Planck beeinflußte, half und sympathisierte mit Physikern, deren Ansichten seinen ähnelten, wie Einstein, Schrödinger oder de Broglie. Sommerfeld zog dagegen eine neue Generation von Theoretikern heran, die wesentlich zum Erfolg von Ideen beitrugen, die denen Plancks entgegengesetzt waren.

Max Planck wurde im Jahre 1858 in Kiel geboren. Sein Vater war Professor für Verfassungsrecht an der Universität von Kiel und später von Göttingen. In seiner wissenschaftlichen Autobiographie[9] erinnert sich Planck an den ausgezeichneten Unterricht, den er am Maximilian-Gymnasium in München erhielt, besonders von seinem Mathematiklehrer, „einem Meister der Kunst, seine Schüler die Bedeutung der Gesetze visualisieren und verstehen zu lassen". Nach Beendigung des Gymnasiums besuchte Planck die Universität, zuerst 3 Jahre lang in München und dann noch ein weiteres Jahr in Berlin. Er studierte Experimentalphysik und Mathematik. Damals gab es noch keine Professoren oder Vorlesungen für theoretische Physik.

In München profitierte Planck viel von dem Physiker P. von Jolly und von den Mathematikern L. Seidel und G. Bauer. In Berlin konnte er seinen wissenschaftlichen Horizont unter Helmholtz und Kirchhoff wesentlich erweitern, obgleich er mit ihren Vorlesungen nicht sehr zufrieden war: Helmholtz war nie vorbereitet und machte daher zahlreiche Fehler, so daß seine Vorlesungen sich bald leerten. Kirchhoff war dagegen zwar sorgfältig vorbereitet, seine Kollegien waren aber trocken und monoton. Einen starken Eindruck machte auf den jungen Planck dagegen die Lektüre der Abhandlungen von R. Clausius über Thermodynamik. Auch in seiner Dissertation, die er in München im Jahre 1879 verfaßte, beschäftigte sich Planck mit der Bedeutung des 2. Hauptsatzes der Thermodynamik und seiner Formulierung durch das Prinzip der Entropie-Zunahme. Obgleich Planck der erste war, der den Hauptsatz in dieser Form ausdrückte, wurde dies nicht allgemein anerkannt, wahrscheinlich weil seine eigenen Lehrer nicht richtig reagierten: Helmholtz las die Dissertation wahrscheinlich überhaupt nicht, während Kirchhoff sie ausdrücklich ablehnte. Schließlich wurde das Gesetz der Entropie-Zunahme durch Boltzmanns Arbeiten universell akzeptiert, während Plancks Beitrag zu seiner Durchsetzung unbedeutend blieb. Dazu kommentierte Planck: „Es gehört mit zu den schmerzlichsten Erfahrungen meines wissenschaftlichen Lebens, daß es mir nur selten, ja, ich möchte sagen, niemals gelungen ist, eine neue Behauptung, für deren Richtigkeit ich einen vollkommen zwingenden, aber nur theoretischen Beweis erbringen konnte, zur allgemeinen Anerkennung zu bringen."[10]

Politisch war Planck ein Anhänger der Ideen des Staates und der Ehre und fand es im Jahre 1914 unmöglich, ein „Manifest an die zivilisierte Welt" zu unterzeichnen, das den deutschen Militarismus zu verteidigen suchte. Später war er ein Gegner von Hitlers Regime. Einer seiner Söhne wurde von den Nazis wegen seiner Teilnahme an einem erfolglosen Attentat auf Hitler zum Tode verurteilt.[11]

Planck glaubte an die Existenz einer objektiven physikalischen Welt: „Die beiden Sätze: ‚Es gibt eine reale, von uns unabhängige Außenwelt', und ‚Die reale Außenwelt ist nicht unmittelbar erkennbar', bilden zusammen den Angelpunkt der ganzen physikalischen Wissenschaft."[12] Planck war aber auch überzeugt, daß es dem Menschen möglich ist, die wirkliche Welt zu begreifen, „daß unsere Denkgesetze übereinstimmen mit den Gesetzmäßigkeiten im Ablauf der Eindrücke, die wir von der Außenwelt empfangen, daß es also den Menschen möglich ist, durch reines Denken Aufschlüsse über jene Gesetzmäßigkeiten zu gewinnen."[13] Dies betont er auch an einer anderen Stelle: „Aber allein die einfache Tatsache, daß wir wenigstens bis zu einem gewissen Grade imstande sind, künftige Naturereignisse unseren Gedanken zu unterwerfen und nach unserem Willen zu lenken, müßte ein völlig unverständliches Rätsel bleiben, wenn sie nicht zumindestens eine gewisse Harmonie ahnen ließe, die zwischen der Außenwelt und dem menschlichen Geist besteht ..."[14]

Planck verurteilte alle Versuche, die Kausalität abzuschaffen. Er schrieb beispielsweise, daß die Gültigkeit der Unschärferelationen „einige Indeterministen schon dazu geführt hat, das Kausalgesetz in der Physik als endgültig widerlegt zu bezeichnen. Indessen erweist sich bei näherer Betrachtung diese Schlußfolgerung, welche auf einer Verwechslung des Weltbildes mit der Sinnenwelt beruht, denn doch zumindestens als voreilig."[15]

Plancks Standpunkt bezüglich der Begreifbarkeit der Welt und der Kausalität wurde von ihm wiederholt ausgeführt und mit größter Klarheit dargelegt.[16] Manchmal kam er dem Standpunkt Kants nahe, besonders wenn er die Unmöglichkeit eines *vollständigen* Verständnisses der physikalischen Welt betonte.

Arnold Sommerfeld wurde in Königsberg, der Stadt Kants, im Jahre 1868 geboren.[17] Sein Vater war ein praktischer Arzt, der sich auch der Wissenschaft widmete, und ein leidenschaftlicher Sammler von Mineralien, Bernstein, Muscheln und Käfern.

Bild 2
Arnold Sommerfeld
war einer der
bedeutendsten
mathematischen Physiker.

Sommerfeld studierte an der Universität zu Königsberg – eine der ersten Universitäten, an denen die theoretische Physik ein anerkannter Studienzweig wurde. Er arbeitete unter der Anleitung einiger brillianter Mathematiker, wie Lindemann, Hurwitz oder Hilbert und erhielt seinen Doktortitel im Jahre 1891 mit einer Dissertation über „Die willkürlichen Funktionen in der mathematischen Physik", die er in wenigen Wochen verfaßte.

Im Jahre 1893 übersiedelte Sommerfeld nach Ablegung des Militärdienstes nach Göttingen, dem Zentrum der Mathematik Deutschlands. Er wurde Assistent am Mineralogischen Institut, aber seine wirklichen Interessen galten weiterhin der Mathematik und der mathematischen Physik. Er betrachtete Felix Klein, den damaligen Professor der Mathematik zu Göttingen, als seinen wirklichen Lehrer, nicht nur in der reinen

Mathematik, sondern auch in seiner Haltung zur Mechanik und zur mathematischen Physik. Im Jahre 1894 wurde Sommerfeld Kleins Assistent im mathematischen Leseraum. Eine seiner Pflichten war die Ausarbeitung von Kleins Vorlesungen und die Anfertigung eines Skriptums zur Benutzung durch die Studenten im Lesesaal. Klein lenkte seine Aufmerksamkeit auf die Probleme der mathematischen Physik – und dadurch wurde Sommerfeld zu einer Habilitationsschrift über „Die mathematische Theorie der Beugung" geführt, mit der er im Jahre 1896 zum Privatdozenten der Mathematik wurde. Die Möglichkeit, sich auch in der Experimentalphysik zu versuchen, die ihm Voigt anbot, lehnte Sommerfeld ab.

Im Jahre 1897 wurde Sommerfeld Professor der Mathematik an der Bergakademie zu Clausthal. Drei Jahre später nahm er den Lehrstuhl der technischen Mechanik an der Technischen Hochschule in Aachen an. Daher mußte er sich durch einige Jahre hindurch technischen Problemen zuwenden. Er machte dies auf eine für ihn typische Weise, indem er nämlich mathematische Techniken auf physikalische und technische Probleme anwandte. Er scheint damals besonders die Anwendung mathematischer Überlegungen auf die hydrodynamische Theorie der Schmierung bevorzugt zu haben – ein Gebiet, daß bis dahin als mathematisch unbehandelbar angesehen worden war.

Im Jahre 1906 wurde Sommerfeld die Professur für theoretische Physik in München angeboten, die Boltzmann zuvor innehatte. Hier blieb er bis zu seinem Tode im Jahre 1951. Nachdem er 1935 die Altersgrenze von 67 Jahren erreicht hatte, mußte er emeritieren, aber es wurde kein Nachfolger ernannt, und er wurde gebeten, weiter zu unterrichten. 1940 folgte ihm dann ein Anhänger der Nazis, den er als „schlechtest möglichen Nachfolger" bezeichnete.[18]

Sommerfeld hatte mehrmals Gelegenheit, München zu verlassen, er lehnte jedoch alle Angebote ab, sogar einen Ruf nach Wien (1916) und nach Berlin (1927) als Plancks Nachfolger.

Seine wissenschaftliche Produktivität erstreckte sich über viele verschiedene Gebiete, von der Theorie der rotierenden Kreisel über die Elektrodynamik bis zur Relativitätstheorie und Quantentheorie. In der Relativitätstheorie schätzte er besonders Minkowskis formalen Zugang und in der Quantentheorie akzeptierte er enthusiastisch Schrödingers Version, deren Wellengleichung und Eigenwertprobleme sich in idealer Weise für seine Forschungen über partielle Differentialgleichungen eigneten, die ihn bereits seit seinen ersten mathematischen Jahren interessierten.

Tatsächlich erfolgte nach Born „Sommerfelds wissenschaftliche Entwicklung in Richtung von der reinen zur angewandten Mathematik und zur empirischen Wissenschaft."[19] Born meint weiter: „Wenn die Unterscheidung zwischen mathematischer und theoretischer Physik irgendeine Bedeutung hat, dann findet man Sommerfeld sicherlich in der mathematischen Abteilung. Seine Aufgabe war nicht so sehr die Schöpfung neuer grundlegender Prinzipien aus unscheinbaren Hinweisen oder die gewagte Synthese zweier unterschiedlicher Erscheinungsgebiete zu einem höheren Ganzen, sondern die logische und mathematische Durchdringung etablierter oder problematischer Theorien und die Herleitung von Folgerungen, die zu ihrer Bestätigung oder Ablehnung führen konnten. Dennoch war er in seiner späteren, spektroskopischen Periode in der Lage, mathematische Beziehungen aus experimentellen Daten vorherzusagen oder zu erraten."[20]

Berühmt und einflußreich war Sommerfelds Buch „Atombau und Spektrallinien"[21], dessen sechs Auflagen die Entwicklung der Atomphysik zwischen 1916 und 1946 widerspiegelten. Die späteren Ausgaben enthalten „brillante Darstellungen der physikalischen Grundlagen und ihrer mathematischen Deutung, aber nur sehr wenig über grundlegende Erkenntnisse theoretischer, metaphysischer Fragen, die mit der Quantenmechanik zusammenhängen. Diese Aspekte waren nicht Sommerfelds Richtung."[22] Es ist deshalb auch sehr schwierig herauszufinden, was Sommerfeld über die physikalische Realität, ihre Verständlichkeit und die Kausalität dachte. Diese Angelegenheiten interessierten ihn einfach nicht, da er seine gesamte wissenschaftliche Produktivität der Anwendung mathematischer Techniken auf physikalische Probleme widmete. Seine wissenschaftliche Haltung war somit nicht weit von den Ratschlägen des Neopositivismus entfernt, sogar bevor sich diese philosophische Strömung ausbildete.

Sommerfelds Einfluß auf die moderne Physik war enorm, nicht nur durch seine Bücher und durch seine wissenschaftlichen Arbeiten, sondern auch durch seine Lehre. Seine Schüler gehörten zu den wichtigsten Forschern auf dem Gebiet der Quantenphysik, wie Debye, Landé, Heisenberg und Pauli. Aber auch viele andere berühmte Physiker studierten bei Sommerfeld, wie beispielsweise H. A. Bethe, P. S. Epstein, P. P. Ewald, W. Lenz, G. Wentzel oder W. Heitler. Über seine Schüler schrieb Born: „Es wäre einfacher, eine Liste prominenter theoretischer Physiker zusammenzustellen, die nicht Sommerfelds Schüler waren, als die Liste der Schüler aufzustellen. In Amerika hat Sommerfeld Erinnerungen an seine Karriere als Lehrer zusammengestellt, die die Namen zahlreicher bekannter Physiker enthalten, die heute zumeist Lehrkanzeln in den Vereinigten Staaten innehaben. Eine lange Liste von Deutschen und anderen könnte hier leicht hinzugefügt werden."[23]

Interessant ist auch, daß keiner von Sommerfelds Schülern – ausgenommen Landè in seinen späteren Jahren – zu einem Gegner der Quantenmechanik wurde. Damit war Sommerfeld ein extrem wichtiger, wenn auch indirekter Förderer des Erfolges der Kopenhagen-Göttinger Formulierung der Quantentheorie.

3 Die mittlere Generation

Die Physiker der mittleren Generation, wie Ehrenfest, Einstein, Born, Schrödinger und Bohr wurden zwischen 1879 und 1887 geboren und promovierten zwischen 1904 und 1911. Zwei davon, nämlich Einstein und Ehrenfest, kamen aus unteren Bevölkerungsschichten und waren – von diesem Standpunkt – die einzigen Ausnahmen unter den Hauptautoren der Quantentheorie.

Wie bei Planck und Sommerfeld findet man auch hier eine scharfe Trennung der grundlegenden wissenschaftstheoretischen Haltungen: Einstein, Ehrenfest und Schrödinger glaubten an eine objektive Realität, die dem Verständnis des Menschen zugänglich ist, sowie an das Kausalgesetz und wendeten sich energisch gegen die Quantenmechanik. Dagegen trugen Born und Bohr die wichtigsten Argumente gegen die Kausalität und die anschauliche Verständlichkeit der Außenwelt bei und schränkten sogar die Bedeutung des Begriffs der physikalischen Realität wesentlich ein. Die endgültige Synthese der komplexen Entwicklung der Quantentheorie wurde von Born und Bohr aktiv gesucht und stets verteidigt, während sie von Einstein, Ehrenfest und Schrödinger abgelehnt wurde, obgleich auch diese Forscher extrem wichtige Beiträge zur Quantentheorie geliefert hatten. In Ehrenfests Fall war die Ablehnung der Quantenmechanik so energisch, daß sie wahrscheinlich zu seinem tragischen Ende beigetragen hat. Alle genannten fünf Physiker der mittleren Generation waren Gegner der Nazis, unterschieden sich aber im übrigen wesentlich in ihren politischen Meinungen, die von fortschrittlich (Einstein und Ehrenfest) bis zu konservativ reichten.

Paul Ehrenfest[24] wurde im Jahre 1880 in Wien geboren. Sein Vater stammte aus einer sehr armen Familie und war ein Arbeiter in einer Weberei in Mähren. Nach seiner Heirat verbesserte sich seine Lage, und er konnte eine Lebensmittelhandlung in einem Arbeiterbezirk Wiens eröffnen. Paul Ehrenfest war jüdischer Abstammung und litt auch direkt unter antisemitischen Strömungen in seiner Jugend.

Im Alter von 12 Jahren war all sein religiöser Glaube dahin, und er „erfreute sich an pointierten Argumenten über die Absurdität und Falschheit jeder organisierten Religion."[25] Ehrenfest las ein breites Spektrum philosophischer Literatur, das von Schopenhauer über Nietz-

Bild 3
Paul Ehrenfest wurde auch als das Gewissen der Physik bezeichnet. (Eine amüsante Randbemerkung: Paul Ehrenfest schrieb auf die Rückseite des Bildes „Meine Tochter Tanitschka und meine Schwiegermutter sagten *unabhängig* genau dasselbe: Sieht wie ein Kater aus, den man streichelt!!!")

sche bis zu Bergson und Marx reichte. Er hatte höchstwahrscheinlich sehr progressive politische Ideen, wenn man dem Enthusiasmus trauen darf, mit dem er die Neuigkeiten aus Rußland im Jahre 1918 aufnahm.[26]

Ehrenfest studierte an den Universitäten von Wien und Göttingen. Mehr als jeder andere hat ihn Boltzmann durch seine Lehre und sein Beispiel zum theoretischen Physiker gemacht und einen bleibenden Eindruck auf seine wissenschaftliche Persönlichkeit hinterlassen. Im Gegensatz dazu scheint er wenig oder keinen Kontakt mit Mach gehabt zu haben, der damals Wissenschaftstheorie an der Universität Wien unterrichtete. Im Jahre 1903 übersiedelte Ehrenfest für einige Monate nach Holland, um Lorentz' Vorlesungen über theoretische Physik zu hören. 1904 erhielt er dann als Student Boltzmanns sein Doktorat. Nach der Heirat mit einer russischen Mathematikerin übersiedelte er nach St. Petersburg im Jahre 1907, wo er bis 1912 blieb.

Gerade als sich Ehrenfest in München habilitieren wollte – wobei Sommerfeld einige Schwierigkeiten machte – bekam er eine Einladung von Lorentz auf dessen Lehrstuhl nach Leyden. Kurz davor hatte Ehrenfest Gelegenheit, Einsteins Nachfolger an der Prager Universität zu werden. Dabei gab es allerdings eine Schwierigkeit: In Österreich-Ungarn konnte niemand ohne religiöses Bekenntnis als akademischer Lehrer angestellt werden. Dieser Formalität hatte sich zuvor sogar Einstein gefügt, obgleich er mehr als ein Jahrzehnt lang keine religiösen Bindungen hatte. Ehrenfest lehnte es aber ab, sich diesem Reglement zu unterwerfen, da er es als Heuchelei betrachtete, sich wegen einer Professur zum Judaismus zu bekennen. Dies illustriert einen charakteristischen Wesenszug von Ehrenfests Persönlichkeit, seine überwältigende Ehrlichkeit, die sowohl sein Leben, als auch seine Forschung bestimmte. Deshalb wurde er auch von seinen Kollegen als „das Gewissen der Physik" betrachtet und mehr als jeder andere fand er sich „im Zentrum des Dramas der heutigen Physik", wie Langevin über ihn im Jahre 1933 schrieb.[27] Ehrenfest war ein enger Freund Albert Einsteins, den er im Jahre 1912 kennengelernt hatte. Einstein schrieb über ihn nach seinem Tod: „Er war nicht nur der beste Lehrer in unserem Beruf, den ich jemals kennenlernte, sondern er interessierte sich auch leidenschaftlich für die Entwicklung und das Schicksal der Menschen, speziell seiner Studenten. Im Verständnis anderer, beim Versuch, ihre Freundschaft und ihr Vertrauen zu gewinnen, oder ihnen in inneren oder äußeren Kämpfen beizustehen, bei der Ermunterung junger Talente war er in seinem wirklichen Element, fast mehr als bei der Vertiefung in wissenschaftliche Probleme."²⁸ Einmal schrieb Einstein an Ehrenfest: „Sie sind einer der wenigen Theoretiker, die nicht durch die Epidemie der Mathematik ihrer natürlichen Intelligenz beraubt wurden."²⁹

Im Jahre 1933 beging Ehrenfest Selbstmord. Einstein schrieb darüber, daß Ehrenfest sich oft den Aufgaben der Forschung nicht gewachsen fühlte und daß ihn dieses Gefühl deprimierte. Einstein fügte hinzu: „Diese Situation wurde in den letzten Jahren verschlimmert durch die eigentümliche turbulente Entwicklung, welche die theoretische Physik in der letzten Zeit erfahren hat. Zu lernen und zu lehren, was man nicht in vollem Maße innerlich bejaht, ist an sich eine schwere Sache, doppelt schwer für einen fanatisch ehrlichen Geist, dem Klarheit alles bedeutet. ... Ich weiß nicht, wie viele der Leser dieser Zeilen solche Tragik gut verstehen können; sie war es aber in erster Linie, welches seine Flucht aus dem Leben veranlaßte."³⁰

Albert Einstein wurde in Ulm im Jahre 1879 geboren.³¹ Sein Vater war ein Handwerker, der ein kleines elektrochemisches Laboratorium besaß und mit diesem und seiner Familie 1880 nach München übersiedelte. Einsteins Leben war sehr verschieden von demjenigen der anderen Hauptautoren der Quantentheorie und von mancherlei Schwierigkeiten gekennzeichnet. Seine Studien in München waren fast erfolglos: „Aus ihnen wird niemals etwas werden, Einstein", sagte ihm einer seiner Lehrer. Vor allem der autoritäre Unterricht stieß Einstein ab: „Dieser Zwang wirkte so abschreckend, daß mir nach überstandenem Examen jedes Nachdenken über wissenschaftliche Probleme für ein ganzes Jahr verleidet war ... Es ist eigentlich wie ein Wunder, daß der moderne Lehrbetrieb die heilige Neugier des Forschers noch nicht ganz erdrosselt hat."³²

Einsteins Persönlichkeit wird auch durch seine Haltung gegenüber der Religion charakterisiert: „Durch Lesen populär-wissenschaftlicher Bücher kam ich bald zu der Überzeugung, daß vieles in den Erzählungen der Bibel nicht wahr sein konnte. Die Folge war eine klare, zu fanatische Freigeisterei, verbunden mit dem Eindruck, daß die Jugend vom Staat mit Vorbedacht belogen wird ... Das Mißtrauen gegen jede Art Autorität erwuchs aus diesem Erlebnis. Eine Einstellung, die mich wieder verlassen hat ..."³³

Bild 4
Albert Einstein
im Jahre 1905.

Einstein versuchte sich an der E. T. H. in Zürich zu inskribieren, bestand aber die Prüfungen in Zoologie, Botanik und den Sprachen nicht. Erst nach dem Besuch einer Vorbereitungsschule in Aarau wurde er an der E. T. H. zugelassen, wo er von 1897 bis 1900 studierte. Nachdem er sein Diplom erhielt, wollte er den Lehrberuf ergreifen, vielleicht als Assistent eines Professors der E. T. H., wurde aber als Ausländer und Jude nicht aufgenommen. Nach einem Jahr, das er in Winterthur verbrachte, wurde er Schweizer Bürger, und über Vermittlung eines Freundes erhielt er eine Anstellung im Patentamt zu Bern. Dort arbeitete er bis 1909, wobei er ausreichende Zeit für Forschung erübrigen konnte. Insgesamt veröffentlichte er damals ungefähr 30 Artikel, wovon die drei Abhandlungen aus dem Jahre 1905 über die Theorie der Brownschen Bewegung, den photoelektrischen Effekt und die spezielle Relativitätstheorie unsterblich wurden. 1905 erhielt er seinen Doktor in Zürich. 1909 begann seine akademische Karriere mit einer Anstellung als Assistent an der Züricher Universität und 1912 erhielt er einen Lehrstuhl in Prag. Nach einem weiteren Jahr in Zürich nahm Einstein einen Ruf nach Berlin an, wo er bis 1933 blieb. Nachdem ihn die Nazis zwangen, Deutschland zu verlassen, emigrierte er in die USA, wo er bis zu seinem Tode im Jahre 1955 blieb.

Der Erfolg brachte Einstein neben Ehrungen auch Schwierigkeiten. 1907 wurde sein Ansuchen, an der Universität zu Bern als unbezahlter Privatdozent lehren zu dürfen, von der Fakultät abgelehnt. Seine Relativitätstheorie rief zahlreiche Gegner unter deutschen Intellektuellen hervor. Born versuchte, Einstein vor einigen dieser pseudo-wissenschaftlichen Angriffe zu schützen, und schrieb sogar Zeitungsartikel zu seiner Verteidigung. Darauf meinte Einstein zu Born im Jahre 1919: „Dein ausgezeichneter Artikel in der Frankfurter Zeitung hat mich sehr gefreut. Nun aber wirst du gerade wie ich, wenn auch in schwächerem Maßstab, von Presse und sonstigem Gelichter verfolgt. Bei mir ist es so arg, daß ich kaum schnaufen, geschweige zu vernünftiger Arbeit kommen kann."[34] Es kam aber noch schlimmer: Im Sommer 1920 formierte sich eine Organisation zur Widerlegung von Einsteins Theorien. Bei einem öffentlichen Treffen dieser „Anti-Einstein-Liga", dem Einstein beiwohnte, wurde er als „Publicity-Jäger, Plagiatist, Scharlatan und wissenschaftlicher Dadaist" bezeichnet.[35] All dies geschah in einer vergifteten Atmosphäre voller Hakenkreuze und antisemitischer Parolen.

Auch in den Vereinigten Staaten hatte Einstein kein leichtes Leben. Seine unkonventionelle Persönlichkeit und seine sozialistischen Ideen, die er in Artikeln und mit anderen Aktivitäten vertrat, freuten die meisten amerikanischen Intellektuellen nicht, und er fand sich bald fast isoliert und mit sehr wenigen Freunden. Er kommentierte dies verbittert: „Hier in Princeton betrachtet man mich als alten Idioten."[36]

Was Einsteins erkenntnistheoretische Haltung betrifft, kann man sagen, daß er im Grunde ein Realist war. Er schrieb über seine Neugier, „diese große Welt, die unabhängig von uns Menschen da ist und vor uns steht wie ein großes ewiges Rätsel, unserem Schauen und Denken wenigstens teilweise zugänglich zu machen."[37]

Einstein akzeptierte die akausale Formulierung der Quantenmechanik nie. Er schrieb beispielsweise: „Diese Doppelnatur von Strahlung (und materiellen Corpuskeln) ist eine Haupteigenschaft der Realität, welche die Quantenmechanik in einer geistreichen und verblüffend erfolgreichen Weise gedeutet hat. Diese Deutung, welche von fast allen zeitgenössischen Physikern als im wesentlichen endgültig angesehen wird, erscheint mir nur als ein temporärer Ausweg."[38] Wiederholt hielt er seinen Glauben fest, daß die Quantentheorie „keine brauchbaren Ausgangspunkte für die künftige Entwicklung bietet."[39]

Einstein akzeptierte Bohrs Komplementarität nicht, und meinte vielmehr dazu: „Aus diesen dürftigen Ausführungen sieht man, daß es mir als verfehlt erscheinen muß, das theoretische Beschreiben direkt abhängen zu lassen von Akten empirischer Konstatierungen, wie es mit bei dem Bohrschen Komplementaritätsprinzip beabsichtigt zu sein scheint, dessen scharfe Formulierung mir übrigens trotz vieler darauf verwandter Mühe nicht gelungen ist."[40] Tatsächlich sah Einstein – wie Planck – die Aufgabe der Physik im Entwurf eines Bildes der physikalischen Realität und wendete gegen den Verzicht der Quantenmechanik auf ein derartiges Bild ein: „Ich kann aber deshalb nicht ernsthaft daran [an die Quantentheorie] glauben, weil die Theorie mit dem Grundsatz unvereinbar ist, daß die Physik eine Wirklichkeit in Zeit und Raum darstellen soll, ohne spukhafte Fernwirkungen."[41]

Einsteins wissenschaftstheoretische Haltung geht vielleicht am besten aus den folgenden Worten hervor: „Die Naturwissenschaft ist nicht bloß eine Sammlung von Gesetzen, ein Katalog zusammenhangloser Fakten. Sie ist eine Schöpfung des Menschengeistes mit all den frei erfundenen Ideen und Begriffen, wie sie derartigen Gedankengängen eigen sind. Physikalische Theorien sind Versuche zur Ausbildung eines Weltbildes und zur Herstellung eines Zusammenhanges zwischen diesem und dem weiten Bereich der sinnlichen Wahrnehmungen. Der Grad der Brauchbarkeit unserer gedanklichen Spekulationen kann nur darin gemessen werden, ob und wie sie ihre Funktion als Bindeglieder erfüllen."[42]

Max Born wurde in Breslau (jetzt Wroclaw) im Jahre 1882 geboren.[43] Sein Vater war ein Anatom und Embryologe, und seine Mutter stammte aus einer reichen schwedischen Industriellen-Familie. Born studierte von 1901 bis 1904 an der Universität von Breslau, verbrachte aber einige Semester in Heidelberg und Zürich. 1904 bis 1906 studierte Born dann in Göttingen bei den berühmten Mathematikern Felix Klein, Hilbert und Minkowski. Er erhielt den Doktorgrad mit einer mathematischen Dissertation bei Hilbert im Jahre 1906. In den folgenden

15 Jahren arbeitete Born an verschiedenen Universitäten, nämlich Cambridge (1906 bis 1907), Breslau (1907 bis 1908), Göttingen (1908 bis 1914), Berlin (1914 bis 1919) und Frankfurt (1919 bis 1921). In diesen Jahren eignete er sich ausgezeichnete Kenntnisse der mathematischen und theoretischen Physik an und erhielt 1921 einen Lehrstuhl für theoretische Physik in Göttingen. Mit ihm als Theoretiker und James Franck – einem der beiden Autoren des berühmten Franck-Hertz-Experiments – als Experimentalphysiker florierte die Physik, und Göttingen wurde bald eines der vorzüglichsten Forschungszentren auf diesem Gebiet. Viele berühmte Physiker arbeiteten einige Zeit lang in Göttingen, darunter die Experimentalphysiker K. T. Compton, Condon, Blackett, von Hippel, Houtermans, Rabinowitsch und die Theoretiker Pauli, Heisenberg, Fermi, von Neumann, Wigner, Dirac. Unter den vielen Schülern Max Borns wurden Delbrück, Elsasser, Jordan, Maria Goeppert-Mayer, Nordheim, Oppenheimer und Weisskopf bekannt.

Im Jahre 1933 wurde Born aus rassischen Gründen von den Nazis entlassen und war gezwungen, Deutschland zu verlassen. Er emigrierte zunächst nach Großbritannien, wo er in Cambridge (1933 bis 1936) und später in Edinburgh (1936 bis 1952) Zuflucht fand. 1954 zog er sich dann nach Bad Pyrmont zurück, wo er seine letzten Lebensjahre verbrachte.

Zusammen mit Bohr und Heisenberg war Born einer der wenigen Physiker, die die *philosophische* Struktur der Quantenmechanik formulierten. Sein Hauptbeitrag war die Wahrscheinlichkeitsdeutung der Schrödingerschen Wellenfunktion, eine Deutung, die der Wahrscheinlichkeit eine primäre Rolle in der Physik zuschrieb und damit das Verhalten einzelner Teilchen weitgehend unbestimmt ließ, so daß sich eine akausale Beschreibung ergab. Es ist wohl nicht bloß ein Zufall, daß Born die Ideen einer Akausalität in der Physik bereits 1920 ins Auge faßte, bevor noch sein Interesse sich der Quantentheorie zuwandte.[44]

Borns Ansichten über die Aufgabe der Physik waren denen Einsteins entgegengesetzt. Er gab dies in seinen wissenschaftlichen Auseinandersetzungen mit Einstein offen zu: „Es ist dies tatsächlich ein grundlegender Unterschied zwischen unseren Naturansichten."[45] Einstein selbst erkannte diesen Unterschied auch in einem Brief an Born an: „In unseren wissenschaftlichen Erwartungen haben wir uns zu Antipoden entwickelt. Du glaubst an den würfelnden Gott und ich an volle Gesetzlichkeit einer Welt von etwas objektiv Seiendem, das ich auf spekulativem Wege zu erhaschen suche."[46]

Born akzeptierte Bohrs Komplementaritätsprinzip ohne Einschränkung, wie das folgende Zitat zeigt: „Die Entwicklung der modernen Physik hat unser Denken durch ein neues Prinzip von grundlegender Bedeutung bereichert, nämlich die Idee der Komplementarität."[47] Das macht Borns pessimistische Haltung bezüglich der Verständlichkeit der physikalischen Welt begreiflich: „Erkenntnis der Wahrheit ist das Ziel des Forschers. Aber nirgendwo findet er etwas Ruhendes, Dauerndes. Nicht alles läßt sich erforschen, noch weniger vorhersagen."[48]

Erwin Schrödinger wurde in Wien im Jahre 1887 geboren.[49] Sein Vater war ein erfolgreicher Geschäftsmann mit verschiedenen kulturellen Interessen. Obwohl sich Schrödinger an der Universität Wien erst im Todesjahr Boltzmanns, 1906, einschrieb, war er doch durch dessen starke Persönlichkeit wesentlich beeinflußt, wobei wahrscheinlich Boltzmanns Schüler Hasenöhrl und Exner die nötige Verbindung herstellten. Schrödinger selbst erklärte, daß Boltzmanns Denkstil seine „erste Liebe in der Wissenschaft" war, und daß niemand anderer, weder in der Vergangenheit noch in der Zukunft, ihn derart mit Enthusiasmus erfüllen konnte.[50] Schrödinger promovierte im Jahre 1910 und wurde Exners Assistent von 1911 bis 1914. Das akademische Jahr 1919 bis 1920 verbrachte er in Jena und Stuttgart und reiste von dort aus weiter nach Breslau, wo er erstmals einen Lehrstuhl innehatte. Im Jahre 1921 wurde er an die Universität Zürich gerufen, wo er bis 1927 verblieb, also während all der entscheidenden Jahre für die Entwicklung der Quantenmechanik. In Zürich fand Schrödinger auch seine berühmte Wellengleichung. Seine Forschungen, die auf der Hypothese objektiv existierender Wellen aufbauten, deren Verhalten verständlich und kausal war, erregten bei Planck und Einstein in Berlin großen Enthusiasmus. Es ist verständlich, daß Schrödinger 1928 nach Berlin berufen wurde, nachdem Planck aus Altersgründen emeritierte. Nach der Machtergreifung Hitlers verließ Schrödinger freiwillig Deutschland, um seine Abneigung gegen das neue Regime konkret zu zeigen. (Der Katholik Schrödinger hätte seinen Lehrstuhl unter den Nürnberger Gesetzen im Gegensatz zu seinen jüdischen Kollegen weiter behalten können.) Schrödinger verbrachte die folgenden Jahre in Oxford, bis er 1936 einen Lehrstuhl in Graz erhielt. Zwei Jahre später, nach dem Anschluß, emigrierte er nach einem kurzen Zwischenaufenthalt in Rom nach Dublin, wo er bis 1956 verblieb. Die letzten fünf Jahre seines Lebens verbrachte er dann in Österreich.

Bild 5
Erwin Schrödinger,
der Entdecker der
berühmten
Wellengleichung, die
heute seinen Namen
trägt.

Schrödinger war ein Mann mit ausgedehnten kulturellen Interessen, die von der Philosophie bis zur Physik, von der Geschichte bis zur Politik und sogar bis zur Dichtkunst reichten. Er schrieb Bücher über Biologie und über die wissenschaftliche Kultur der alten Griechen. Schrödinger glaubte stets fest an die Verständlichkeit der Natur und er verteidigte diese Verständlichkeit als „die Hypothese, daß die Naturerscheinungen verstanden werden können ... Es ist dies eine Welt an sich ohne Spiritismus, ohne Aberglauben und ohne Magie."[51] Die Verständlichkeit, auf der er oft bestand, stimmte mit den Auffassungen Plancks und Einsteins überein, da sie die Möglichkeit geistiger Bilder der Realität implizierte: „Es gibt eine weit verbreitete Hypothese, wonach ein objektives Bild der Wirklichkeit in jeder bis dahin vermuteten Deutung nicht existieren kann. Nur die Optimisten unter uns – und ich betrachte mich als einen davon –

sehen darin eine philosophische Exzentrizität, einen verzweifelten Versuch angesichts einer großen Krise."[52]

Auch bezüglich der Wirklichkeit war Schrödinger eindeutig ein Optimist. Seine atomaren Wellen waren für ihn real und seine Schriften sind voll von Verteidigungen der Wirklichkeit wie der folgenden: „Sogar heute werden manche von der Idee verfolgt, daß nur in der Chemie der Bereich der „Atome" und „Moleküle" zu finden ist. Aus der hypothetischen und etwas blutleeren Rolle, die sie dort spielten – die Schule Ostwalds lehnte sie einfach ab – wurden sie erstmals zur physikalischen Realität in den Gastheorien von Maxwell und Boltzmann erhoben."[53]

Nur bezüglich des Determinismus ist seine Position nicht eindeutig. Über das Problem, ob das Verhalten eines einzelnen Atoms durch eine strenge Kausalität beherrscht wird oder nicht, schrieb er: „Es gibt kaum eine Möglichkeit, diese Frage experimentell zu entscheiden. Denn die reine Vernunft erlaubt es uns, entweder den Zufall aus Gesetzen oder Gesetze aus dem Zufall herzuleiten, was immer wir vorziehen."[54] Zumindest gehorchten aber die Wellen, die er in seinen wissenschaftlichen Arbeiten eingeführt hatte, vollständig kausalen Gesetzen und seine objektive historische Bedeutung begünstigt deshalb zweifellos die Kausalität.

Obgleich Schrödinger die Quantenmechanik zwischen 1928 und 1933 in der damaligen Form akzeptierte, war er sowohl davor wie danach ein Gegner dieser Theorie. Er schrieb beispielsweise: „De Broglie hat die Wahrscheinlichkeitsdeutung der Wellenmechanik, wie ich glaube, ebenso wie ich abgelehnt. Aber sehr bald und für lange Zeit mußte er seine Opposition aufgeben und sie als effektive Zwischenlösung akzeptieren."[55]

Niels Bohr wurde in Kopenhagen im Jahre 1885 geboren.[56] Sein Vater war Universitätsprofessor für Physiologie. Als Reaktion auf die materialistischen Tendenzen, die die Wissenschaft um die Jahrhundertwende beherrschten, wurde er in seinen Studien der Physiologie zu einem energischen Verteidiger des teleologischen Gesichtspunktes. Wahrscheinlich hat Bohrs Vater einen wichtigen Einfluß auf die Formung der wissenschaftlichen Persönlichkeit seines Sohnes gehabt. Beispielsweise versuchte Bohr sein Prinzip der Komplementarität später zu verwenden, um die Ansichten seines Vaters über Biologie zu rechtfertigen.

Bohr verbrachte seine Jugend in Kopenhagen. Die Lektüre von Büchern des Existential-Philosophen Kierkegaard regten ihn sehr an. Er trat später einem Intellektuellen-Club „Ekliptica" bei, in dem philosophische und erkenntnistheoretische Fragen diskutiert wurden. Die führende Persönlichkeit dieses Clubs war Høffding, ein Schüler Kierkegaards.[57] Wahrscheinlich haben diese Diskussionen Bohrs Haltung wesentlich beeinflußt, da wir später sehen werden, daß es eine nahe Verwandtschaft zwischen dem Komplementaritätsprinzip und einigen grundlegenden Ideen Kierkegaards gibt. Auch der amerikanische Pragmatiker James hatte einen wichtigen Einfluß auf Bohr.[58]

Im Jahre 1911 erhielt Bohr die Doktorwürde mit einer Dissertation über die Elektronentheorie der Metalle. Bald danach übersiedelte er mit einem Carlsberg-Stipendium nach Cambridge, wo er Vorlesungen von Larmor, J. J. Thomson und Jeans hörte. Im März 1912 verließ Bohr Cambridge und ging nach Manchester, wo er Rutherford traf. Er begann über die Diffusion von Alphateilchen auf der Grundlage des Rutherfordschen Atommodells zu arbeiten. Danach kehrte er nach Dänemark zurück. Im Jahre 1914 reiste Bohr durch Deutschland, wo er die Universitäten von Würzburg, Göttingen und München besuchte und dabei viele bedeutende Physiker wie Debye, Born, Wien und Sommerfeld traf. Er mußte seine Reise jedoch zu Beginn des 1. Weltkrieges unterbrechen und rasch nach Dänemark zurückkehren. Nach zwei weiteren Jahren in Manchester ließ sich Bohr in Kopenhagen im Jahre 1916 nieder, wo er einen Lehrstuhl für theoretische Physik erhielt. 1920 reiste Bohr dann nach Berlin und traf Einstein, Planck und Franck. 1921 wurde dann das Universitätsinstitut für theoretische Physik in Kopenhagen gegründet, dessen erster Direktor Bohr wurde. Die Universitäten von Kopenhagen und Göttingen wurden bald die Hauptzentren der neuen Quantentheorie. Zahllose Physiker aus allen Ländern der Erde arbeiteten in Bohrs Institut: Kramers verbrachte einige Jahre dort, während Pauli, Heisenberg, Dirac, Landau und Oskar Klein alle zumindest einige Zeit dort waren. Mit Ausnahme eines Aufenthaltes in England und den USA während des Zweiten Weltkrieges verblieb Bohr bis zu seinem Lebensende, 1962, in Kopenhagen.

Mit Recht wird Bohr als einer der Väter der Quantenmechanik anerkannt. Sein Prinzip der Komplementarität bildete die logische Grundlage der verschiedenen theoretischen Beiträge der Jahre 1924 bis 1927. Bohrs Definition der Physik unterschied sich stark von derjenigen

Bild 6 Niels Bohr (zweiter von links) und Max Born (sitzend) im Jahre 1921.

Plancks, Einsteins oder Schrödingers. Er schrieb darüber: „Es ist falsch zu glauben, daß es die Aufgabe der Physik ist, herauszufinden, wie die Natur ist. Physik beschäftigt sich mit den Aussagen, die wir über die Natur machen können."[58] Über die Wirklichkeit meinte er: „Das Wort Wirklichkeit ist auch ein Wort, ein Wort, das man richtig zu benutzen lernen muß."[59]

Diese Einschränkung der Bedeutung der physikalischen Wirklichkeit entspricht Bohrs Pessimismus über die Verständlichkeit der Natur. Das Prinzip der Komplementarität war im Grunde ein Postulat, das eine Lösung der Widersprüche der Atomphysik (wie dessen Welle-Teilchen-Dualismus) für unmöglich erklärte: „Demzufolge kann das unter verschiedenen Versuchsbedingungen gewonnene Material nicht mit einem einzelnen Bild erfaßt werden; es ist vielmehr als komplementär in dem Sinne zu betrachten, daß erst die Gesamtheit aller Phänomene die möglichen Aufschlüsse über Objekte erschöpfend wiedergibt."[60] Auch bezüglich der Kausalität nahm Bohr eine negative Haltung ein, wenn er beispielsweise schrieb: „Wie radikal der Wechsel unserer Haltung bezüglich der Beschreibung der Natur während der Entwicklung der Atomphysik ist, wird vielleicht am klarsten aus der Tatsache, daß sogar das Kausalitätsprinzip ... sich als zu enger Rahmen erwiesen hat, um darin die Regularitäten zu beschreiben, die bei individuellen atomaren Prozessen auftreten."[61]

In seinem Beitrag zu dem Band „Albert Einstein als Philosoph und Naturforscher" betonte Bohr, daß er bereits 1920 bereit war, die Gültigkeit des Kausalprinzips aufzugeben.

Manchmal war Bohrs erkenntnistheoretische Haltung nicht weit vom Positivismus entfernt, wie das folgende Zitat zeigt: „Als zweckmäßige Ausdrucksweise empfahl ich, das Wort Phänomen ausschließlich anzuwenden in Verbindung mit Beobachtungen, die unter genau angegebenen, den Bericht der ganzen Versuchsanordnung einschließenden Bedingungen gewonnen sind."[62] Diese scheinbare Anerkennung des Positivismus hatte Folgerungen bezüglich der fundamentalen philosophischen Probleme der Realität, Verständlichkeit und Kausalität. Dies geht zum Teil bereits aus dem Obigen hervor, soll aber doch durch ein zweites Zitat belegt werden: „Tatsächlich bringt die endliche Wechselwirkung zwischen den Objekten und den Meßgeräten, die durch die Existenz des Wirkungsquantums bedingt ist, die Notwendigkeit mit sich – wegen der Unmöglichkeit einer Kontrolle der Reaktion des Objektes auf die

Meßgeräte, wenn diese ihren Zweck erfüllen sollen –, endgültig auf das klassische Kausalitätsideal zu verzichten, und unsere Haltung gegenüber dem Problem der physikalischen Wirklichkeit von Grunde auf zu revidieren."[63]

4 Die jüngere Generation

Die Physiker der jüngeren Generation (de Broglie, Pauli, Heisenberg, Jordan und Dirac) wurden – mit Ausnahme de Broglies – in unserem Jahrhundert geboren und promovierten zwischen 1921 und 1926, also in einer Zeit, in der die Quantenphysik bereits 20 Jahre alt war und die Hauptprobleme akut wurden. Dirac erhielt sein Doktorat auf dem Gebiet der Mathematik, und die Physiker der deutsch-österreichischen Gruppe studierten bei Theoretikern, die stark mathematisch ausgerichtet waren (Jordan bei Born; Heisenberg und Pauli bei Sommerfeld). Die erkenntnistheoretischen Haltungen dieser vier Physiker variierten zwischen einem fehlenden Interesse an der physikalischen Realität bis zu einem starken Drang, Kausalität und selbst die Realität abzuleugnen.

Ganz im Gegensatz dazu stand de Broglie, dessen Ansichten ähnlich denjenigen Einsteins waren. Seine realistische Haltung in der Erkenntnistheorie drückte sich in seiner Verteidigung der Kausalität und seinem Glauben an eine dem Menschen zugängliche objektiv existierende reale Außenwelt aus, ferner auch durch seine Ablehnung der Komplementarität. Politisch waren Dirac und de Broglie angeblich völlig uninteressiert. Heisenberg und Jordan neigten den Rechten zu, wobei sie vielleicht sogar in den zwanziger Jahren die Ansichten der Nazis teilten. Paulis politische Ansichten sind mir nicht bekannt. Es ist sehr wahrscheinlich, daß Politik eine weit wichtigere Rolle in der kulturellen Weltanschauung der Physiker der jüngeren Generation spielte, als für ihre älteren Kollegen. Die Ausformung der Persönlichkeiten der Physiker, die zu Beginn dieses Jahrhunderts geboren wurden, erfolgte in den Jahren des Ersten Weltkrieges, der russischen Revolution, der Etablierung der parlamentarischen Demokratie in Mitteleuropa und in Jahren ausgeprägter Klassenkämpfe in Deutschland und anderswo. Es ist nicht überraschend, daß beispielsweise Heisenberg und Jordan sich politisch stark verpflichtet fühlten. Ebensowenig überraschend ist es, daß dies für sie zu wichtigen philosophischen Folgerungen führen konnte.

Louis Victor Prinz von Broglie, genannt Louis de Broglie, wurde in Dieppe im Jahre 1892 als Sohn von Victor Fürst von Broglie und von Pauline d'Armaillé geboren.[64] De Broglie wuchs in einer intellektuellen Familie mit starken Interessen für Geschichte, Politik und Literatur auf.[65] Seine Neugier war fast universell und er überlegte, ob er sich der Wissenschaft oder der Literatur zuwenden sollte.

Bild 7
Louis de Broglie ist der Urheber eines der hier besprochenen Paradoxa, die aus der Annahme resultieren, daß die Quantenmechanik eine vollständige Theorie ist.

Während seiner Jugend war de Broglie stark durch die Arbeiten von Poincaré über mathematische Physik, durch Plancks Ansichten über Thermodynamik, die Lorentzsche Elektronentheorie und die statistische

Mechanik beeinflußt. Nach 1919 hatte auch die Persönlichkeit von Paul Langevin einen starken Einfluß auf de Broglie. Zweifellos kann man in diesen kulturellen Einflüssen die Erklärung von de Broglies realistischer Haltung finden: Planck, Lorentz und Langevin neigten alle dem Realismus zu. De Broglies Haltung der Philosophie gegenüber ist die folgende: „Ich habe mich stets für allgemeine Ideen über die Wissenschaft interessiert, aber nicht für philosophische Theorien im eigentlichen Sinn. Ich war sehr skeptisch in dieser Beziehung, da ich ihren Gegenstand für sehr fragil halte. Deshalb glaubte ich stets an die Wirklichkeit der physikalischen Welt, d. h. ich war ‚Realist‘ und nicht ‚Idealist‘."[66]

Die Probleme der Quantenphysik waren in Frankreich zu Beginn des Jahrhunderts weitgehend unbekannt. Der Solvay-Kongreß des Jahres 1911 erregte jedoch Aufmerksamkeit. Maurice de Broglie, Louis' Bruder, gab die Schriften dieses Kongresses heraus und zeigte ihm die wissenschaftlichen Berichte.[67] Ihre Lektüre war für de Broglie von größter Bedeutung und führte ihn endgültig zur Quantenphysik.

In den Jahren zwischen 1914 und 1919 leistete de Broglie seinen Militärdienst im Zentrum für Radiotelegraphie auf dem Eiffelturm. Er mußte damals die Theorie der elektromagnetischen Wellen und der Elektronik in engstem Kontakt mit der Erfahrung und der Technik erlernen. Diese Periode war für de Broglies wissenschaftliche Bildung von wesentlicher Bedeutung, und verhinderte eine allzu theoretische und mathematische Orientierung. Wie er selbst berichtete, hatte dieser Lebensabschnitt großen Einfluß auf seine weitere Arbeit.

De Broglie erkannte und betonte auch den Zusammenhang seiner wissenschaftlichen Untersuchungen mit denjenigen Einsteins: „Mein ursprünglicher Beitrag war von 1922/23 an im wesentlichen die Übertragung der Einsteinschen Photonentheorie auf materielle Teilchen."[68] Es ist daher nicht überraschend, daß sich auch zwischen Einsteins und de Broglies erkenntnistheoretischen Ansichten große Ähnlichkeiten finden. Sie wendeten sich gegen die endgültige Formulierung der Quantenmechanik, speziell gegen das Komplementaritätsprinzip und bevorzugten die Annahme einer physikalischen Realität, Verständlichkeit und Kausalität. Zwischen 1928 und 1952 akzeptierte de Broglie jedoch die Quantenmechanik, die er davor und danach ablehnte.

Über seine frühen Einwände gegen die Kopenhagener Deutung und seine Ansichten über eine objektive existierende Welle schrieb er: „Ich mußte jedoch diese Ansicht bald aufgeben, da sie auf große Schwierigkeiten führte, und schließlich die heute als orthodox betrachtete Interpretation anerkennen ..."[69] Später änderte jedoch de Broglie seine Meinung und kehrte zu seinen ursprünglichen Ansichten zurück. Er spricht heute von seiner „Überzeugung, daß die Argumente, auf denen die heute anerkannte Deutung der Quantenmechanik beruht, nicht so entscheidend sind wie sie erscheinen und im Gegenteil viele bedeutende Lücken enthalten."[70]

Seine neuerliche Ablehnung der Quantenmechanik geht auch aus dem folgenden Zitat hervor. „Eine allgemeine Kritik der üblichen Deutung der Wellenmechanik ist, daß sie eine wortreiche Ablehnung einer wirklichen Erklärung darstellt und mir dadurch im Gegensatz zu den Prinzipien korrekter wissenschaftlicher Methoden zu stehen scheinen."[71]

De Broglie betrachtete die Wellen, die er allen mikroskopischen Objekten zuordnete, als objektiv real, wie beispielsweise aus der folgenden Feststellung hervorgeht: „Angesichts der Phänomene der Interferenz und der Beugung muß ein theoretisch unvoreingenommener Physiker glauben, daß er mit der Ausbreitung realer Wellen zu tun hat und nicht nur mit der einfachen Darstellung einer Wahrscheinlichkeit, die nur in seinem Geiste existiert."[72]

Bezüglich seiner früheren Arbeiten über Wellenmechanik schrieb de Broglie: „Ich akzeptiere die Ansicht, daß es wesentlich war, das Konzept einer vom Beobachter unabhängigen physikalischen Realität wie in der klassischen Physik beizubehalten und versuchte eine klare Darstellung der physikalischen Vorgänge innerhalb des Rahmens von Raum und Zeit."[73]

Die vorige Feststellung macht es klar, daß de Broglie auch die Verständlichkeit fordert. Dies entspricht seiner Ablehnung der Komplementarität, über die er schrieb: „Die Idee der Komplementarität hat sich als sehr erfolgreich erwiesen und Versuche wurden sogar unternommen, sie in höchst gefährlicher Art aus dem Bereich der Physik auf die Biologie, Soziologie und Psychologie usw. auszudehnen. Ich habe lange Zeit die Idee der Komplementarität für den Bereich der Quantenphysik akzeptiert, obwohl ich sie zugleich als unzureichend erkannte. Neuerdings betrachte ich aber das Konzept der Komplementarität mit zunehmender Skepsis."[74]

Wolfgang Pauli wurde im Jahre 1900 in Wien geboren.[75] Sein Vater war Professor für Chemie an der Universität Wien und sein Taufpate war E. Mach, der berühmte Positivist. Pauli promovierte im Jahre 1921 in München – wohin er 1918 ging – unter der Leitung Sommerfelds. Über Sommerfelds Einfluß auf sein wissenschaftliches Weltbild schrieb Pauli einmal:

„Mein Lehrer der theoretischen Physik war Prof. A. Sommerfeld. Die stimulierenden Vorschläge, die ich von ihm und seinem Schülerkreis erhielt ... beeinflußten entscheidend meine wissenschaftlichen Ansichten."[76]

In den Jahren 1921 und 1922 war Pauli Borns Assistent in Göttingen und 1922 bis 1923 bei Bohr in Kopenhagen. Bohrs Einfluß auf Pauli muß beträchtlich gewesen sein, nachdem Rosenfeld, bei einem Vergleich von Bohrs Mitarbeitern Kramers, O. Klein, Heisenberg, Pauli und Dirac schrieb: „Aus dieser ganzen Gruppe war Pauli zweifellos Bohr am nächsten ..."[77] Rosenfeld betonte auch, daß „Bohrs Ansichten über die komplementären Eigenschaften der Quantentheorie bei Pauli volle Resonanz fanden."[78]

Von 1923 bis 1928 war Pauli an der Hamburger Universität als Privatdozent tätig. In dieser Zeit besuchte er aber mehrmals Kopenhagen, um dort mit Bohr zu diskutieren und zu arbeiten. Von 1928 bis 1958 hatte Pauli einen Lehrstuhl an der Züricher Eidgenössischen Technischen Hochschule inne.

Paulis menschliche Persönlichkeit wurde einmal folgendermaßen beschrieben: „Wolfgang Pauli war ... unathletisch, hedonistisch, der Natur gegenüber gleichgültig, dem städtischen Nachtleben verfallen, sarkastisch, zynisch, von schneidender Kritik und jüdisch noch dazu."[79]

Paulis erkenntnistheoretische Haltung war derjenigen Bohrs verwandt. Er lehnte Verständlichkeit und Kausalität ab, betrachtete den Begriff der physikalischen Wirklichkeit als begrenzt gültig und akzeptierte die Quantenmechanik und die Komplementarität ohne Einschränkungen. Seine Haltung geht aus den folgenden Worten hervor:

„Materielle oder allgemein physikalische Objekte, deren Beschaffenheit unabhängig sein soll von der Art, in welcher sie beobachtet werden, sind metaphysische Extrapolationen. Wir haben gesehen, daß die moderne Physik, durch Tatsachen gezwungen, diese Abstraktion als zu eng aufgeben mußte."[80]

„Erst die Wellen- und Quantenmechanik konnte die Existenz *primärer Wahrscheinlichkeiten* in den Naturgesetzen behaupten, die sich sonach nicht wie z. B. die thermodynamischen Wahrscheinlichkeiten der klassischen Physik durch Hilfsannahmen auf deterministische Naturgesetze zurückführen lassen. Diese umwälzende Folgerung hält die überwiegende Mehrheit der modernen theoretischen Physiker – vor allem M. Born, W. Heisenberg und N. Bohr, denen auch ich mich angeschlossen habe – für unwiderruflich."[81]

„Bei gegebenem Zustand eines Systems (Objektes) lassen sich über die Resultate künftiger Beobachtungen im allgemeinen nur statistische Voraussagen machen (primäre Wahrscheinlichkeit), während das Resultat der Einzelbeobachtung nicht durch Gesetze bestimmt, also letzte Tatsache ohne Ursache ist."[82]

Werner Heisenberg wurde in Würzburg im Jahre 1901 geboren.[83] Sein Vater war Professor für Griechisch an der Universität München. Er erhielt sein Doktorat bei Sommerfeld im Jahre 1923 und verbrachte das akademische Jahr 1923/24 als Assistent Borns in Göttingen. Im folgenden Jahr arbeitete Heisenberg in Kopenhagen zusammen mit Bohr und Kramers. Nachdem er den Sommer des Jahres 1925 in Cambridge verbrachte, wo er eine Reihe von Vorlesungen hielt, kehrte Heisenberg als Privatdozent nach Göttingen zurück (1925/26). Das folgende Jahr verbrachte er wiederum in Kopenhagen, von wo aus er den Lehrstuhl für Theoretische Physik an der Universität Leipzig annahm, den er 1927 bis 1941 inne hatte. In den Nachkriegsjahren arbeitete Heisenberg am Max-Planck-Institut in München.

Heisenberg reiste in den entscheidenden Jahren der Entwicklung der Quantenmechanik zwischen Göttingen und Kopenhagen hin und her. Dadurch war er in der Lage, zugleich den Entwicklungen von Bohrs und Borns Forschungen zu folgen. Er trug sehr wesentliche Ideen zur Erschaffung der neuen Theorie bei. Ihm verdanken wir die Entdeckung der Matrizen-Mechanik und die berühmten Unschärferelationen. Zusammen mit Bohr und Born ist Heisenberg einer der anerkannten Schöpfer der begrifflichen Grundlagen der Quantenmechanik.

Heisenbergs erkenntnistheoretische Haltung wurde durch seine Ablehnung der physikalischen Realität, der Verständlichkeit und der Kausalität charakterisiert. Er hat seine Haltung wiederholt sorgfältig in verschiedenen Büchern dargelegt, so daß seine Meinung wohlbekannt ist.

In seinem bekannten Buch „Physik und Philosophie" schreibt er: „Man kann sagen, daß die Atomphysik die Wissenschaft von dem materialistischen Trend des 19. Jahrhunderts weggeführt hat." Ferner „ist das Elementarteilchen der modernen Physik noch wesentlich abstrakter als das Atom der Griechen ..."[84] Auch meint Heisenberg. „Die letzte Wurzel der Erscheinungen ist also nicht die Materie, sondern das mathematische Gesetz, die Symmetrie, die mathematische Form."[85]

Eine andere Feststellung im gleichen Sinn ist die folgende: „Für die moderne Naturwissenschaft bildet nicht das materielle Objekt den Ursprung, sondern die Form, die mathematische Symmetrie. Da mathematische Strukturen sich in letzter Analyse als geistiger Inhalt erweisen, könnten wir in den Worten von Goethes Faust sagen: Am Anfang war das Wort."[86]

Auch über die Möglichkeit, die Welt zu verstehen, hat Heisenberg seine Ideen klar niedergelegt: „Fast jeder Fortschritt der Naturwissenschaft ist mit einem Verzicht erkauft worden, fast für jede neue Erkenntnis müssen früher wichtige Fragestellungen und Begriffsbildungen aufgeopfert werden. Mit der Mehrung der Kenntnisse und Erkenntnisse werden so in gewisser Weise die Ansprüche der Naturforscher auf ein ‚Verständnis' der Welt immer geringer."[87]

Zur Kausalität meinte Heisenberg folgendes: „Die Kette von Ursache und Wirkung könnte man nur dann quantitativ verfolgen, wenn man das ganze Universum in das System einbezöge – dann ist aber die Physik verschwunden und nur ein mathematisches Schema geblieben. Die Teilung der Welt ist das beobachtende und das zu beobachtende System verhindert also die scharfe Formulierung des Kausalgesetzes."[88]

Nach Heisenbergs Meinung führte die Quantenmechanik wieder alte Aristotelische Begriffe in die Physik ein: „Die Wahrscheinlichkeitswelle von Bohr, Kramers und Slater ... bedeutete so etwas wie eine Tendenz zu einem bestimmten Geschehen. Sie bedeutete die quantitative Fassung des alten Begriffes der potentia in der Philosophie des Aristoteles. Sie führte eine merkwürdige Art von physikalischer Realität, die etwa in der Mitte zwischen Möglichkeit und Wirklichkeit steht."[89]

Heisenberg akzeptierte Bohrs Komplementaritätsprinzip nicht völlig. Seine Gegenargumente unterschieden sich jedoch merklich von denjenigen Einsteins, Schrödingers und de Broglies. Diese Autoren waren gegen die Komplementarität, da sie nicht bereit waren, eine derartige schwerwiegende Begrenzung unseres Verständnisses der Natur zu akzeptieren. Heisenberg meinte dagegen, daß die theoretische Physik im wesentlichen eine menschliche Schöpfung ist, deren *einziges* Ziel es ist, experimentelle Ergebnisse vorherzusagen. Er schlug deshalb die Verwendung einer Sprache vor, die nicht direkt auf die Realität atomarer Objekte Bezug nimmt. Wir werden auf diesen Punkt noch zurückkommen.

Pascual Jordan wurde 1902 in Hannover geboren, wo er auch von 1921 bis 1922 an der Technischen Hochschule studierte.[90] Er setzte seine Studien dann in Göttingen fort, wo er anschließend zunächst als Mathematiker Courant und Hilbert bei der Vorbereitung ihres berühmten Buchs „Mathematische Methoden der Theoretischen Physik"[91] behilflich war. Seine Doktorprüfung legte Jordan bei Born im Jahre 1924 mit einer Dissertation über die Mathematik der Quantentheorie ab. Von 1924 bis 1926 war er Borns Assistent und wurde bereits 1926 Privatdozent in Göttingen. In diesen Jahren verbrachte er auch einen Sommer bei Bohr in Kopenhagen (1926).

Jordan akzeptierte die Hauptideen, die Bohr, Born und Heisenberg zur Quantenmechanik beigetragen hatten, und liefert grundlegende mathematische Beiträge zur Entwicklung der neuen Theorie. Er spielte dabei eine wichtige Rolle, da seine Untersuchungen bei der Formulierung einer logisch und mathematisch strengen Theorie wesentlich waren.

Jordan ist einer der wenigen Physiker, die ihre Sympathie für eine philosophische Strömung deklarierten. Er akzeptierte und verteidigte den Positivismus und sah in der Quantenmechanik eine Theorie, die voll mit dem positivistischen Ansichten verträglich war. Beispielsweise ist Jordans Haltung bezüglich der Existenz einer äußeren Wirklichkeit die Standardmeinung des Positivismus: „Das verbreitete Mißverständnis ist, daß nach positivistischer Betrachtungsweise die *Existenz einer ‚realen Außenwelt' zu verneinen* sei. Die Negierung einer sinnlosen Aussage ergibt aber wieder eine sinnlose Aussage; die Behauptung der Nichtexistenz einer ‚realen Außenwelt' ist also nicht sinnvoller als die Behauptung ihrer Existenz. Das eine wie das andere ist *weder richtig noch falsch, sondern sinnlos ...*"[92] Jordan meint ferner: „Die dogmatische materialistische Naturauffassung ist mit dem Positivismus unvereinbar, da sie eine spezielle Form metaphysischer, nichtwissenschaftlicher Lehren darstellt."[93] Andererseits war Jordan überzeugt, daß der Positivismus mit idealistischen Begriffsbildungen verträglich war und „sich auch gerade von der positivistischen Auffassung aus ganz neue Möglichkeiten [anbieten], dem

Religiösen ohne Widerspruch mit dem wissenschaftlichen Denken seinen Lebensraum zu gewähren."[94]

Jordan betonte auch, daß die Quantenphysik kein intuitives Verständnis der Realität zuläßt: „Man kann, wenn man will, diese aus den Paradoxien der Quantenphysik erwachsenen Situationen als ein *Scheitern* der Hoffnungen betrachten, welche die vor uns gewesenen Generationen physikalischer Forscher gehegt haben; man kann den von uns durchgeführten Verzicht auf die klassische Realitätsvorstellung eben als einen *Verzicht* bewerten."[95] Wie Bohr, Born und Heisenberg erkannte Jordan, daß die neuen Begriffe auch außerhalb des Bereiches der Physik angewandt werden können. Er meinte, daß „die in der Ausbildung des Komplementaritätsgedankens gipfelnde Entwicklung der Quantenphysik nicht nur für die Physik allein, sondern für unser gesamtes naturwissenschaftliches Denken eine neue Epoche eröffnet."[96]

Zur Frage der Kausalität stellte Jordan fest: „Die Tatsache, daß [in der Quantentheorie] nur Wahrscheinlichkeitsaussagen gemacht werden, schließt zunächst noch nicht die Möglichkeit aus, daß vielleicht eine *Vervollständigung* dieser Theorie möglich wäre, derart, daß die vollständige Theorie dann doch wieder deterministisch wäre. Dies ist aber mathematisch unmöglich: Durch eine genauere Analyse hat J. von Neumann gezeigt, daß die heutige Theorie eine solche Vervollständigung nicht gestattet. Sie müßte also tatsächlich partiell unrichtig sein, wenn sie in derartigem Sinn unvollständig wäre."[97]

Paul Adrian Maurice Dirac wurde in Bristol im Jahre 1902 geboren.[98] Sein Vater war gebürtiger Schweizer, seine Mutter Engländerin. Diracs Vater anerkannte die Bedeutung einer guten Erziehung und förderte seine Neigungen zur Mathematik. Diracs Ausbildung begann in Bristol an derselben Schule, an der sein Vater als Französischlehrer tätig war. Von 1918 bis 1923 studierte er Elektrotechnik in Bristol und anschließend Mathematik in Cambridge, wo er 1926 bei R. H. Fowler promovierte. In diesen Jahren las er die Werke von Boltzmann, dessen statistische Mechanik er nicht schätzte, und von Gibbs, dessen Thermodynamik ihm mehr lag. Der Stil von Diracs eigenen physikalischen Arbeiten geht vielleicht am besten aus seinen eigenen Worten hervor: „Ich ging niemals ins Theater. Ich verbrachte die meiste Zeit an meinem Arbeitstisch oder bei Spaziergängen allein. Üblicherweise machte ich jeden Sonntag eine lange Wanderung ... Ich fand, daß mir dabei die besten Ideen kamen. Bei einem dieser Sonntagsspaziergänge fand ich auch die Möglichkeit, daß Kommutatoren den Poissonklammern entsprechen könnten."[99] Die Jahre 1926 und 1927 verbrachte Dirac in Kopenhagen und Göttingen. Ab 1927 war er dann wieder in Cambridge, wo er 1932 einen Lehrstuhl erhielt.

Diracs erkenntnistheoretische Position ähnelt derjenigen Sommerfelds. In seinen Schriften und Büchern zeigt er wenig Interesse für philosophische Fragen und konzentriert sich auf die mathematischen Aspekte. Es ist dennoch möglich, einige Feststellungen zu finden, die zeigen, daß er im wesentlichen mit den Ideen der Kopenhagener und Göttinger Schule übereinstimmt. Das folgende Zitat richtet sich beispielsweise gegen die Idee einer Verständlichkeit der Welt: „Die grundlegenden Gesetze der Natur beherrschen nicht direkt die Welt, die in unseren geistigen Bildern erscheint, sondern vielmehr ein Substratum, dessen geistiges Bild wir uns nicht ohne irrelevante Zusätze formen können."[100] Ähnlich äußerte sich Dirac gegen die Kausalität: „... wir müssen unsere Ideen über Kausalität revidieren. Kausalität ist nur auf Systeme anwendbar, die ungestört bleiben."[101]

Wenig später betont Dirac andererseits, daß nur experimentelle Ergebnisse einen Physiker interessieren dürfen: „Nur Fragen über die Ergebnisse von Experimenten sind von wirklicher Bedeutung, und nur derartige Fragen werden in der theoretischen Physik betrachtet."[102] Daraus geht implizit hervor, daß die Kausalität in physikalisch sinnvollen Situationen niemals anwendbar ist.

5 Schlußfolgerungen

Die Diskussion der wissenschaftlichen Persönlichkeiten der Hauptautoren der Quantentheorie hat uns auf eine scharfe Trennung der Ansichten dieser Autoren bezüglich dreier Fragen geführt:
(1) Existieren die grundlegenden Größen der Atomphysik, wie Elektronen, Photonen, usw. unabhängig von den Messungen, die von Physikern ausgeführt werden?
(2) Falls die obige Frage positiv beantwortet wird, ist es dann möglich, die Struktur und Evolution atomarer Objekte und Vorgänge zu verstehen, in dem Sinn, daß es möglich ist, Raum, Zeit, Bilder in Übereinstimmung mit der Realität zu entwerfen?

(3) Sollen die Gesetze der Physik so formuliert werden, daß ein oder mehrere Gründe für jeden beobachteten Effekt angeführt werden?

Im wesentlichen lassen die Textstellen des Kapitels schließen, daß die Gegner der Quantenmechanik, also Planck, Ehrenfest, Einstein, Schrödinger und de Broglie, die drei obigen Fragen positiv beantworteten, während die Schöpfer und Verteidiger der Quantenmechanik, Sommerfeld, Born, Bohr, Pauli, Heisenberg, Jordan und Dirac, negativ antworteten. Die Haltung mancher Gegner der Quantenmechanik hat dabei jedoch gewechselt. Schrödinger und de Broglie akzeptierten die Quantenmechanik ohne wesentliche Kritik in den Jahren nach 1927, kehrten jedoch später wieder zu ihrer ursprünglichen kritischen Haltung zurück.

Hinzuzufügen ist auch, daß die Antwort auf die erste Frage meist nicht so klar ist wie die auf die beiden anderen. Unter den Verteidigern der Quantenmechanik ist nur Heisenberg klar gegen das Konzept der Realität. Bohr und Born nehmen eine differenziertere Haltung ein, wobei sie die Frage sicher nicht einfach bejaht hätten. Trotz all dieser Einschränkungen ist das hier dargestellte Material eindeutig genug, um zu zeigen, daß die grundlegenden Debatten bei der Entwicklung der Quantenmechanik um die Begriffe der physikalischen Realität, ihrer Verständlichkeit und der Kausalität kreisen. Dabei ist zu bemerken, daß diese Probleme miteinander zusammenhängen. Es ist ja sinnlos, auf der Realität atomarer Objekte zu beharren, wenn sie prinzipiell unverständlich sind. Ohne Verständnis wird die physikalische Realität ein metaphysisches Gespenst, das stets mysteriös und isoliert bleibt. Ohne Kausalität ist es unmöglich, sich ein Bild der Entwicklung physikalischer Vorgänge zu machen. Die ausgeprägte Korrelation sowohl der positiven, als auch der negativen Antworten auf die drei oben angegebenen grundlegenden Fragen überrascht daher nicht.

Die fundamentalen Meinungsverschiedenheiten, die hier zutage treten, führen uns auf das Problem der Natur der Physik. Wäre die Wissenschaft eine reine Widerspiegelung einer objektiven Realität, so würde es kaum Raum für Uneinigkeit – ausgenommen durch Irrtum – zwischen intelligenten Personen geben. Wenn aber die Wissenschaft logisch willkürliche Elemente – wie philosophische Vorurteile – und unumkehrbare intellektuelle Fortschritte enthält, dann öffnet sich ein weiter Raum für Meinungsverschiedenheiten.

Einstein hat wiederholt festgestellt, daß die Physik eine Schöpfung des menschlichen Geistes ist, sein Versuch, die reale Außenwelt zu verstehen.[103] Dies ist eine inhärent dialektische Definition der Physik, denn als Schöpfung des menschlichen Geistes ist eine physikalische Theorie sicherlich teilweise willkürlich (vom logischen Standpunkt aus betrachtet). Als Verständnis der physikalischen Welt muß sie – insofern sie erfolgreich ist – dagegen objektive Elemente enthalten, so daß alle Fortschritte durch neuere Entwicklungen nur bereichert, aber nicht aufgehoben werden können.

Dieses Problem soll noch an einem speziellen Beispiel illustriert werden. Im Ptolemäischen kosmologischen System war die Erde das Zentrum des Universums und die Planeten drehten sich um sie in Epizyklen. Es ist wohl bekannt, daß diese Kosmologie 1300 Jahre korrekt die Positionen der Planeten, die Finsternisse usw. vorhersagte.

Erst in der Renaissance entwarfen Kopernikus, Kepler und Galilei eine vollständig neue kosmologische Hypothese, welche die begriffliche Grundlage des Ptolemäischen Systems so stark schwächte, daß das geozentrische System der Epizyklen aufgegeben wurde.

Wenn wir heute die Ptolemäische Kosmologie betrachten, so ist es nicht schwer, logisch willkürliche Elemente vom objektiven Inhalt zu trennen. Logisch willkürlich war die Idee, daß die Erde im Zentrum des Universums steht. Jahrhunderte vor Ptolemäus hatte Aristarch ein heliozentrisches System erfunden und damit bewiesen, daß es dem menschlichen Geist nicht unmöglich war, ein anderes Bild des Universums zu entwerfen. Logisch willkürlich war auch die Idee der Epizyklen, die den Kreis zur bevorzugten geometrischen Form der Planetenbewegung machte. Als objektiv können wir dagegen die Idee betrachten, daß sich die Planeten im Raume bewegen (und nicht beispielsweise menschliche Phantasien oder direkte Manifestationen der Götter sind), und daß es möglich ist, ihre Bewegungen mit einiger Genauigkeit vorherzusagen.

Es ist charakteristisch, daß die willkürlichen Elemente in den folgenden kosmologischen Modellen verändert wurden, während die objektiven bereichert, aber nicht aufgegeben wurden. Heute träumt niemand davon, der Erde eine bevorzugte Position im Universum einzuräumen, wir halten aber noch immer daran fest, daß die Planeten Objekte sind, die sich im Raume bewegen, wobei wir inzwischen viele Einzelheiten dieser Objekte, wie Masse, Radius oder Dichte kennengelernt haben. Auch ohne die Annahme von Epizyklen können wir heute die räumliche Lage der Planeten mit hoher Genauigkeit bestimmen.[104]

Ähnliche Überlegungen können auch für andere wissenschaftliche Theorien angestellt werden. Weitere Beispiele sind die Atommodelle des 19. Jahrhunderts. Während die Existenz von Atomen nunmehr feststeht, sind die ihnen zugeschriebenen *Formen* – beispielsweise Ätherringe, Tetraeder usw. – völlig aufgegeben.

Weitere zufällig ausgewählte Beispiele für objektive – und damit unaufhebbare – Begriffe der gegenwärtigen Physik sind Sterne, Galaxien, Moleküle, Atome, Atomkerne und die meisten Elementarteilchen. Man kann nur schwer glauben, daß die Wissenschaft in Zukunft die Existenz derartiger physikalischer Systeme ablehnen wird – es ist aber wahrscheinlich, daß wir heute noch längst nicht alle ihre Eigenschaften kennen.

Betrachtet man den logisch willkürlichen Inhaltsteil physikalischer Theorien näher, so zeigt sich, daß dieser von einem anderen Gesichtspunkt her gar nicht so willkürlich ist. Ptolemäus war nicht wirklich frei in der Wahl der Erde als Zentrum des Universums; der Druck der Gesellschaft, in der er lebte, widersetzte sich vielmehr jeder anderen Möglichkeit. Religiöse Vorurteile und die entsprechenden sozialen Strukturen ließen keine andere Möglichkeit für die Entwicklung einer akzeptablen Kosmologie. Viele andere Beispiele aus der Geschichte der menschlichen Kultur zeigen, daß derartige Machtstrukturen sich mit Gewalt gegen „revolutionäre Ideen" zur Wehr setzen.

Demokrit, Anaxagoras, Galilei, Bruno, Diderot und Voltaire wurden alle wegen ihren wissenschaftlichen Ansichten „bestraft", die im Gegensatz zu den vorherrschenden kulturellen Meinungen standen.

Kurz zusammengefaßt ist unsere These, daß der scheinbar willkürliche Inhaltsteil physikalischer Theorien den Druck der Gesellschaft und der Kultur widerspiegelt. Manchmal wird eine derartige Wahl von einem Physiker beim Aufbau einer neuen Theorie bewußt getroffen, meist wird aber eine unbewußte Wahl den noch größtenteils unverstandenen Vorgang der induktiven Theoriengewinnung beeinflussen.

Der Einfluß der Gesellschaft auf die Entstehung einer neuen Theorie wurde implizit oder auch explizit von einigen der Schöpfer, aber auch der Gegner der Quantenmechanik zugegeben. So schrieb Heisenberg: „Die moderne Physik ist nur ein, wenn auch sehr charakteristischer Teil eines allgemeinen geschichtlichen Prozesses, der auf eine Vereinheitlichung und ein Offenerwerden unserer gegenwärtigen Welt hinzielt."[105] Wenn die moderne Physik aber in sinnvoller Weise (und nicht nur zufällig) Teil eines allgemeinen Prozesses sein soll, muß es eine allgemeine Ursache dieses Prozesses geben, die auch die Physik beeinflußt. Vielleicht hat auch der allgemeine historische Prozeß die neuen wissenschaftlichen Ideen beeinflußt. In jedem Fall gibt es einen Einfluß der Gesellschaft auf die Physik. Ähnliche Bemerkungen gelten auch für Pascual Jordans Zeilen aus dem Jahre 1936: „Für mich ist die moderne Physik und die ihr entsprechende Umwälzung jahrhundertealter physikalischer Begriffe ein wesentlicher Teil der Entfaltung der neuen Welt des 20. Jahrhunderts."[106]

Auch Einstein äußerte sich manchmal in einem Sinne, der einen Zusammenhang zwischen allgemeinen sozialen Haltungen eines Wissenschaftlers und seinen wissenschaftlichen Schöpfungen impliziert. Er betonte, daß die *Anteilnahme für den Menschen* stets das Hauptmotiv aller technischen Errungenschaften sein muß, damit „die Schöpfungen unseres Geistes der Menschheit zum Segen und nicht zum Fluche werden."[107] Daraus könnte man folgern, daß die Schöpfungen eines Wissenschaftlers von seiner Anteilnahme am Schicksal des Menschen abhängen könnten.

Viel expliziter äußerte sich hier Schrödinger, der einen Aufsatz mit dem Titel „Ist die Naturwissenschaft milieubedingt?" dem Problem der Wechselwirkung zwischen Wissenschaft und Gesellschaft widmete. Über Wissenschaftler schrieb er: „Unsere Kultur bildet ein Ganzes. Auch wer das Glück hatte, die Forschung zu seinem Hauptberuf zu machen ... ist doch nicht *nur* Botaniker, *nur* Physiker, *nur* Chemiker."[108] Schrödinger betont auch die gemeinsamen Charakteristika verschiedener menschlicher Aktivitäten: „Es werden sich auf allen Gebieten einer Kultur gemeinsame weltanschauliche Züge und, noch sehr viel zahlreicher, gemeinsame stilistische Züge vorfinden – in der Politik, in der Kunst, in der Wissenschaft. Wenn es gelingt, sie auch in der exakten Naturwissenschaft aufzuweisen, wird eine Art Indizienbeweis für Subjektivität und Milieubedingtheit erbracht sein."[109] Er versucht dann „der Gesamtkultur gemeinsame Züge in der modernen Physik aufzufinden,"[110] wobei er betont, daß diese Züge nicht jedermann evident sind, denn: „Der eigenen Zeitepoche gegenüber ist die Aufgabe besonders schwierig, weil hier, wo wir selber mitten drin stecken, das Gemeinsame weniger auffällt als das Unterscheidende."[111]

In seiner wichtigen Studie über die Geschichte der Quantentheorie fand Paul Forman „überzeugende Beweise dafür, daß in den Jahren nach dem Ersten Weltkrieg, aber vor der Entwicklung der akausalen Quantenmechanik sich zahlreiche deutsche Physiker unter dem Einfluß ‚geistiger Strömungen' und aus Gründen, die nur unwesentlich mit Entwicklungen innerhalb ihrer eigenen Disziplin zusammenhingen, von der Kausalität in der Physik distanzierten oder sie sogar explizit ablehnten."[112]

Der intellektuelle Druck war so stark, daß viele Physiker eine „akausale Quantenmechanik glühend erhofften, aktiv danach suchten und sie gerne akzeptierten."[113]

Nach der deutschen Niederlage im Ersten Weltkrieg war die intellektuelle Hauptströmung in der Weimarer Republik eine existentialistische Lebensphilosophie, die sich gegen den Rationalismus im allgemeinen und in den exakten Wissenschaften im besonderen aussprach.

Diese Lebensphilosophie war keine systematische Philosophie, die von einer Gruppe oder Schule ausging, sondern eine allgemeine Tendenz in der deutschen Kultur, die sich gegen jede rationale Weltanschauung, wie logische Systeme, kausale Erklärungen, Mathematik, Dialektik usw. wandte. Sie wurde von Intellektuellen, Politikern und sogar Wissenschaftlern verbreitet. Ihr vielleicht einflußreichster Vertreter war Oswald Spengler, der von der „British Encyclopaedia" als einer der wichtigsten kulturellen Vorläufer der Ideen des Nazi-Regimes genannt wird. Sein berühmtes Buch „Der Untergang des Abendlandes"[114] erlebte nach 1918 60 Auflagen, wobei etwa 100 000 Exemplare „in einem Land mit kaum der dreifachen Anzahl von Hochschulabsolventen" abgesetzt wurden.[115] Spengler meinte auch, daß die Physik vollständig historisch determiniert ist: „Es gibt einfach keine anderen Begriffe als anthropomorphe Begriffe ... dies gilt sicherlich auch für jede physikalische Theorie, gleichgültig wie gut begründet sie auch erscheinen mag."[116]

Ein Hauptziel von Spenglers Angriffen war die Idee der Kausalität. Für ihn war der „Gegensatz von Schicksalsidee und Kausalitätsprinzip, der wohl niemals bisher als solcher, in seiner tiefen, weltgestaltenden Notwendigkeit erkannt worden ist", der „Schlüssel zu einem der ältesten und mächtigsten Menschheitsprobleme":

„Schicksal ist das Wort für eine nicht zu beschreibende innere Gewißheit. Man macht das Wesen des Kausalen deutlich durch ein physikalisches oder erkenntniskritisches System, durch Zahlen, durch begriffliche Zergliederung. Man teilt die Idee eines Schicksals nur als

Künstler mit, durch ein Bildnis, durch eine Tragödie, durch Musik. Das eine forderte eine Unterscheidung, also Zerstörung, das andere ist durch und durch Schöpfung. Darin liegt die Beziehung des Schicksals zum Leben, der Kausalität zum Tode."[117]

In Zeitungen, öffentlichen Veranstaltungen und Gesprächen wurden Wissenschaftler offen angegriffen und manchmal sogar von ihrer eigenen Familie kritisiert. Forman bezieht sich hier auf die „Anschuldigungen, ..., die der arme Max Born täglich von seiner Frau, einer Amateurdichterin und Schriftstellerin, zu hören bekam."[118] Auch mit Einsteins brieflicher Erklärung, daß Borns „Materialismus" einfach eine kausale Betrachtungsweise war, erklärte sie sich nicht zufrieden. Diesem starken Druck hatten die Wissenschaftler keinen einheitlichen Widerstand entgegenzusetzen. Einige von ihnen verteidigen ihre Weltansicht, speziell Planck und Einstein, andere wechselten bald zur akausalen Philosophie über – und zwar noch bevor die Quantenmechanik entstand. Viele hatten auch gemischte Gefühle und verteidigten manchmal ihre Wissenschaft, während sie bei anderen Gelegenheiten die neuen Ideen akzeptierten. Es gab sogar Leute, die ihre Forschungen mit antikausalen Ideen begannen, welche sie aus ihren sozialen und politischen Aktivitäten ihrer vorphysikalischen Zeit mitbrachten. Dies mag vielleicht für Jordan und Heisenberg zutreffen. Der letztere war in der rechtsorientierten Gruppe der „Weißen Ritter" der Jugendbewegung aktiv und mußte dort seine Entscheidung verteidigen, Physiker zu werden. Dies begründete er damit, daß die theoretische Physik „Probleme aufgeworfen hat, die die gesamte philosophische Grundlage der Wissenschaft, die Struktur von Raum und Zeit und sogar die Gültigkeit des Kausalgesetzes in Frage stellen."[119]

Bemerkenswert waren auch die „Bekehrungen" von Leuten, die an Kausalität geglaubt hatten. Forman berichtet dazu: „Die quasireligiöse Bekehrung zur Akausalität ... war im Sommer/Herbst 1921 ein häufiges Phänomen in der deutschen Physiker-Gemeinschaft. Wie bei einem großen Erwachen bekannte ein Physiker nach dem anderen einem allgemeinen akademischen Auditorium, daß er die satanische Doktrin der Kausalität ablehnte und die frohe Botschaft verkünde, daß die Physiker die Welt aus ihren Fesseln befreien würden."[120] Richard von Mises zog bereits 1921 die Quantentheorie als Widerlegung der Kausalität heran und versuchte sogar zu zeigen, daß in seinem eigenen Gebiet, der klassischen Mechanik, die Kausalität nicht gelte.[121]

Walter Schottky veröffentlichte ebenfalls 1921 ein akausales Manifest mit dem Titel „Das Problem der Kausalität in der Quantentheorie als eine grundlegende Frage der gesamten modernen Naturwissenschaft". In diesem Artikel betont Schottky immer wieder, daß jede Lösung des Problems der Wechselwirkung von Atomen und Strahlung die Kausalität aufgeben müsse.

Bereits im Januar 1920 gestand Born in einem privaten Brief an Einstein, daß er bereit war, einige akausale Ideen zu erwägen. 1919 erklärte Franz Exner die Kausalität für tot und „bewies" dies durch Studien eines fallenden Körpers. Auch Wilhelm Wien, einer der einflußreichsten deutschen Physiker, lehnte die Kausalität 1920 ab.

Sogar Erwin Schrödinger wurde durch die antikausale Mode einige Zeit mitgerissen. In seiner Antrittsvorlesung als Professor der Theoretischen Physik an der Universität Zürich betonte er die Bedeutung von Exners akausalen Ansichten und stimmte ihnen im wesentlichen zu. Im Jahre 1926 kehrte er jedoch zur Kausalität zurück.

II Ist die Quantenmechanik eine vollständige Theorie?

Gibt es Dinge, Eigenschaften oder Vorgänge der realen Außenwelt, deren Beschreibung in der modernen Physik nicht enthalten ist? Eine jahrzehntelange Debatte über dieses Problem ließ einige berühmte Physiker diese Frage bejahen und andere ebenso berühmte Physiker ein Bollwerk gegen sogenannte Theorien mit verborgenen Variablen errichten. Dieses Bollwerk hatte die Form eines sehr komplizierten mathematischen Theorems. Es zerfiel, nachdem man verstand, wo sein schwacher Punkt war. Heute können wir wiederum von der Hypothese ausgehen, daß die einleitende Frage bejaht werden darf.

1 Das Problem der Vollständigkeit und der verborgenen Variablen

Die Dissidenten, die die Endversion der Quantenmechanik nicht akzeptierten, betonten besonders einen Punkt: Sie hielten es für möglich und unnütz, die neue Mechanik zu einer *kausalen Theorie* auszubauen. Zu diesen Physikern gehörten Einstein, Planck und de Broglie.

Das Bedürfnis nach einer kausalen Theorie läßt sich vielleicht am klarsten anhand des folgenden Beispiels zeigen: Neutronen sind instabile Teilchen, die am Ende ihrer Lebensdauer in ein Proton, ein Elektron und ein Antineutrino zerfallen. Die mittlere Lebenszeit von Neutronen beträgt ungefähr 1000 Sekunden, im gleichen Sinne wie die mittlere Lebensdauer eines Europäers ungefähr 70 Jahre beträgt: Einige Leute leben länger, andere kürzer, aber der Mittelwert über Millionen Leute ist 70 Jahre. Ähnlich können einzelne Neutronen viel kürzer oder viel länger als die mittlere Lebensdauer von 1000 Sekunden existieren. Es erscheint nur natürlich, den *Gründen* für diese Unterschiede nachzugehen oder – in anderen Worten – die Ursachen zu ermitteln, die zu den unterschiedlichen individuellen Lebensdauern verschiedener instabiler Systeme führen.

Die heutige Physik führt zu keinem Verständnis dieser Ursachen und akzeptiert eine akausale Naturbeschreibung, wonach jeder Zerfall ein spontaner Vorgang ist, der keine kausale Erklärung zuläßt. Die Frage nach der unterschiedlichen individuellen Lebensdauer verschiedener instabiler Systeme, wie eben der Neutronen, sollte nach dieser Ansicht stets ohne Antwort bleiben und als unwissenschaftliche Frage betrachtet werden.

Einstein und andere Gegner der Quantenmechanik nahmen einen anderen Standpunkt ein. Sie glaubten, daß unser heutiges, unvollständiges Wissen zu einer detaillierten Kenntnis der Ursachen unterschiedlicher Lebensdauern ausgebaut werden kann. Die Ursachen derart unterschiedlichen individuellen Verhaltens einzelner Teilchen werden üblicherweise als *verborgene Variable* bezeichnet. Manchmal findet sich in der Literatur die Feststellung, daß diese verborgenen Variablen im Prinzip unmeßbar sein würden. Wir meinen aber, daß es keine Rechtfertigung für eine derartige Ansicht gibt. Falls verborgene Variable existieren, werden sie sich auch als meßbar erweisen, nachdem man ihre physikalischen Eigenschaften erforscht hat. Wenn wir daher über verborgene Variable sprechen, meinen wir damit nur, daß sie *heute* verborgen sind, im gleichen Sinne wie Atome bis ungefähr 1910 und Pulsare bis vor wenigen Jahren verborgen waren. Wenn verborgene Variable existieren, so werden sie sicherlich in einiger Zeit entdeckt werden. Fügt man sie zu den üblichen, bekannten Variablen hinzu, welche wir zur Beschreibung des Verhaltens atomarer und subatomarer Systeme verwenden – wie Energie, Impuls ... – dann wird sich eine kausal vervollständigte Quantentheorie ergeben. Nicht nur der Zerfall der Neutronen sollte damit seine kausale Erklärung finden, sondern ganz allgemein alle Quantenvorgänge, die heute als akausal betrachtet werden – also alle Zufälle, alle Streuprozesse und der Meßprozeß. Vielleicht wird sich so die Quantenmechanik als im selben Sinne unvollständige Theorie erweisen, wie dies für die klassische Thermodynamik zutrifft.

Die Thermodynamik erlaubt es ja, die Gleichgewichtseigenschaften der Materie erfolgreich vorherzusagen, versagt aber zur Beschreibung von Phänomenen wie thermische Schwankungen, Brownsche Bewegung etc. – Phänomene, die nur aus einer Kenntnis der atomaren Struktur der Materie erklärt werden können. Könnte es nicht auch sein, daß die Quantenmechanik eine ausgezeichnete Erklärung der gemittelten Eigenschaften der Materie liefert, aber einige Systemeigenschaften unberücksichtigt läßt, die das unterschiedliche Verhalten individueller Systeme erklären? Mit dieser Frage ist die Quantenmechanik seit ihrer Entstehung konfrontiert und die Debatte darüber ist noch immer nicht abgeschlossen, obwohl einige wichtige Punkte geklärt wurden.

Betrachten wir nun die Frage etwas detaillierter am Beispiel des Neutronenzerfalls. Nehmen wir an, daß es Variable gibt, die die unterschiedlichen Zerfallzeiten der Neutronen festlegen, und daß diese Variablen bisher nicht entdeckt worden sind. Wir können uns dabei zwei verschiedene Arten verborgener Variabler vorstellen:

(1) Variable, die sich auf die innere Struktur der Teilchen beziehen. In unserem Beispiel würden verschiedene Neutronen zu verschiedenen Zeiten zerfallen, weil ihr unterschiedlicher innerer Aufbau die jeweilige Zerfallszeit vorherbestimmt. Eine Gruppe von Neutronen würde somit einem Satz gleich aussehender Bomben entsprechen, deren innere Zeitzünder auf verschiedene Zeiten eingestellt sind.

(2) Theorien, die Fluktuationen des Vakuums in einem kleinen Bereich um das Teilchen postulieren. Eine Gruppe von Neutronen würde hier einem Satz von identischen, aber schlecht gebauten Booten auf hoher See entsprechen. Sie zerbrechen, wenn sie von einer hohen Welle getroffen werden, was mit einer Zerfallsverteilung in der Zeit eintrifft.

Diese beiden Typen von Theorien werden wir als *interne* und *externe verborgene Variable* bezeichnen. Beide Arten von Theorien sind *lokal* in dem Sinne, daß das Verhalten eines Systems zu einer gegebenen Zeit von der gleichzeitigen Existenz und dem Verhalten von Materie, Energie oder Vakuumschwankungen außerhalb eines kleinen Bereiches um das Teilchen unabhängig ist. Man kann auch nichtlokale Theorien mit verborgenen Variablen konstruieren – und derartige Theorien sind tatsächlich erforderlich, wenn man *alle* Vorhersagen der Quantenmechanik reproduzieren will, besonders solche, die sich auf die Korrelation weit entfernter Quantensysteme beziehen. Das Problem der Nichtlokalität werden wir in Kapitel 5 im Detail aufgreifen.

Die Gefahr, die der Quantenmechanik von der Idee verborgener Variabler droht, die die Quantenmechanik als prinzipiell unvollständig erscheinen läßt und damit die naturphilosophische Grundlage der theoretischen Physik revidiert, wurde von den Physikern in Kopenhagen und Göttingen sofort erkannt. Ein Bollwerk gegen diese kausale Philosophie wurde von J. von Neumann im Jahre 1932 durch sein berühmtes Theorem errichtet, wonach eine kausale Ergänzung der Quantenmechanik unmöglich ist, falls einige wenige, sehr allgemeine Annahmen über die mathematische Struktur physikalischer Theorien erfüllt sind.[1] Bohr, Born, Pauli, Heisenberg und Jordan betonten die Bedeutung des von Neumannschen Theorems. Die große Autorität dieser Physiker und der hohe mathematische Schwierigkeitsgrad der von Neumannschen Ideen ließ die Idee der verborgenen Variablen in Vergessenheit geraten. Bohr drückte seine diesbezügliche Meinung beispielsweise im Jahre 1938 bei einer Konferenz über „Neue Theorien der Physik" in Warschau aus.[2] Aus den Konferenzberichten geht hervor, daß von Neumann damals sein Theorem vortrug. Bohr bewunderte die darin erreichte mathematische Strenge und bemerkte, daß er in einer seiner Arbeiten auf elementarere Weise im wesentlichen zur gleichen Schlußfolgerung gelangt war.

Auch Born diskutierte in einem 1958 erschienenen Buch die Axiome des von Neumannschen Theorems und schließt:

„Das Ergebnis ist, daß der Formalismus der Quantenmechanik durch diese Axiome eindeutig festgelegt wird; speziell können keine verborgenen Parameter eingeführt werden, mit deren Hilfe man die indeterministische Naturbeschreibung in eine deterministische umformen könnte. Wenn eine zukünftige Theorie also deterministisch sein sollte, so kann sie nicht einfach eine Modifikation der heutigen Theorien sein, sondern muß sich wesentlich davon unterscheiden. Wie dies möglich sein könnte, ohne eine ganze Reihe wohletablierter Ereignisse zu opfern, müssen die Vertreter des Determinismus erst herausfinden."[3]

Auch wollte niemand die Quantenmechanik zu einer Zeit modifizieren, in der die zahlreichen Anwendungen und triumphalen Erfolge dieser Theorie allzu bekannt waren und die Schwierigkeiten und Zweideutigkeiten noch der Entdeckung harrten. Die vorbehaltlose Anerkennung des von Neumannschen Theorems schloß jede wissenschaftliche Debatte aus, und die Philosphie von Kopenhagen und Göttingen triumphierte fast überall. Jede Opposition war praktisch eliminiert.[4] Einstein, der auf seiner Ablehnung der Akausalität beharrte, war in Princeton ziemlich isoliert. Nur wenige Physiker beschäftigten sich zwischen 1935 und 1970 mit dem Problem der Kausalität. Dennoch wurden wichtige Ergebnisse von Bohm[5] und von de Broglie[6] erzielt, die das zuwege brachten, was von Neumann für unmöglich erklärt hatte: Sie fanden Theorien mit verborgenen Variablen, die der Quantenmechanik und ihren statistischen

Vorhersagen nicht widersprechen, aber dennoch kausale Grundlagen für das individuelle Verhalten einzelner Quantensysteme liefern. Erst nachdem man einsah, daß von Neumanns Ergebnis zwar mathematisch korrekt ist, aber in keiner Weise einem deterministischen Ausbau der Quantenmechanik widerspricht, da eines seiner Axiome physikalisch unvernünftig ist, wurde die Bedeutung der Ergebnisse von Bohm und de Broglie voll gewürdigt.

Diese Schlußfolgerungen werden in den folgenden Abschnitten im Detail untermauert. Das Ergebnis ist, daß von Neumanns Theorem hauptsächlich nur eine sehr spezielle und ausgewählte Klasse von Theorien mit verborgenen Variablen ausschließt, nämlich solche, die von Neumanns Axiome erfüllen.

2 de Broglies Paradoxon

Der Begriff der Vollständigkeit der Quantenmechanik beruht auf der Idee, daß nichts in der objektiven Wirklichkeit existiert, das nicht im quantenmechanischen Formalismus bereits enthalten ist. Speziell können wir ein einzelnes Quantensystem betrachten, beispielsweise ein Elektron, bei dem wir der Einfachheit halber den Spin unberücksichtigt lassen. Nichtrelativistisch wird der Zustand des Elektrons durch eine Lösung $\Phi(x, y, z, t)$ der Schrödingergleichung beschrieben. Die Vollständigkeit der Theorie besagt, daß in diesem Fall die gesamte Information über das Elektron in der Wellenfunktion Φ enthalten ist. Keine weiteren physikalischen Eigenschaften, nicht einmal eine über die Wellenfunktion hinausgehende räumliche Lokalisierung des Teilchens, können dem Elektron zugeschrieben werden, falls die Theorie vollständig ist. Dieser Glaube an die Vollständigkeit der Quantenmechanik basiert auf dem von Neumannschen Theorem, das noch zu diskutieren sein wird.

Louis de Broglie bemerkte, daß die Idee der Vollständigkeit zu sehr paradoxen Schlußfolgerungen führt, wenn man sie auf spezielle physikalische Situationen anwendet. Wir verdanken ihm das folgende berühmte Paradoxon bezüglich der Lokalisierung eines Teilchens[7]:

Eine Schachtel B mit vollständig reflektierenden Wänden kann durch einen Schieber in zwei Teile B_1 und B_2 geteilt werden. Die Schachtel B enthalte anfänglich ein Elektron, dessen Wellenfunktion $\Phi(x, y, z, t)$ im Gesamtvolumen V von B gegeben ist. Die Wahrscheinlichkeit (genauer Wahrscheinlichkeitsdichte), das Elektron zur Zeit t im Punkt (x, y, z) vorzufinden, wird dann durch das Betragsquadrat von Φ gegeben.

Nun werde die Schachtel B in die zwei Teile B_1 und B_2 geteilt und schließlich B_1 nach Paris und B_2 nach Tokio gebracht.

Diese neue Situation wird in der Quantenmechanik durch zwei Wellenfunktionen beschrieben, wobei $\Phi_1(x, y, z, t)$ im Volumen V_1 von B_1 definiert ist und $\Phi_2(x, y, z, t)$ im Volumen V_2 von B_2. Diese beiden Wellenfunktionen könnten gleich der ursprünglichen Wellenfunktion Φ sein, wenn diese auf die Volumina V_1 bzw. V_2 bezogen wird. Sie könnten sich aber auch von Φ unterscheiden, falls die Trennung der beiden Schachtelteile den Zustand des Elektrons beeinflußt hat. Für uns ist hier nur wichtig, daß nun zwei von Null verschiedene Wahrscheinlichkeiten P_1 und P_2 auftreten, das Elektron in der Schachtel B_1 bzw. B_2 aufzufinden. Die Summe dieser Wahrscheinlichkeit muß natürlich eins ergeben.

Wichtig ist auch, daß P_1 als das Volumintegral des Betragsquadrates von Φ_1 über B_1 berechnet werden kann und entsprechend auch P_2. Die Vollständigkeit der Theorie macht es dabei unmöglich, zu sagen, das Elektron befinde sich wirklich entweder in B_1 oder in B_2. Eine derartige Aussage würde eine bessere räumliche Lokalisierung des Elektrons erfordern, als die aus den Wellenfunktionen Φ_1 und Φ_2 folgende. Mit der Quantenmechanik verträglich ist nur die Aussage, daß das Teilchen in B_1 *und* in B_2 ist.

Diese Situation verändert sich durch eine Beobachtung völlig, da das Elektron bekanntlich an einem wohlbestimmten Ort beobachtet werden kann, falls man eine hinreichend genaue Positionsmessung vornimmt.

Öffnet man die Schachtel in Paris, so findet man, daß das Elektron entweder B_1 ist oder nicht. In jedem Fall kann man nun mit Sicherheit das Ergebnis einer zukünftigen Beobachtung vorhersagen, die an der Schachtel B_2 in Tokio vorgenommen wird. Falls das Elektron in Paris gefunden wurde, wird es sich sicherlich nicht in Tokio finden und umgekehrt.

Wurde die Beobachtung zur Zeit t_0 in Paris ausgeführt und das Elektron vorgefunden, so ist man sicher, daß für alle Zeiten $t \geq t_0$ die Wahrscheinlichkeit P_2, das Elektron in B_2 in Tokio zu finden, gleich Null ist. Da P_2 durch ein Volumintegral des Betragsquadrates von Φ_2 gegeben ist, muß man notwendigerweise schließen, daß aus dem Verschwinden von P_2 für $t > t_0$ auch eine verschwindende Wellenfunktion $\Phi_2(x, y, z, t)$ für $t > t_0$ folgt. Daher ändert eine Beobachtung des Elektrons in Paris die Wellenfunktion in Tokio, und reduziert sie gegebenenfalls auf Null.

Wenn wir von der Möglichkeit absehen, daß eine Beobachtung in Paris „ein halbes Elektron" in Tokio zerstört und in Paris erscheinen läßt, liegt es nahe anzunehmen, daß das in Paris zur Zeit t_0 beobachtete Elektron bereits für $t < t_0$ dort gewesen war, und daß die Wellenfunktionen Φ_1 und Φ_2 nur *unsere Kenntnis* der Elektronenverteilung vor der Beobachtung ausdrücken. Diese natürliche Haltung – die philosophisch gesehen dem Realismus entspricht – führt in weiterer Folge offensichtlich auf die Einführung eines neuen beobachtbaren Parameters λ, der die Lokalisierung des Teilchens in B_1 und B_2 beschreibt. Für $\lambda = +1$ sei das Elektron in B_1, für $\lambda = -1$ in B_2. Da die übliche Quantenmechanik λ nicht enthält, ist sie unvollständig und die Lokalisierungsvariabele λ muß als verborgene Variable betrachtet werden. Besteht man dagegen auf der Vollständigkeit der Quantenmechanik, so wird man auf die paradoxe Schlußfolgerung geführt, daß das Elektron simultan in B_1 und B_2 existiert und daß eine Beobachtung des Elektrons in B_1 den „Anteil" des Elektrons plötzlich verschwinden läßt, der zuvor in B_2 zu finden war.

Das Ergebnis ist also, daß die Annahme einer tatsächlichen *Existenz des Elektrons in Raum und Zeit*, sogar bei allergeringsten Anforderungen (man braucht nur Tokio von Paris zu unterscheiden!) *auf ein Paradoxon führt*. Um die Vollständigkeit der Theorie zu verteidigen, muß man annehmen, daß es völlig sinnlos ist, über die Lokalisierung des *unbeobachteten* Teilchens zu sprechen. Die Quantenmechanik leugnet nicht, daß man das Teilchen an einem bestimmten Ort *beobachtet*, sie sagt ja sogar die Wahrscheinlichkeitsdichte für alle möglichen Lokalisierungen voraus. Wenn man sich an tatsächlich durchgeführte Beobachtungen hält, so stößt man nie auf Widersprüche.

Diese Argumente führen zu einer positivistischen Philosophie, die nur Überlegungen über Beobachtungen und mathematische Schemata erlaubt, wogegen die objektive Realität aus dem Argumentationszusammenhang der Wissenschaft ausgeschlossen wird.

Das Resümee dieser Überlegungen ist einfach: de Broglies Paradoxon existiert nur für diejenigen, die auf einer *realistischen* (Teilchen existieren objektiv) und *rationalen* Philosophie bestehen (in der Raum-Zeit nicht nur ein Produkt unserer Sinne ist, und in der es möglich ist, über den Ort des Elektrons zu sprechen).

Bezieht man dagegen einen anderen philosophischen Standpunkt – wie beispielsweise den des Positivismus –, dann entsteht kein Paradoxon. Die weiteren Überlegungen werden zeigen, daß sich ähnliche Schlußfolgerungen auch aus dem EPR-Paradoxon und anderen Aspekten der Quantentheorie ergeben.

Die Zuflucht in einer streng positivistischen Philosophie scheint aber nicht allen Physikern akzeptabel. Dies gilt beispielsweise für Planck, Einstein, de Broglie und Schrödinger. Auch heute glauben die meisten praktisch tätigen Physiker, daß im Falle von de Broglies Paradoxon das Elektron schon vor der Beobachtung in Paris in der Schachtel B_1 zu finden war. Dies hat offensichtlich zur Folge, daß sie die Quantenmechanik als unvollständig betrachten. Diese Schlußfolgerung ist auch nicht unnatürlich, denn warum sollte eine menschliche Theorie ein physikalisches Objekt in allem und jedem Detail beschreiben? In diesem Kapitel wollen wir gerade zeigen, daß wir *heute* die Unvollständigkeit der Quantentheorie akzeptieren können. Wie selbstverständlich diese Schlußfolgerung auch von einem *logischen* Standpunkt erscheinen mag, so muß doch betont werden, daß diese Ansicht nur nach einem vierzigjährigen Kampf gegen die Folgerungen aus dem von Neumannschen Theorem erzielt wurde.

De Broglie schrieb zu dieser Frage im Jahre 1953: „Die Frage ist, ... ob die heute akzeptierte Interpretation, ‚unvollständig' ist und ... eine vollständig deterministische Realität verbirgt, die in Raum und Zeit durch verborgene Variable beschrieben werden kann ..."[8]

3 Das Spin-$\frac{1}{2}$-System in der Quantenmechanik

Der Elektronenspin wurde im Jahre 1925 von *W. Pauli* entdeckt.[9] Bei der Untersuchung komplexer Atome und des von ihnen ausgehenden Lichtes erkannte Pauli, daß eine vollständige Klassifizierung und ein Verständnis der Spektrallinien mit Hilfe der folgenden zwei neuen Hypothesen möglich ist:
(1) Neben den drei bereits 1915 von Sommerfeld eingeführten Quantenzahlen gibt es eine vierte Quantenzahl σ mit nur zwei möglichen Werten ($\sigma = \pm 1$).
(2) Jedes durch die vier Quantenzahlen definierte Orbital kann nur ein Elektron aufnehmen.

Pauli hatte diese Annahmen rein formal eingeführt, um die Spektrallinien zu klassifizieren, seine Annahmen jedoch nicht näher begründet. Die zweite Annahme wurde in der Folge als „Paulisches Ausschließungsprinzip" bekannt, da sie die Möglichkeit ausschloß, daß sich mehr als ein Elektron in einem bestimmten, durch vier Quantenzahlen festgelegten Zustand aufhält.

Paulis erste Annahme wurde im Jahre 1922 durch ein *Experiment von Stern und Gerlach*[10] gestützt, bei dem ein feiner Strahl von Silberatomen durch ein stark inhomogenes magnetisches Feld hindurchging und eine Aufspaltung des Strahls in zwei Teile beobachtet wurde. Stern und Gerlach konnten sogar das magnetische Moment der Silberatome messen, und erhielten mit einer Genauigkeit von 10% das Bohrsche Magneton. Wir wissen heute, daß sie damit das magnetische Moment des Elektrons bestimmt hatten, dessen Existenz man im Jahre 1922 noch nicht einmal vermutete, da Paulis Entdeckung des Spins drei Jahre später kam. Der Stern-Gerlach-Versuch wird heute folgendermaßen erklärt: Elektronen existieren in zwei Zuständen, wobei ihr Spin entweder in die Richtung des magnetischen Feldes oder in die Gegenrichtung zeigen kann. Entsprechend weist auch das magnetische Moment zwei mögliche Richtungen auf. Da ein inhomogenes Magnetfeld vorwiegend mit dem einzelnen, ungepaarten Elektron des Silberatoms in Wechselwirkung tritt, hat auch die Kraft auf das Silberatom zwei Einstellungsmöglichkeiten, wodurch der Strahl in zwei Teile aufspaltet. Vereinfacht könnten wir von zwei verschiedenen Arten von Elektronen sprechen, nämlich von solchen mit $\sigma = +1$ und solchen mit $\sigma = -1$, die im Stern-Gerlach-Experiment eine empirische Veranschaulichung der Paulischen Quantenzahl σ.

Bald nach der Veröffentlichung von Paulis Arbeit versuchten *Goudsmit* und *Uhlenbeck*[11] in Holland die physikalische Natur von Paulis vierter Quantenzahl zu verstehen. In Sommerfelds Theorie war die Anzahl der Quantenzahlen gleich der Zahl der Freiheitsgrade des betrachteten Systems. Deshalb konnte ein Punktteilchen nicht mehr als drei Quantenzahlen aufweisen und eine innere Struktur des Elektrons mußte notwendigerweise angenommen werden.

Goudsmit und Uhlenbeck vermuteten, daß das Elektron eine kleine rotierende Kugel ist, die den gewünschten Drehimpuls, also Spin, aufweist. Zwar war dieses Modell nicht frei von inneren Schwierigkeiten, aber doch ein wichtiger Schritt zu einer realistischen Interpretation von Paulis neuer Quantenzahl. Denn auch hier wiederholte sich im kleinen der Widerstreit zwischen Positivismus und Realismus.

Pauli interessierte sich nur für eine formale Beschreibung der Struktur des Atoms, während Goudsmit und Uhlenbeck (ermutigt durch

Ehrenfest) ihre wirkliche Natur zu verstehen versuchten. Der Sieg der positivistischen Ansichten ist hier daraus zu sehen, daß heute jedermann den Spin-Formalismus akzeptiert und benutzt, während die physikalischen Details der Drehung des Elektrons nicht weiter ausgearbeitet wurden und heute zumeist nur als eine bestenfalls psychologisch nützliche Visualisierung betrachtet wird. (Selbstverständlich kann die Drehung des Elektrons auch von realistisch eingestellten Physikern nicht wörtlich genommen werden, da sie beispielsweise den Dualismus Welle-Teilchen unberücksichtigt läßt.) Eine Konsequenz dieser Tatsache ist, daß man bei der Entwicklung der Theorie eines Spin-$\frac{1}{2}$-Teilchens notwendigerweise auf eine einfache, aber abstrakte Mathematik zurückgreifen muß. Die Mathematik ist einfach, da die Algebra der zweiwertigen Observablen den einfachsten Fall einer voll ausgereiften Quantentheorie bietet, die alle Hauptbegriffe, wie Operatoren, Zustandsvektoren, Eigenwerte und das Superpositionsprinzip enthält. Der Formalismus ist abstrakt, da man bei der Entwicklung der notwendigen Mathematik nicht weiß, ob und wie jeder logische Schritt einer Eigenschaft der objektiven Realität entspricht.

Eines ist von Anfang an klar: Die Wellenfunktion ψ, die eine möglichst vollständige Beschreibung des Zustands des Elektrons geben soll, muß von der neuen zweiwertigen Variablen σ abhängen. Wir schreiben daher

$$\psi = \psi(x, y, z, t; \sigma),$$

wobei $|\psi(x, y, z, t; \sigma)|^2$ – oder eine ähnliche Größe – die Wahrscheinlichkeitsdichte angibt, zur Zeit t ein Elektron der Art σ vorzufinden. Es zeigt sich, daß zwei Klassen von Wellenfunktionen existieren, nämlich diejenigen mit $\sigma = +1$ und diejenigen mit $\sigma = -1$. Es ist zweckmäßig, diese Wellenfunktion in einer Matrixschreibweise

$$\psi(x, y, z, t; +1) = \psi(x, y, z, t) \begin{pmatrix} 1 \\ 0 \end{pmatrix}$$

$$\psi(x, y, z, t; -1) = \psi'(x, y, z, t) \begin{pmatrix} 0 \\ 1 \end{pmatrix}$$

(1)

anzugeben, wobei ψ und ψ' wie üblich Funktionen ihrer Argumente sind, die keine weitere Matrixstruktur aufweisen. Alle Gesetze der Quantenmechanik sind linear, was als vielleicht grundlegendste Eigenschaft der Quantentheorie aufgefaßt werden kann und oft als *Superpositionsprinzip* bezeichnet wird. Das Prinzip hat zur Folge, daß für eine zweikomponentige Wellenfunktion auch beliebige Linearkombinationen dieser beiden Funktionen eine Wellenfunktion sein müssen, falls die Bornsche Normierungsbedingung erfüllt ist. Das bedeutet, daß eine Wellenfunktion aus (1) in der Form konstruiert werden kann

$$\psi_0(x, y, z, t) = c_1 \psi \begin{pmatrix} 1 \\ 0 \end{pmatrix} + c_2 \psi' \begin{pmatrix} 0 \\ 1 \end{pmatrix} = \begin{pmatrix} c_1 \psi \\ c_2 \psi' \end{pmatrix}, \qquad (2)$$

wobei c_1 und c_2 Konstanten sind. Die einfachste Art, hier Borns Normierungsbedingungen einzuführen, ist die Definition der „hermitesch konjugierten" Wellenfunktion

$$\psi_0^+(x, y, z, t) = c_1^* \psi^*(1, 0) + c_2^* \psi'^*(0, 1) = (c_1^* \psi^*, c_2^* \psi'^*). \qquad (3)$$

Die Wahrscheinlichkeitsdichte kann dann in der Form

$$\varrho(x, y, z, t) = \psi_0^+ \psi_0 = |c_1|^2 |\psi|^2 + |c_2|^2 |\psi'|^2$$

angenommen werden, wobei aus der Normierung von $|\psi|^2$ und $|\psi'|^2$ folgt, daß $|c_1|^2 + |c_2|^2 = 1$ gelten muß.

Nach dieser Einführung der Spin-Zustände betrachten wir nun Spin-Observable. In der klassischen Physik gibt es keinen grundlegenden Unterschied zwischen Zuständen und Observablen, da Messungen stets so ausgeführt werden müssen, daß sie den exakten Zustand eines individuellen Systems ergeben. In der Quantenphysik ist dies nicht mehr möglich, da die Existenz eines endlichen Wirkungsquantums h zur Folge hat, daß jeder Meßvorgang zu einer großen und unvorhersehbaren Änderung des Zustandes des Systems führt. Es ist daher im Prinzip unmöglich, Zustände und Observable gleichzusetzen, und man muß eine unabhängige mathematische Beschreibung der Observablen finden.

Es ist wohl bekannt, daß die Quantenmechanik dies mittels der Darstellung von Observablen durch lineare hermitesche Operatoren erreicht, welche auf die Wellenfunktion wirken. Für Spin-Zustände gibt es eine sehr einfache Darstellung der Spin-Observablen, die durch hermitesche (2×2)-Matrizen beschrieben werden. Die allgemeinst mögliche Spin-Observable R wird durch die Matrix

$$R = \begin{pmatrix} \alpha_0 & \beta_0 \\ \beta_0^* & \gamma_0 \end{pmatrix}$$

dargestellt, wobei α_0 und γ_0 reell sind. Führt man eine (2×2)-Einheitsmatrix I und die Pauli-Matrizen

$$\sigma_1 = \begin{pmatrix} 0 & 1 \\ 1 & 0 \end{pmatrix}; \quad \sigma_2 = \begin{pmatrix} 0 & -i \\ i & 0 \end{pmatrix}; \quad \sigma_3 = \begin{pmatrix} 1 & 0 \\ 0 & -1 \end{pmatrix} \tag{4}$$

ein, so kann man R in die Form bringen

$$R = \alpha I + \vec{\sigma} \cdot \vec{\beta}, \tag{5}$$

wobei $\vec{\sigma} \cdot \vec{\beta} \equiv \beta_1 \sigma_1 + \beta_2 \sigma_2 + \beta_3 \sigma_3$ und die neuen Konstanten $\alpha_1, \beta_1, \beta_2, \beta_3$ mit $\alpha_0, \beta_0, \gamma_0$ durch die Beziehungen $\alpha_0 = \alpha + \beta_3$, $\gamma_0 = \alpha - \beta_3$, $\beta_0 = \beta_1 - i\beta_2$ verknüpft sind.

Die Quantenmechanik nimmt bekanntlich an, daß die Ergebnisse einer Messung der Observablen *R* in jedem Fall mit einem der Eigenwerte der zugeordneten Matrix R übereinstimmen. Um diese Eigenwerte zu bestimmen, schreiben wir die Eigenwertgleichung

$$R \begin{pmatrix} x \\ y \end{pmatrix} = r \begin{pmatrix} x \\ y \end{pmatrix},$$

wobei $\begin{pmatrix} x \\ y \end{pmatrix}$ ein unbekannter Spin-Zustand ist. Mit (5) führt diese Gleichung auf das System

$$\begin{cases} (\alpha + \beta_3 - r) x + (\beta_1 - i\beta_2) y = 0 \\ (\beta_1 + i\beta_2) x + (\alpha - \beta_3 - r) y = 0, \end{cases}$$

das als homogenes Gleichungssystem nur nichttriviale Lösungen aufweist, wenn die Determinante gleich Null ist. Eine einfache Regelung führt damit auf

$$r = \alpha \pm |\vec{\beta}|. \tag{6}$$

Diese wichtige Gleichung enthält die Ergebnisse aller überhaupt möglichen Spin-Messungen und wird in der Folge noch nützlich sein.

Um ein besseres Verständnis von (6) zu erreichen, betrachten wir einige spezielle Matrizen R. Für $R = \sigma_1$, was $\alpha = 0$ und $\vec{\beta} = \boldsymbol{i}$ entspricht (*i* ist der Einheitsvektor in der *x*-Richtung) erhält man aus (6) das Resultat $r = \pm 1$. Identische Folgerungen ergeben sich auch für $R = \sigma_2$ oder $R = \sigma_3$. Als weiteres Beispiel betrachten wir $R = \vec{\sigma} \cdot \boldsymbol{n}$ mit $\boldsymbol{n} = (1, 1, 0)$ und $|\boldsymbol{n}| = \sqrt{2}$.

Aus (6) folgt nunmehr $r = \pm\sqrt{2}$.

Im allgemeinen gilt, daß eine Messung von R in einem statistischen Ensemble von Spin-$\frac{1}{2}$-Teilchen, die durch den gleichen Spin-Zustand $\binom{1}{2}$ beschrieben werden, eine Zufallsfolge liefert, wobei das Meßergebnis $\alpha + |\vec{\beta}|$ mit der Wahrscheinlichkeit p_1 und $\alpha - |\vec{\beta}|$ mit der entsprechenden Wahrscheinlichkeit $p_2 = 1 - p_1$ auftritt.

Mit den Gesetzen der Quantenmechanik kann man p_1 und p_2 berechnen. Dazu geht man von zwei verschiedenen Definitionen des Mittelwertes der Observablen R aus. Zunächst betrachten wir das gewichtete Mittel

$$\langle R \rangle = p_1 (\alpha + |\vec{\beta}|) + p_2 (\alpha - |\vec{\beta}|), \tag{7}$$

das für Experimente ausschlaggebend ist. Anderseits gilt aber die quantenmechanische Vorhersage

$$\langle R \rangle = (1, 0) \, R \begin{pmatrix} 1 \\ 0 \end{pmatrix} = \alpha + \beta_3, \tag{8}$$

wobei sich letztere Gleichung durch direkte Rechnung ergibt. Zusammengenommen liefern die Gleichungen (7) und (8) mit Hilfe von $p_1 + p_2 = 1$

$$p_1 = \frac{1}{2} \left[1 + \frac{\beta_3}{|\vec{\beta}|} \right], \quad p_2 = \frac{1}{2} \left[1 - \frac{\beta_3}{|\vec{\beta}|} \right]. \tag{9}$$

Damit haben wir alle Vorhersagen der Quantenmechanik für Spin-Messungen hergeleitet. Das Ergebnis der Messung ist $\alpha \pm |\vec{\beta}|$ und ihre Wahrscheinlichkeit sind die oben berechneten p_1 und p_2. Man könnte noch einwenden, daß der hier betrachtete Spin-Zustand $\binom{1}{0}$ nicht hinreichend allgemein ist, doch kann er stets durch eine geeignete Wahl der z-Achse erzielt werden.

4 Ein einfacher Beweis des von Neumannschen Theorems

Wir betrachten eine allgemeine Spin-Observable R, die durch eine hermitesche (2×2)-Matrix R dargestellt werde. Führen wir N Messungen von R an gleich präparierten Teilchen durch, das heißt an Teilchen, die die gleiche Anfangswellenfunktion aufweisen, so ergeben sich die Resultate

$R = r_1, r_2, ..., r_N.$

Der hier außer Zweifel stehenden Quantenmechanik gemäß werden diese Resultate in jedem Fall mit einem der beiden Eigenwerte der Matrix R übereinstimmen.

Es ist nützlich, nun auch die Observable R^2 zu betrachten, deren Messung *definitionsgemäß* durch eine Messung von R erfolgt, bei der das Quadrat des Ergebnisses genommen wird. Die vorhergehenden N Messungen von R führen deshalb auch auf N Messungen von R^2 mit den Ergebnissen

$R^2 = r_1^2, r_2^2, ..., r_N^2.$

Wir nehmen nun an, daß die Resultate $r_1, r_2, ..., r_N$ tatsächlich durch eine verborgene Variable λ bestimmt werden, das heißt genauer gesagt durch die Werte, die λ unmittelbar vor der Messung hatte. Wir können daher schreiben $r_1 = r(\lambda_1)$, $r_2 = r(\lambda_2)$, ..., $r_N = r(\lambda_N)$, wobei $\lambda_1, \lambda_2, ..., \lambda_N$ die jeweiligen Werte von λ vor jeder Einzelmessung sind. Wenn wir die Teilchen so präparieren, daß λ vor allen Messungen übereinstimmt und den Wert $\lambda = \lambda_0$ aufweist, wird sich offensichtlich stets das gleiche Ergebnis einstellen:

$R = r_1 = r_2 = ... = r_N = r(\lambda_0)$

Für ein derartiges Ensemble mit festem λ gilt also

$$\langle R \rangle = \frac{1}{N} \sum_{i=1}^{N} r_i = r(\lambda_0), \quad \langle R^2 \rangle = \frac{1}{N} \sum_{i=1}^{N} r_i^2 = r^2(\lambda_0).$$

Die mittlere quadratische Abweichung ΔR der Observablen R, die in der elementaren Fehlerrechnung als Quadratwurzel der Differenz zwischen $\langle R^2 \rangle$ und $\langle R \rangle^2$ definiert wird, verschwindet dann:

$\Delta R = [\langle R^2 \rangle - \langle R \rangle^2]^{1/2} = 0.$

ΔR wird auch als *Dispersion* bezeichnet. Wir können daher sagen, daß die Observable R *dispersionsfrei* ist, falls die verborgene Variable einen festen Wert annimmt.

Wir können auch allgemeiner eine Situation betrachten, in der mehrere verschiedene Observable auftreten, wie wir dies bereits beim

Spin-$\frac{1}{2}$-Teilchen gesehen haben, bei dem es unendlich viele Observable gibt. Es sei $\{R,S,T,...\}$ die Menge aller Observablen für die nunmehr betrachteten Teilchen. Im Sinne einer Theorie verborgener Variablen können wir sagen, daß die Ergebnisse einer Messung von R oder S oder T ... durch die Werte einiger verborgener Variabler $\{\lambda, \mu, \nu,...\}$ bestimmt werden. Dabei gibt es im allgemeinen *keinen* einfachen Zusammenhang zwischen der Zahl der verborgenen Variablen und der Zahl der Observablen. Betrachten wir aber eine Teilchenmenge, für die alle verborgenen Variablen feste Werte annehmen ($\lambda = \lambda_0, \mu = \mu_0, \nu = \nu_0,...$), so müssen alle Observablen bei einer Messung wohldefinierte Werte aufweisen.

$R = r(\lambda_0, \mu_0, \nu_0, ...) \equiv r_0$
$S = s(\lambda_0, \mu_0, \nu_0, ...) \equiv s_0$
$T = t(\lambda_0, \mu_0, \nu_0, ...) \equiv t_0$
. .
. .
. .

Wiederholen wir die zuvor für R angestellten Überlegungen, so zeigt sich, daß nunmehr alle Observablen $R,S,T,...$ dispersionsfrei sein müssen:

$\Delta R = \Delta S = \Delta T = ... = 0$.

Da dies nun sämtliche Observablen der Teilchen im betrachteten statistischen Ensemble sind, ist dieses Ensemble *dispersionsfrei*. Dabei spielt es keine Rolle, daß verschiedene Observable im allgemeinen durch nicht vertauschende Matrizen dargestellt werden. Dies bedeutet nur, daß keine Instrumente konstruiert werden können, die eine gleichzeitige Messung dieser Observablen ermöglichen. Liegen zwei derartige Observable R und S vor, die durch zwei nichtvertauschende (2×2)-Matrizen R und S dargestellt werden und eine verborgene Variable λ mit dem festen Wert λ_0 (die Verallgemeinerung dieser Argumente auf den Fall mehrerer verborgener Variabler ist einfach), dann können wir an einigen Teilchen des Systems eine Messung von R und am Rest eine Messung von S vornehmen. Im ersten Fall werden wir stets r_0 erhalten, im zweiten stets s_0. Daher gilt $\Delta R = 0 = \Delta S$, was nicht in Widerspruch mit der Nichtvertauschbarkeit von R und S steht, da die Messungen von R und S an verschiedenen Systemen ausgeführt wurden. Wenn wir an verborgene Variable glauben, können wir uns ein gegebenes Ensemble stets als

Summe von dispersionsfreien Ensembles zusammengesetzt denken. Die bekannten Ergebnisse der Quantenmechanik (beispielsweise $\Delta R \cdot \Delta S \geq \hbar$) werden dann für das volle Ensemble gelten – nicht aber für seine dispersionsfreien Teile. Die praktische Schwierigkeit der Präparation von dispersionsfreien Ensembles ist dabei unwesentlich. Wichtig ist dagegen, daß wir uns jedes gegebene Ensemble stets als Summe von dispersionsfreien Subensembles logisch zusammengesetzt *denken* können.

Wir können also ganz allgemein schließen, daß die Existenz verborgener Variabler notwendigerweise die Existenz von dispersionsfreien Ensembles nach sich zieht.

Gerade gegen die Existenz derartiger Ensembles richtet sich das von Neumannsche Theorem, das nun zu diskutieren sein wird. Da dieses Theorem in seiner vollen Allgemeinheit lang und schwierig ist, beschränken wir uns hier auf seine Formulierung und seinen Beweis für den Spezialfall von Spin-$\frac{1}{2}$-Teilchen. Dieser scheinbare Verlust an Allgemeinheit ist nicht sehr wesentlich, da das Theorem sofort seine allgemeine Schlüssigkeit verliert, wenn es sich in einem Spezialfall als unwesentlich erweist.

Von Neumanns Theorem wird aus drei *Axiomen* hergeleitet:
- *Axiom* 1:
  Es gibt eine eindeutige Zuordnung zwischen Spin-Observablen und hermiteschen (2×2)-Matrizen.
- *Axiom* 2:
  Wenn die Observable R der Matrix R entspricht, dann entspricht die Observable $f(R)$ der Matrix $f(\mathrm{R})$.
- *Axiom* 3:
  Sind R und S beliebige Observable und a und b reelle Zahlen, dann gilt die folgende Linearität der Mittelwerte:
  $$\langle aR+bS \rangle = a \langle R \rangle + b \langle S \rangle$$

Aus diesen Axiomen leitet von Neumann her, daß es dispersionsfreie Ensembles nicht geben kann. Zuvor wollen wir jedoch die in den Axiomen auftretenden Begriffe und Größen definieren:

Definition 1:
  Funktion einer Observablen R. Gegeben sei eine Funktion $f(x)$ einer reellen Variablen x. Man definiert dann $f(R)$ durch folgende Vorschrift:

Um $f(R)$ zu messen, bestimmt man zunächst R, wobei sich r ergebe. Dann berechnet man $f(r)$ und definiert dies als den Meßwert von $f(R)$.

Definition 2:
  Funktion einer Matrix R. Die Funktion $f(R)$ der (2×2)-Matrix R wird definiert durch eine Taylor-Reihe. Die n-te Potenz von R kann dabei leicht mit Hilfe der üblichen Matrixmultiplikation berechnet werden.

Definition 3:
  Summe zweier Observabler. Wenn zwei Observable R und S den hermiteschen (2×2)-Matrizen R und S entsprechen, dann nimmt man an, daß der Observablen $R+S$ die Matrix R+S entspricht.

Definition 4:
  Linearkombination zweier Observabler. Die Definition des Produkts einer reellen Konstanten a mit einer Observablen R folgt aus Definition 1. Das Produkt von a mit der Matrix R erhält man bekanntlich durch Multiplikation jedes Elements der Matrix mit a. Dadurch sind aR und bS definiert, und aus Definition 3 folgt die Definition von $aR+bS$.

Im Axiom 1 ist auch enthalten, daß der Meßwert einer Spin-Observablen R sich nicht von den zwei Eigenwerten der zugeordneten Matrix R unterscheiden kann. Axiom 2 werden wir in unserem vereinfachten Beweis nicht benutzen; wir haben es nur der Vollständigkeit halber erwähnt.

Wir kommen nun zum Beweis des von Neumannschen Theorems und zeigen, daß verborgene Variable nicht existieren können, falls die Axiome 1, 2 und 3 gelten.

Gegeben sei eine verborgene Variable λ, die die Ergebnisse aller möglichen Spin-Beobachtungen determiniere. Wir betrachten ein dispersionsfreies Ensemble, so daß λ einen festen Wert λ_0 hat. Wir untersuchen nun drei beliebige Observable R, S und T und ihre zugeordneten (2×2)-Matrizen R, S und T. Eine Messung dieser Observablen im dispersionsfreien Ensemble führt notwendigerweise zu folgenden Schlüssen:

  R hat den festen Wert $r_0 = r(\lambda_0)$, der ein Eigenwert von R ist.
  S hat den festen Wert $s_0 = s(\lambda_0)$, der ein Eigenwert von S ist.
  T hat den festen Wert $t_0 = t(\lambda_0)$, der ein Eigenwert von T ist.

Wählen wir im speziellen die Matrizen

$$R = \sigma_1, \quad S = \sigma_2, \quad T = \vec{\sigma} \cdot \boldsymbol{n}, \tag{10}$$

wobei $\boldsymbol{n} = (1, 1, 0)$, also $|\boldsymbol{n}| = \sqrt{2}$ ist. Dann folgt aus (10), daß $T = R + S$ ist, und mit Definition 3

$$T = R + S. \tag{11}$$

In unserem dispersionsfreien Ensemble mit $\lambda = \lambda_0$ führt jede Messung von R auf r_0. Der Ensemble-Mittelwert von R ist deshalb

$$\langle R \rangle = r_0.$$

In ähnlicher Weise muß gelten $\langle S \rangle = s_0$ und $\langle T \rangle = t_0$. Mit Hilfe von Axiom 3 folgt aus (11) $\langle T \rangle = \langle R \rangle + \langle S \rangle$, also $t_0 = r_0 + s_0$. Diese letztere Beziehung kann aber nicht erfüllt sein, da $R = \sigma_1$ und $S = \sigma_2$ die Eigenwerte ± 1, $T = \vec{\sigma} \cdot \boldsymbol{n}$ die Eigenwerte $\pm\sqrt{2}$ hat. Keine Wahl der Vorzeichen kann aber zur Relation $\pm\sqrt{2} = \pm 1 \pm 1$ führen. Demnach führt die Existenz dispersionsfreier Ensembles im Falle der Gültigkeit der von Neumannschen Axiome zu einem Widerspruch – oder anders ausgedrückt: Falls die Axiome korrekt sind, müssen wir daraus schließen, daß dispersionsfreie Ensembles nicht existieren können. Wie wir in diesem Abschnitt gesehen haben, ist dies gleichbedeutend mit der Aussage, daß eine Vervollständigung der Quantenmechanik durch verborgene Variable unmöglich ist.

5 Das von Neumannsche Theorem ist nicht allgemein genug

Wären die dem von Neumannschen Theorem zugrundeliegenden Axiome so allgemein, daß sie in keiner denkbaren physikalischen Situation verletzt werden könnten, müßten wir offensichtlich jede Hoffnung auf eine kausale Ergänzung der Quantentheorie aufgeben. Wie bereits erwähnt, ist dies glücklicherweise nicht der Fall. Eine oberflächliche Betrachtung der drei Axiome läßt diese fast selbstverständlich und harmlos erscheinen. Bezüglich Axiom 2 haben wir bereits betont, daß es bei dem Beweis unserer speziellen Version des Theorems nicht einmal benötigt wurde. so daß wir es in der Folge unberücksichtigt lassen. Axiom 1 fordert die Entsprechung zwischen Spin-Observablen und hermiteschen

(2 × 2)-Matrizen. Wäre dieses Axiom falsch, so müßten wir eine Theorie aufbauen, die sich grundlegend von der Quantenmechanik unterscheidet, in der ja die Entsprechung zwischen Observablen und linearen hermiteschen Operatoren die Basis des theoretischen Formalismus bildet. Schließlich postuliert Axiom 3 lineare Eigenschaften der Mittelwerte, die innerhalb der Quantenmechanik zutreffen und anscheinend auch in der klassischen Physik gültig sind. Um dies an einem Beispiel zu zeigen, betrachten wir eine Anzahl klassischer Teilchen in einem äußeren Feld und nehmen an, daß sie sich mit verschiedenen Geschwindigkeiten bewegen. Die allgemeine Beziehung $E = T + V$ drückt die Gesamtenergie E als Summe der kinetischen Energie T und der potentiellen Energie V aus. Für individuelle Teilchen ergebe eine Messung von T die Ergebnisse $T_1, T_2, \ldots T_N$ und von V die Werte $V_1, V_2, \ldots V_N$. Daraus berechnen wir $E_1 = T_1 + V_1$, $E_2 = T_2 + V_2, \ldots E_N = T_N + V_N$. Bildet man den Mittelwert der Energie, so folgt sofort $\langle E \rangle = \langle T \rangle + \langle V \rangle$; das heißt, in diesem Beispiel aus der klassischen Physik gilt Axiom 3.

Doch versagt gerade dieses Axiom bei der Anwendung auf andere Arten klassischer Messungen.

Um dies zu zeigen betrachten wir ein konkretes physikalisches Modell von Spin-$\frac{1}{2}$-Teilchen und von Spin-Messungen. Dieses Modell gibt alle quantenmechanischen Vorhersagen für Spin-Messungen (Ergebnisse, Wahrscheinlichkeiten) korrekt wieder und erfüllt damit alles, was nach dem von Neumannschen Theorem verboten ist, nämlich eine kausale Ergänzung der Quantenmechanik.[12] Allerdings sollte es nicht allzu ernst genommen werden, da es, wie sich zeigen wird, das wirkliche Verhalten subatomarer Größen nur teilweise richtig beschreibt, aber den Dualismus Teilchen-Welle nicht enthält. Es liefert aber eine perfekte Wiedergabe der quantenmechanischen Vorhersagen für Spin-Messungen und damit ein Gegenbeispiel zum von Neumannschen Theorem, das ja – wie wir gesehen haben – auch für den Spin allein formulierbar ist. Das Modell bietet daher methodische und pädagogische Vorteile; eine konkrete Version des Modells könnte sogar im Labor gebaut werden.

Die Eigenschaften des Modells werden durch folgende drei Hypothesen gegeben:

Hypothese 1:

Spin-$\frac{1}{2}$-Teilchen können durch rotierende Kugeln simuliert werden, die sich entlang der y-Achse bewegen. Der innere Drehimpuls $\vec{\lambda}$ jeder

Kugel, also ihr Spin, soll in jedem Fall in der x,z-Ebene senkrecht zur Bewegungsrichtung liegen.

Hypothese 2:

Um die Wahrscheinlichkeitseigenschaften des $\begin{pmatrix}1\\0\end{pmatrix}$-Zustands eines quantenmechanischen Systems wiederzugeben, nehmen wir an, daß ein Ensemble von Kugeln vorliegt, bei dem die statistische Verteilung des Spin-Vektors $\vec{\lambda}$ durch eine Wahrscheinlichkeitsdichte $\varrho(\theta)$ gegeben ist, wobei θ der Winkel zwischen $\vec{\lambda}$ und der z-Richtung sei:

$$\varrho(\theta) = \frac{1}{2}\cos\theta \quad \text{für} \quad -\frac{\pi}{2} \leq \theta \leq \frac{\pi}{2},$$

$$\varrho(\theta) = 0 \quad \text{sonst.} \tag{12}$$

Hypothese 3:

Ein Instrument zur Messung der durch Gleichung (5) gegebenen quantenmechanischen Observablen R soll nach folgender Vorschrift arbeiten: Es bestimmt das *Vorzeichen* der Projektion von $\vec{\lambda}$ auf $\vec{\beta}$, multipliziert das Ergebis mit $|\vec{\beta}|$ und addiert schließlich noch α.

Das so formulierte Modell führt auf interessante Folgerungen. Erstens liefert das Ergebnis der in Hypothese 3 definierten „Messung" stets Ergebnisse $\alpha \pm |\vec{\beta}|$, so daß sich hier keine Unterschiede zur Quantenmechanik ergeben. Zweitens folgt aus (12) und als Spezialfall des vorigen Ergebnisses, daß bei der Messung von σ_3 der Winkel zwischen den Vektoren $\vec{\lambda}$ und $\vec{\beta}$ stets zwischen $-\frac{\pi}{2}$ und $+\frac{\pi}{2}$ liegt, so daß die Projektion von $\vec{\lambda}$ auf $\vec{\beta}$ niemals negativ wird. Daraus folgt, daß alle Messungen $\sigma_3 = +1$ liefern, daß also der Zustand $\begin{pmatrix}1\\0\end{pmatrix}$ ein Eigenzustand von σ_3 mit dem Eigenwert $+1$ ist. Drittens überprüft man leicht, daß die durch (12) gegebene Wahrscheinlichkeitsdichte positiv semi-definit und geeignet normiert ist.

Schließlich berechnen wir die Wahrscheinlichkeiten p_1 und p_2 für die Meßresultate $\alpha + |\vec{\beta}|$ und $\alpha - |\vec{\beta}|$ der allgemeinen Observablen R. Dabei ist zu beachten, daß Hypothese 3 zwei Schritte enthält. Zunächst erfolgt eine

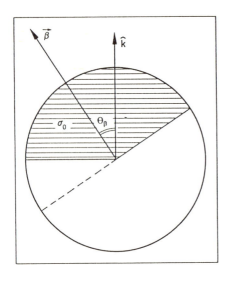

Bild 8
Das Integral von $\varrho(\theta)$ *über den schraffierten Bereich* σ_0 gibt die Wahrscheinlichkeit des ersten Eigenwertes an.

Messung im üblichen Sinne, bei der das Vorzeichen von $\vec{\lambda} \cdot \vec{\beta}$ bestimmt wird. Mit diesem Vorzeichen wird dann $|\beta|$ versehen und zu α addiert. Daher entsprechen p_1 und p_2 den A-priori-Wahrscheinlichkeiten für die beiden möglichen Vorzeichen von $\vec{\lambda} \cdot \vec{\beta} = +1$ und $\vec{\lambda} \cdot \vec{\beta} = -1$. Um p_1 zu berechnen, braucht man nur $\varrho(\theta)$ über den in Bild 8 gestrichelten Bereich Σ zu integrieren, da nach Hypothese 2 alle $\vec{\lambda}$ stets im oberen Halbkreis liegen.

Deshalb gilt

$$p_1 = \int_{\Sigma} \frac{1}{2} \cos\theta \, d\theta = \frac{1+\cos\theta_\beta}{2},$$

und wegen $p_1 + p_2 = 1$ wird

$$p_2 = \frac{1-\cos\theta_\beta}{2}.$$

Da aber

$$\cos\theta_b = \frac{\hat{k} \cdot \vec{\beta}}{|\vec{\beta}|} = \frac{\beta_3}{|\vec{\beta}|} \quad \text{(mit } \hat{k} = \text{Einheitsvektor in } z\text{-Richtung)}$$

ist, stimmen diese Ergebnisse für p_1 und p_2 exakt mit den in Gleichung (9) eingeführten quantenmechanischen Wahrscheinlichkeiten überein.

Das vorhergehende Modell liefert Meßergebnisse und Wahrscheinlichkeiten, die in völliger Übereinstimmung mit der Quantenmechanik stehen. Dennoch ist das Ergebnis jeder Messung von $\alpha\,\mathrm{I}+\sigma\cdot\vec{\beta}$ an einer gegebenen Kugel vollständig durch den Wert von $\vec{\lambda}$ für diese Kugel fixiert. Die Messungen sind daher in diesem Modell kausale Vorgänge – und wir haben eine kausale Verallgemeinerung der quantenmechanischen Theorie eines Spin-$\frac{1}{2}$-Teilchens erhalten.

Das Modell liefert daher alles, was durch von Neumanns Theorem verboten wird und erfordert, daß wir die Gültigkeit der von Neumannschen Axiome innerhalb eines Modells diskutieren. Die verborgene Variable ist hier der Vektor $\vec{\lambda}$. Ein dispersionsfreies Ensemble ist ein Ensemble mit festem $\vec{\lambda}$. Betrachten wir also ein derartiges dispersionsfreies Ensemble, bei dem der Vektor $\vec{\lambda}$ in der Winkelhalbierenden des y, z-Quadranten liegt und messen wir in einem Teil des Ensembles die Observable σ_2, in einem zweiten Teil die Observable σ_3 und in einem dritten Teil die Observable $\vec{\sigma}\cdot\boldsymbol{m}$ mit $\boldsymbol{m}=(0, 1, 1)$. Diese Observablen wurden so gewählt, daß gilt

$$\sigma_2+\sigma_3=\vec{\sigma}\cdot\boldsymbol{m}.$$

Da $\vec{\lambda}$ in unserem dispersionsfreien Ensemble einen spitzen Winkel mit der y-Achse, mit der z-Achse und natürlich ebenso mit der Richtung von $\boldsymbol{m}$ bildet, wird sich das Ergebnis „$\alpha+|\vec{\beta}|$" bei allen drei Messungen einstellen. Deshalb ergibt eine Messung von

σ_2 stets $+1 \Rightarrow \langle\sigma_2\rangle = +1$
σ_3 stets $+1 \Rightarrow \langle\sigma_3\rangle = +1$
$\vec{\sigma}\cdot\boldsymbol{m}$ stets $+\sqrt{2} \Rightarrow \langle\vec{\sigma}\cdot\vec{\boldsymbol{m}}\rangle = +\sqrt{2}$.

Es ist offensichtlich, daß $\langle\vec{\sigma}\cdot\boldsymbol{m}\rangle \neq \langle\sigma_1\rangle + \langle\sigma_2\rangle$ und daß daher das *Axiom 3 für unser dispersionsfreies Ensemble nicht erfüllt ist.*

Es ist relativ einfach, das vorangehende Modell zu formulieren und zu verstehen, aber man sollte nicht vergessen, daß es die Anstrengungen von Physikern wie Einstein, de Broglie, Bohm, Bell und anderen erforderte, die unter sehr schwierigen Bedingungen arbeiteten – nämlich gegen den allgemeinen Strom der Wissenschaft –, daß wir heute die Möglichkeit der Suche nach einer kausalen Vervollständigung der Quantenmechanik haben. Die Gefühle, die diese Wissenschaftler der akausalen Weltansicht entgegensetzten, werden meiner Meinung nach durch die folgende Feststellung Einsteins aus dem Jahre 1935 zusammengefaßt:

„Der Gedanke, daß ein einem Strahl ausgesetztes Elektron aus freiem Entschluß den Augenblick und die Richtung wählt, in der es fortspringen will, ist mir unerträglich. Wenn schon, dann möchte ich lieber Schuster oder gar Angestellter in einer Spielbank sein als Physiker."[13]

6 Quantenpotential und Teilchentrajektorien

Ein interessantes Beispiel, aus dem explizit hervorgeht, daß das von Neumannsche Theorem eine kausale Vervollständigung der Quantenmechanik auf einem sogar noch weit intuitiverem Niveau als dem im vorigen Abschnitt diskutierten nicht verhindert, beruht auf der Idee des „Quantenpotentials". Die Schrödingergleichung wird üblicherweise für eine *komplexe* Wellenfunktion ψ formuliert, kann aber auch als zwei Gleichungen für die beiden reellen Größen R (den Betrag von ψ) und S (die Phase von ψ) geschrieben werden. Eine dieser Gleichungen erweist sich nur als Kontinuitätsgleichung, die die Erhaltung des „Wahrscheinlichkeitsflusses" ausdrückt.

Interessanter ist die zweite Gleichung, die sich als klassische Hamilton-Jakobi-Gleichung erweist, die allerdings durch einen Zusatzterm Q mit der Dimension einer Energie ergänzt ist, der als einziger die Plancksche Konstante h enthält. Deshalb wird Q als Quantenpotential bezeichnet. Die Schrödingergleichung erhält damit eine einfache Deutung: Die deterministischen Hamilton-Jacobi-Gleichungen legen die Trajektorie eines Teilchens fest, falls die Anfangsbedingungen gegeben sind; diese Trajektorien hängen vom Quantenpotential Q ab, das den Einfluß der Welle auf die ihr zugeordneten Teilchen ausdrücken soll.

De Broglie hat dieses Quantenpotential[14] folgendermaßen gedeutet: Falls das Teilchen in einer ebenen Welle eingebettet wird, die einen konstanten Betrag R hat, dann verschwindet das Quantenpotential. In diesem Fall wirkt keine Kraft auf das Teilchen, und es kann sich nach dem Trägheitsgesetz nur geradlinig ausbreiten. Die Situation ändert sich aber, wenn die ebene Welle auf einen Schirm mit einem Spalt auftrifft. Beugungserscheinungen führen in diesem Fall zu einer mehr oder weniger ausgeprägten Verbreiterung der austretenden Welle. Ihre Amplitude ist hinter dem Spalt nicht mehr konstant, und dies führt im allgemeinen zu einem nicht verschwindenden Quantenpotential Q. Die Welle übt nun eine Kraft auf das Teilchen aus und krümmt dessen Bahn auch in den Fällen, in denen es durch den Spalt hindurchtritt. Dise Wirkung der Welle ist auch wünschenswert, da die mit den Teilchen verknüpfte Energie eine den Beugungserscheinungen entsprechende Vertretung aufweist, wenn man die Teilchen auf einem zweiten Schirm auffängt.

Man kann zeigen, daß die Beugungserscheinungen mit ihren charakteristischen Minima und Maxima tatsächlich durch die Einwirkung des Quantenpotentials Q gedeutet werden können, das die gleichförmige Verteilung der auf den ersten Schirm auftreffenden Teilchen wesentlich verändert. Dies erklärt sich qualitativ folgendermaßen: Falls R an einem bestimmten Punkt P verschwindet, wird das Quantenpotential

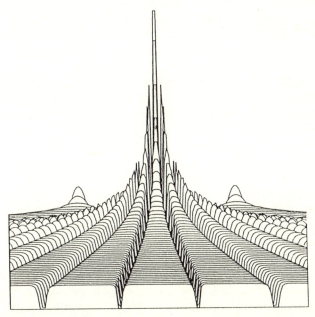

Bild 9 Das Quantenpotential für das Doppelspaltexperiment, vom zweiten Schirm aus gesehen. Die beiden Potentialberge links und rechts entsprechen den Spalten.

dort unendlich, da sein Nenner eine Nullstelle aufweist. Dies entspricht einer unendlich starken abstoßenden Kraft, und das Teilchen wird sich deshalb niemals in P einfinden. Aus Kontinuitätsgründen ist es klar, daß es nur selten in Gebieten zu finden sein wird, in denen $R=|\psi|$ klein ist, also in Gebieten, wo destruktive Interferenz Minima von $|\psi|^2$ hervorruft.

Auf diesem Wege erhalten wir eine doppelte, aber selbstkonsistente Deutung von R: Es gibt die Teilchenverteilung in einem statistischen Ensemble an und ist zugleich die Amplitude der Welle eines einzelnen Systems. R erlaubt es, die wohlbekannten Quantenphänomene physikalisch neu zu deuten.

Als Beispiel betrachten wir den Tunneleffekt. In diesem Fall ist die Wellenfunktion des Systems ein zeitabhängiges Wellenpaket. Deshalb fluktuiert das Quantenpotential Q und wird gelegentlich ausreichend negativ, um die positive Potentialbarriere V ausreichend zu kompensieren, so daß von Zeit zu Zeit ein Teilchen durchdringen kann, bevor das Quantenpotential seinen Wert wieder wesentlich ändert. Diese von de Broglie und Bohm stammende Deutung wurde vor kurzem von Philippidis, Dewdney and Hiley[15] ausgearbeitet, die in einer detaillierten Rechnung zeigten, wie das Quantenpotential Q (Bild 9) im Doppelspaltexperiment zu Interferenzen führt und dennoch mit der Annahme wohldefinierter Teilchentrajektorien vereinbar ist. Die Rechnungen zeigen, daß jedes einzelne Teilchen einer wohldefinierten Bahn folgt und daß sich dennoch aus der konstanten einfallenden Teilchenverteilung durch die Wirkung des Quantenpotentials eine Wahrscheinlichkeitsverteilung hinter dem Doppelspalt ergibt, die mit $|\psi|^2$ übereinstimmt.

Die numerischen Rechnungen benutzten Daten, die den Experimenten von Jönsson[16] entsprechen. Die Energie der einfallenden Elektronen betrug 45 keV, der Abstand zwischen den Spalten 10^{-4} cm und die Spaltbreite 10^{-5} cm. Bild 10 zeigt die von Philippidis, Dewney und Hiley berechneten Teilchentrajektorien. Hinter dem Schirm breiten sich die Trajektorien von jedem Spalt anfänglich so aus, wie es der Beugung durch den Einzelspalt entspricht. Die folgenden Stufen in den Trajektorien stimmen mit den Tälern des Quantenpotentials überein. Sie entstehen, da ein Teilchen beim Eintritt in ein Potentialtal eine beschleunigende Kraft erfährt, die es rasch durch die Talregion in einen Bereich hineintreibt, in dem die Kräfte wiederum schwach sind. Deshalb verlaufen die meisten Trajektorien in diesen Regionen und führen zur Entstehung der hellen Streifen, während die Potentialtäler dunkle Streifen hervorrufen.

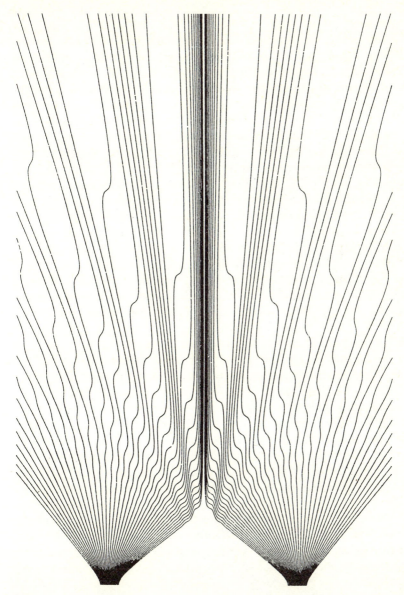

Bild 10 Teilchenbahnen im Doppelspaltexperiment gemäß den de Broglieschen und Bohmschen Deutungen.

Ein interessanter Aspekt dieses Ergebnisses ist, daß *keine Trajektorie die Symmetrieebene durchquert*. Das bedeutet, daß alle Teilchen, die in der oberen (unteren) Hälfte des zweiten Schirmes beobachtet werden, vom oberen (unteren) Spalt ausgegangen sind. Dieses Ergebnis sollte für alle Physiker von grundlegender Bedeutung sein, die meinen, daß das Doppelspaltexperiment keinerlei einfache Deutung zuläßt.

Ein entsprechendes einfaches Bild des Doppelspaltexperimentes geben auch Philippidis, Dewdney und Hiley:

„Die Deutung der Theorie durch Quantenpotentiale erlaubt es, vom Punktteilchen auszugehen, wobei jedes Teilchen des ursprünglichen Ensembles einer wohlbestimmten Trajektorie folgt, die durch den einen oder anderen Schlitz hindurchtritt. Dieses Ensemble führt zu dem erforderlichen Interferenzmuster und zeigt, daß die Endposition des Teilchens auf dem Schirm uns zu bestimmen erlaubt, durch welchen der beiden Spalte es tatsächlich hindurchgegangen ist. Es ist daher möglich, den Bahnbegriff beizubehalten und dennoch die Interferenzen zu erklären. Nicht länger erscheint es deshalb geheimnisvoll, wie ein einzelnes Teilchen, daß durch einen Spalt hindurchtritt, wissen kann, ob der andere Spalt geöffnet ist. Diese Information ist im Quantenpotential enthalten, so daß die Deutung der Interferenzexperimente bei niedrigen Energien keinerlei begriffliche Schwierigkeiten mehr aufwirft."

Ein weiteres bemerkenswertes Ergebnis der Rechnungen ist, daß das Quantenpotential nur extrem wenig zur Gesamtenergie der Elektronen beiträgt. Sein absoluter Maximalbetrag ist nur ungefähr 10^{-4} eV, während die kinetische Energie der Elektronen 45 keV beträgt.

Daß die Teilchenbahnen die Symmetrieachse zwischen den beiden Schirmen nicht kreuzen, wurde bereits im Jahre 1976 von Richard Prosser[17] in seinen Untersuchungen des Doppelspaltexperimentes mit Photonen bemerkt. Er wies darauf hin, daß Linien konstanter Phase der elektromagnetischen Welle die Symmetrieachse zwischen den Spalten stets orthogonal kreuzen und deshalb die Flußlinien, die orthogonal zu den Phasenlinien stehen, diese Symmetrieachse nicht kreuzen können. Daraus schloß er, daß es keine Photonentrajektorien gibt, welche diese Achse kreuzen, und daß deshalb die Photonen, die auf der unteren Hälfte des Schirmes auftreffen, auch stets durch den unteren Spalt durchgetreten sein müssen.

III Der Dualismus Teilchen – Welle

Einige Experimente besagen, daß das Elektron sehr ausgedehnt ist. Andere Experimente zeigen, daß das Elektron extrem klein ist. Ähnliches trifft für Lichtquanten, Protonen, Neutronen oder auch Mesonen zu. Alle mikroskopischen Objekte scheinen eine Doppelnatur aufzuweisen, wobei sich ihre Ausdehnung in Form von Wellen und ihre Lokalisierung in Form von Teilchen bemerkbar machen.
Was bedeutet dies? In bezug auf diesen Punkt wurde zwischen den Begründern der modernen Physik keine Übereinstimmung erzielt und man weigerte sich einfach, diese Frage zu stellen. Die Zeiten haben sich geändert – und zu Beginn diskutieren wir hier sechs verschiedene Deutungen des Dualismus Teilchen-Welle zusammen mit einigen neueren experimentellen Ergebnissen.

1 Einstein, de Broglie und der objektive Dualismus

Bei der Erforschung des photoelektrischen Effektes stießen Lenard 1902 und Ladenburg 1903 auf Schwierigkeiten für die klassische Strahlungstheorie. Die Schlußfolgerungen ihrer Untersuchungen waren: Photoelektrizität wird nicht durch Atome übertragen, sondern wahrscheinlich durch die von J. J. Thomson 1897 entdeckten Elektronen; für jedes Metall war eine charakteristische Minimalfrequenz v_0 für die Auslösung der Elektronen erforderlich; die kinetische Energie der Photoelektronen war von der Lichtintensität unabhängig. Diese Schlußfolgerungen waren aufgrund der klassischen Lichttheorien nur schwer verständlich. Die Idee einer ungleichförmigen Verteilung der Energie über die Wellenfront begann sich durchzusetzen. In einer Vorlesung an der Yale University bezog sich J. J. Thomson 1903 auf „helle Flecken auf einem dunklen Hintergrund" als korrekte Beschreibung der Wellenfront.

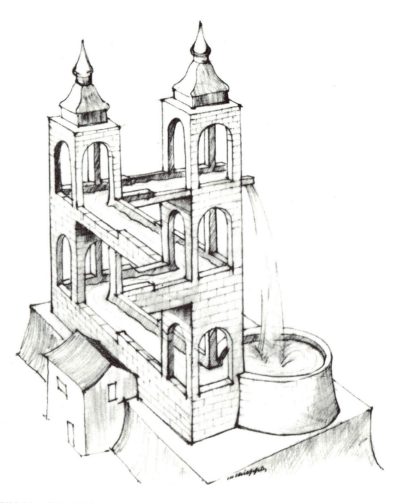

Bild 11 Für Albert Einstein erschien die Endversion der Quantenmechanik, in der das Kausalitätsprinzip aufgegeben war, als unmögliche geistige Struktur. Die Zeichnung folgt einer Idee von Escher.

Auch Einstein beschäftigte sich mit dieser Idee. Die Belege für ein kontinuierliches Bild der Strahlung waren ihm natürlich bewußt. Er meinte aber, daß diese Beweise sich auf zeitliche Mittelwerte der Strahlung bezögen und man nicht ausschließen könne, daß sich neue Phänomene bei Momentanwerten der Felder bemerkbar machen, wie sie beispielsweise bei der Absorption oder der Emission auftreten. Seine Grundidee war, daß die Energie einer elektromagnetischen Welle mit der Frequenz v in sehr kleinen Raumbereichen, den Strahlungsquanten, konzentriert sei, deren jedes die Energie hv habe. Diese Idee war die Geburt des Dualismus Teilchen – Welle: Die Teilchen waren die Träger der Energie und anderer physikalischer Eigenschaften, die Wellen stellten dagegen ausgedehnte Phänomene dar, welche die Teilchen umgaben.

Die Teilchen waren für das Verständnis des photoelektrischen Effektes erforderlich, während die Existenz der Wellen die Beschreibung von Interferenz und Beugung der elektromagnetischen Strahlung erlaubte. Wellen und Teilchen hingen eng miteinander zusammen. Beispielsweise enthält sogar die Definition der Teilchenenergie, $E = hv$, die Frequenz der Welle. Mit dieser Grundidee war Einstein in der Lage, seine berühmte Gleichung für den photoelektrischen Effekt herzuleiten[1]

$$\frac{1}{2} mv^2 = eV = hv - p,$$

wobei e, m und v wie üblich die elektrische Ladung, Masse und Geschwindigkeit der Photoelektronen bedeuten, V das Stop-Potential und p die Austrittsarbeit des Metalls ist. Außer der Erklärung von Lenards Beobachtungen war Einstein auch in der Lage, eine weitere wichtige Vorhersage zu machen: Das Verhältnis der beobachtbaren Größen $eV + p$ und v mußte unabhängig vom Metall, von der Lichtintensität und der Frequenz sein und sollte außerdem gleich h sein, deren Wert Planck bereits zuvor gemessen hatte. Millikan betonte später, wie kühn diese Hypothesen waren, da damals noch niemand wußte, „ob die Größe h, der Planck bereits einen numerischen Wert zugeordnet hatte, in irgendeiner Beziehung zur photoelektrischen Entladung stand."[2] Erst neun Jahre später war Millikan selbst in der Lage, die Gültigkeit von Einsteins Vorhersage zu bestätigen.

Trotz der skeptischen Aufnahme des Dualismus Welle – Teilchen durch andere Physiker arbeitete Einstein weiter an der Ausarbeitung seiner Ideen. Im Jahre 1909 zeigte er, daß die Plancksche Formel für die

Strahlung Schwarzer Körper additive Beiträge der Teilchen- und Wellenaspekte des Lichtes zum Schwankungsquadrat der Energie zur Folge hatte. Im gleichen Jahr schlug er auch vor, Lichtquanten als Singularitäten zu betrachten, deren Bewegungen durch die kontinuierlichen Wellen in ihrer Umgebung bestimmt werden.

Im Jahre 1914 verwendete Millikan Licht unterschiedlicher Frequenzen zur Bestimmung des Stop-Potentials V.[3] Die Messung von eV als Funktion von v ergab tatsächlich eine gerade Linie, deren Anstieg exakt gleich der Planckschen Konstanten war. Im gleichen Jahr untersuchten Meyer und Gerlach kleine Metallteilchen, die in einem elektrischen Feld suspendiert waren. Unter dem Einfluß der Beleuchtung wurden immer wieder Photoelektronen ausgelöst, die sich durch eine plötzliche Beschleunigung der beobachteten Teilchen bemerkbar machten. Es zeigte sich, daß die Auslösung der Photoelektronen oft augenblicklich erfolgte, was im eklatanten Widerspruch zur Beschreibung elektromagnetischer Strahlung durch kontinuierliche Wellen stand.[4]

Einstein schrieb 1917 eine weitere Arbeit über den Dualismus.[5] Dabei betrachtete er ein Glas, dessen Moleküle durch Emission und Absorption mit elektromagnetischer Strahlung wechselwirken. Er nahm an, daß die Moleküle diskrete Energiezustände aufweisen, wobei die Übergänge zwischen diesen Energieniveaus durch die Emission oder Absorption elektromagnetischer Strahlung erfolgen sollte. Ferner betrachtete er die Absorption der Strahlung, die er mit der stimulierten Emission unter dem Einfluß des Strahlungsfeldes verglich und durch eine „spontane" Emission „ohne Verursachung durch äußere Einflüsse" ergänzte. Schließlich nahm er auch an, daß die verschiedenen Energiezustände im Gas die Häufigkeit aufweisen, die aus den kanonischen Ergebnissen der statistischen Mechanik folgen. Dabei ergab sich unter anderem eine sehr einfache Herleitung der Planckschen Formel, die sich auch heute noch in vielen Lehrbüchern findet. Einstein selbst betrachtete ein anderes Resultat als wesentlicher, das aber heute praktisch vergessen ist:

Wenn Strahlung von einem Molekül absorbiert oder emittiert wird, so kommt es durch den Rückstoß im allgemeinen zu einer Impulsübertragung auf das Molekül. Die maximale Impulsübertragung E/c ergibt sich dabei, wenn die gesamte Energie E in einer Richtung emittiert wird. Einstein konnte zeigen, daß die experimentell verifizierte Maxwell-Verteilung sich nur unter der Annahme ergibt, daß bei jeder einzelnen

Wechselwirkung zwischen Strahlung und Materie die gesamte Energie in eine einzige Richtung emittiert oder absorbiert wird. Nur unter dieser Annahme hat die Wechselwirkung der Moleküle mit der Strahlung die gleiche Geschwindigkeitsverteilung zur Folge, wie die bei der Herleitung der Verteilung üblicherweise betrachteten Stöße der Moleküle.

Im letzten Abschnitt seiner Arbeit betonte Einstein, daß folgendes als „ziemlich sicher erwiesen" betrachtet werden darf:

„Bewirkt ein Strahlenbündel, daß ein von ihm getroffenes Molekül die Energiemenge $h\nu$ in Form von Strahlung durch einen Elementarprozeß aufnimmt oder abgibt (Einstrahlung), so wird stets der Impuls $h\nu/c$ auf das Molekül übertragen, und zwar bei Energieaufnahme in der Fortpflanzungsrichtung des Bündels, bei Energieabgabe in der entgegengesetzten Richtung."

Einstein betrachtete dies als das wichtigste Ergebnis seiner Arbeit, da es die Frage nach der wirklichen Natur der elektromagnetischen Strahlung zu klären half.

Einen neuen spektakulären Beweis für die Richtungscharakteristik der Quantenstrahlung gab Compton im Jahre 1923. Seine Beobachtung der Frequenzänderung von Röntgenstrahlen, die an Materie gestreut werden, stand in völliger Übereinstimmung mit den theoretischen Vorhersagen der Lichtquantentheorie. Compton schrieb: „Die hier dargestellte Theorie beruht im wesentlichen auf der Annahme, daß jedes an der Streuung beteiligte Elektron ein vollständiges Quant streut. Wesentlich ist auch, daß die Strahlungsquanten aus einer wohlbestimmten Richtung einlaufen und in eine bestimmte Richtung gestreut werden. Die experimentellen Belege für die Theorie zeigen überzeugend, daß ein Strahlungsquant sowohl Impuls als auch Energie überträgt."[6]

Comptons Experiment machte *plausibel,* daß die elektromagnetische Strahlung tatsächlich Teilchencharakter hat. Noch aussagekräftigere Belege dafür erhielten Compton und Simon im Jahre 1925 durch die Beobachtung von Rückstoßelektronen aus der Röntgenstreuung in einer Blasenkammer.[7] Bei der Streuung eines nicht direkt beobachteten Röntgenquants konnte man aus der Energie- und Impulserhaltung die Richtung berechnen, in welcher es sich bewegen mußte. Dieses Quant konnte dann eine zweite Streuung an einem Elektron erfahren, dessen Blasenkammerspur von der berechneten Trajektorie des unsichtbaren Quants ausgehen muß. Compton und Simon beobachteten achtzehn Fälle von Zweifachstreuung, was innerhalb der statistischen Fehlergrenzen mit den Berechnungen aus dem Streuquerschnitt für Röntgenstrahlen übereinstimmt. Bei der Diskussion des Experiments schrieb Compton zwei Jahre später: „Die einzige Interpretation der Streudaten, die wir finden konnten, war die Ablenkung von Photonen."[8]

Ein Jahr zuvor war Einsteins Idee des Dualismus durch Louis de Broglie weiterentwickelt worden. Er betrachtete die Doppelnatur der Strahlung als ein bereits wohlbekanntes Phänomen und schlug vor, diese Dualität auch auf Elektronen und andere Teilchen auszudehnen. Dafür gab er ein sehr interessantes Argument[9]: Alle Arten der Energie lassen sich auf Bewegung zurückführen. Nach der Relativitätstheorie ist auch die Ruhemasse eine Form der Energie. Deshalb sollte es auch eine Form der Bewegung geben, die mit der Masse zusammenhängt. Da ein Teilchen eine lokalisierbare Struktur ist, die auch ruhen kann, muß die mit der Masse zusammenhängende Bewegung in einem sehr kleinen Raumbereich stattfinden. Sie sollte deshalb eine Art von Rotation oder Vibration sein, jedenfalls aber eine periodische Bewegung mit irgendeiner zugehörigen Frequenz v_0. Wie können wir v_0 bestimmen? Aus physikalischen Gründen erwartet man, daß v_0 mit der Energie zunimmt. Ferner hat die Plancksche Beziehung $E=hv$ für Photonen die angenehme Eigenschaft, daß E und v sich in gleicher Weise transformieren, so daß $E=hv$ in allen Bezugssystemen zutreffen kann. Deshalb nahm de Broglie an, daß $E=hv$ auch für Elektronen gilt, wobei E die Gesamtenergie sein sollte. Im Ruhesystem der Teilchen geht diese Beziehung in $v_0 = m_0 c^2/h$ über.

Dabei tritt aber eine eigentümliche Schwierigkeit auf: In einem mit der Geschwindigkeit v bewegten Bezugssystem werden dem Teilchen zwei verschiedene Frequenzen zugeordnet. Der bewegte Beobachter sollte nämlich wegen der Zeitdilataten die innere periodische Bewegung verlangsamt sehen und eine Frequenz $v_1 < v_0$ messen. Anderseits folgt aus $v_2 = E/h$ die Beziehung von $v_2 > v_0$. Welche physikalische Deutung hat v_2? De Broglie schlug vor, eine Welle mit dem Teilchen zu assoziieren, die die Frequenz v_2 aufweist. Im Ruhesystem hat die Welle dann die gleiche Frequenz wie die innere periodische Bewegung des Teilchens. Dies läßt vermuten, daß die innere Bewegung die Welle mit der ihr eigenen Frequenz hervorruft. Falls dies tatsächlich zutrifft, sollte ein Beobachter in jedem beliebigen Bezugssystem die innere Bewegung und die Welle stets in Phase sehen. (Ein anschauliches Beispiel dafür ist ein auf dem Wasser schwimmender Kork. Von jedem bewegten Bezugssystem aus wird ein Wellenberg auftreten, wenn der Kork oben ist.) Wegen $v_1 \neq v_2$ ist es nicht offensichtlich, wie diese Bedingung erfüllt werden kann. Mit der Annahme einer Phasengeschwindigkeit c^2/v für die Welle war de Broglie aber in der Lage zu zeigen, daß die beiden periodischen Bewegungen entlang der Trajektorie des Teilchens stets in Phase bleiben. Diese interessante Überlegung führte de Broglie weiter zu den folgenden wichtigen Schlußfolgerungen:

(1) Die *Gruppengeschwindigkeit* der Wellen stimmt stets mit der Geschwindigkeit v der Teilchen überein. Ein Wellenpaket würde sich deshalb notwendigerweise gemeinsam mit dem Teilchen bewegen.

(2) Eine Beziehung zwischen der Wellenlänge λ und dem Impuls p der Teilchen folgte zu $p = h/\lambda$.

(3) Lichtquanten konnten als Spezialfall der Theorie aufgefaßt werden. Im Grenzfall $m_0 \to 0$ folgten die Einsteinschen Beziehungen $E = h\nu$ und $p = h\nu/c$. Damit war eine überzeugende Übereinstimmung zwischen Teilchen und elektromagnetischer Strahlung erzielt. Beide Phänomene stellten sich nun als Teilchen dar, die in einer Welle eingebettet waren.

(4) Die Betrachtung eines gebundenen Elektrons führte zur Schlußfolgerung, daß die einzig stabilen Zustände stationären Wellen entsprechen, so daß die Gesamtlänge l der Bahn ein ganzzahliges Vielfaches der Wellenlänge λ ist, $l = n\lambda$. In anderen Fällen zerstört destruktive Interferenz die Welle, und ihre Frequenz sowie die entsprechende Energie des Teilchens sind undefiniert. Die Beziehung $l = n\lambda$ erwies sich auch als eine andere Form der Bohr-Sommerfeldschen Quantisierungsbedingung.

Für de Broglie existierten Wellen und Teilchen gleichermaßen objektiv in Raum und Zeit. In seiner Vorlesung anläßlich der Nobelpreisverleihung stellt er fest: „Das Elektron muß mit einer Welle assoziiert werden und diese Welle ist kein Mythos; ihre Wellenlänge kann gemessen und ihre Interferenz vorhergesagt werden."[10]

Im Jahre 1927 überprüften Davisson und Germer die Gültigkeit von de Broglies Beschreibung materieller Teilchen durch eine experimentelle Untersuchung der Streuung von Elektronen an Nickelkristallen.[11] Die Gitterkonstante ($= 2{,}15$ Å) war bekannt, und eine Anwendung der Braggschen Beziehung auf die beobachteten Interferenzmaxima der Elektronenstreuung erlaubte es Davisson und Germer, die Wellenlänge der Elektronen zu $\lambda = 1{,}65$ Å zu berechnen. Die Übereinstimmung dieser

Wellenlänge mit der de Broglieschen Beziehung $\lambda = h/mv$ war ein glänzender Erfolg der de Broglieschen Theorie.

Im gleichen Jahr beendete auch George Paget Thomson – der Sohn von J. J. Thomson, des Entdeckers des Elektrons – seine Messungen der Elektronenbeugung an dünnen Filmen.[12] Auch in diesem Fall ergab sich eine vollständige Übereinstimmung mit der de Broglieschen Theorie.

2 Schrödinger und eine Welt aus Wellen

De Broglies Ideen wurden durch Schrödinger zum Teil entwickelt und zum Teil verändert. Seine berühmte Wellengleichung stellte die Ausbreitung von de Broglies Wellen auf eine exakte, mathematische Grundlage. Es gab jedoch einen fundamentalen Unterschied in den Auffassungen von Schrödinger und von de Broglie: Schrödinger akzeptierte die Existenz von Teilchen nicht und reduzierte sowohl das Licht als auch die Materie auf reine Wellenphänomene. Philosophisch gesehen entsprachen diese Ideen dem Realismus. Beispielsweise bezog sich Schrödinger 1926 auf „die de Broglie-Einsteinsche Undulationstheorie der bewegten Korpuskel, nach welcher dieselbe nichts weiter als eine Art ‚Schaumkamm' auf einer den Weltgrund bildenden Wellenstrahlung ist."[13] In einer Arbeit, in der er die Äquivalenz der Matrizen- und Wellenmechanik zeigte, bezieht er sich direkt auf „Ätherwellen". Aus diesem Zitat gehen Schrödingers Ansichten klar hervor, auch wenn er in seinen vier Arbeiten über Wellenmechanik den physikalischen Ursprung der Wellen nicht diskutiert. Den Grund dafür gab Schrödinger in der ersten dieser Arbeiten:

„Es liegt natürlich sehr nahe, die Funktion ψ auf einen Schwingungsvorgang im Atom zu beziehen, dem die den Elektronenbahnen heute vielfach bezweifelte Realität im höheren Maße zukommt als ihnen. Ich hatte auch ursprünglich die Absicht, die neue Fassung der Quantenvorschrift in dieser mehr anschaulichen Art zu begründen, habe aber dann die obige neutral-mathematische Form vorgezogen, weil sie das Wesentliche klarer zu Tage treten läßt."[14]

Jedenfalls basierten Schrödingers Beiträge auf einer realistischen Naturauffassung, wozu sowohl die leichte Veranschaulichbarkeit der Wellen als auch der Kausalzusammenhang der Prozesse in seiner Theorie beitrug. Er betrachtete beispielsweise vom Atom ausgestrahlte elektromagnetische Wellen als kausale Folgen der Frequenzschwebungen der atomaren Wellen. Diese Haltung Schrödingers wurde von Gegnern und Befürwortern der realistischen Auffassung der Naturwissenschaft gleichermaßen anerkannt. Beispielsweise schrieb Planck an Schrödinger am 24. Mai 1926: „Sie können sich denken, mit welcher Teilnahme und Begeisterung ich mich in das Studium dieser epochemachenden Schriften versenke, obgleich es bei mir jetzt sehr langsam vorwärtsgeht mit dem Eindringen in diese eigenartigen Gedankengänge."[15] Planck lud Schrödinger auch unmittelbar zu Seminaren nach Berlin ein. Ähnlich schrieb Einstein am 16. April 1926: „Herr Planck hat mir mit berechtigter Begeisterung Ihre Theorie gezeigt, die auch ich dann mit größtem Interesse studiert habe."[16]

Ganz andere Reaktionen gab es auf Schrödingers Theorien in Göttingen und Kopenhagen. In einem Brief an Pauli schrieb Heisenberg: „Übrigens noch eine inoffizielle Bemerkung über Physik: Je mehr ich über den physikalischen Teil der Schrödingerschen Theorie nachdenke, desto abscheulicher finde ich ihn."[17] Auch Born akzeptierte die realistische Erkenntnistheorie, die der Wellenmechanik zugrunde lag. In seiner Nobelpreisrede meinte er: „Schrödinger glaubte, daß seine Wellentheorie es möglich machen würde, zur deterministischen klassischen Physik zurückzukehren." Anzumerken ist, daß Born hier die Bezeichnung „klassisch" anstelle von „realistisch" verwendet, wie dies auch Heisenberg, Bohr usw. üblicherweise machten. Nur selten findet sich das Wort „realistisch" überhaupt in den Schriften von Physikern.

In der Folge begründete Born die Wahrscheinlichkeitsdeutung der Wellenmechanik[18], wobei er von einer eigentümlichen Schwierigkeit ausging: Schrödinger wollte Elektronen als reine Wellen interpretieren, denen kein Teilchen zugeordnet war, und die beobachteten korpuskularen Eigenschaften der Elektronen auf ihre Beschränkung auf kleine Raum-Zeit Bereiche, also auf Wellenpakete, zurückführen. Dies führte auf zweierlei Schwierigkeiten: Erstens verbreitern sich Wellenpakete üblicherweise während ihrer Fortpflanzung und die Lokalisierung der Elektronen geht dabei verloren. Schrödinger war sich dieser Schwierigkeit bewußt, hoffte sie aber beheben zu können, da zumindest im Falle des harmonischen Oszillators das Wellenpaket seine räumliche Ausdehnung im Laufe der Zeit beibehielt. Heisenberg zeigte aber, daß der harmonische Oszillator einen eigentümlichen Spezialfall darstellt, und daß das Wellenpaket sich in praktisch allen anderen Fällen allmählich im ganzen

Bild 12 Vögel oder Fische? Dies hängt davon ab, wie man das Bild betrachtet. Im atomaren Bereich lautet die Frage: Wellen oder Teilchen?

Raum ausbreitet. Eine zweite Schwierigkeit stammte aus den Interferenz- und Beugungsexperimenten. Bei der Beugung der Welle sollte das Elektron – wenn es nichts anderes als die Welle ist – zugleich an verschiedenen Orten sein. Seine Lokalisierung sollte dabei – im Gegensatz zur Erfahrung – fast völlig verlorengehen. Ausgehend von diesen Schwierigkeiten nahm Born an, daß Schrödingers Wellen nur Wahrscheinlichkeitswellen darstellen, deren Betragsquadrat die Wahrscheinlichkeitsdichte darstellt, das Teilchen in einem gegebenen Raum-Zeitpunkt aufzufinden. Born schrieb: „Die Bewegung der Partikel folgt Wahrscheinlichkeitsgesetzen, die Wahrscheinlichkeit selbst aber breitet sich im Einklang mit dem Kausalgesetz aus."[19] Die Bornsche Deutung der Quantenmechanik erwies sich als sehr fruchtbares Hilfsmittel für die korrekte Vorhersage der Streuung von Teilchen. Philosophisch gesehen ist sie aber eine anti-realistische Annahme. Die Bornschen Wellen sind tatsächlich nicht reale Eigenschaften der physikalischen Welt – sie werden *nur* durch die Messung ihres Betragsquadrats beobachtbar, das als Wahrscheinlichkeitsdichte der Teilchen interpretiert wird. Sie entsprechen *nicht* irgendwelchen Schwingungen eines grundlegenden Substratums des Universums. Tatsächlich können sie am besten als „virtuelle Wellen" aufgefaßt werden, die von Bohr, Kramers und Slater[20] eingeführt wurden, und was in Heisenbergs Worten „eine merkwürdige Art von physikalischer Realität einführt, die etwa in der Mitte zwischen Möglichkeit und Wirklichkeit steht."[21]

Schrödingers Reaktion auf die Bornsche Deutung der Wellenmechanik war – wie zu erwarten – sehr negativ. In einem Brief an Planck schrieb er 1927:

„Am verdächtigsten an der Bornschen Wahrscheinlichkeitsauffassung ist mir, daß bei ihrer näheren Durchführung (von Seiten ihrer Anhänger) natürlich die merkwürdigsten Dinge herauskommen: Wahrscheinlichkeiten von Ereignissen, die der naiven Auffassung als unabhängig erscheinen, verhalten sich beim Zusammensetzen nicht einfach multiplikativ, sondern es ‚interferieren die Wahrscheinlichkeitsamplituden' in ganz geheimnisvoller Weise (nämlich natürlich so wie meine Wellenamplituden). In einer ganz neuen Arbeit von Heisenberg sollen sogar meine vielbelächelten Wellenpakete endlich ihre zutreffende Deutung als ‚Wahrscheinlichkeitspakete' gefunden haben. – Besonders das erste ist so komisch. Man kann es auch so ausdrücken: Die Bornsche Wahrscheinlichkeit (richtig die Quadratwurzel daraus) ist ein zweidimensionaler Vektor, die Addition ist vektoriell zu vollziehen. Noch komplizierter ist, glaube ich, die Multiplikation.

Nun wie Gott will, ich halte still. Das heißt, wenn man wirklich muß, will ich mich auch an solche Dinge gewöhnen."[22]

In Kopenhagen mußte Schrödinger einen schwierigen Kampf bestehen. Bohr hatte ihn 1926 zu Vorlesungen eingeladen und ihn gebeten, „sich etwas länger in Kopenhagen aufzuhalten, damit ausreichend Zeit für Diskussionen über die Interpretation der Quantentheorie bliebe."[23]

In Erinnerung an diese Diskussionen, die schließlich zur berühmten „Kopenhagener Deutung der Quantentheorie" beitrugen, schreibt Heisenberg: „Diese Diskussionen, die nach meiner Erinnerung etwa im September 1926 in Kopenhagen stattfanden, haben mir die allerstärksten Eindrücke, insbesondere auch von der Persönlichkeit Bohrs, hinterlassen. Denn obwohl Bohr sicher ein besonders rücksichtsvoller und entgegenkommender Mensch war, so konnte er doch in einer solchen Diskussion, bei der es um die ihm wichtigsten Erkenntnisprobleme ging, mit Fanatismus und mit einer fast erschreckenden Unerbittlichkeit auf letzte Klarheit in allen Argumenten dringen. Er ließ nicht locker, auch wenn über Stunden hinweg gerungen wurde, bis Schrödinger zugeben mußte, daß seine Deutung nicht ausreiche, auch nur das Plancksche Gesetz zu erklären. Jeder Versuch Schrödingers, um diese bittere Folgerung herumzukommen, wurde in unendlich mühsamen Gesprächen langsam Punkt für Punkt widerlegt. Es mag eine Folge der Überanstrengung gewesen sein, daß Schrödinger nach wenigen Tagen krank wurde und als Gast des Bohrschen Hauses das Bett hüten mußte. Aber auch hier wich Bohr kaum von Schrödingers Bett ..."[24]

Heisenberg schließt: „Schrödinger fuhr schließlich etwas entmutigt von Kopenhagen ab, während wir im Bohrschen Institut das Gefühl hatten, daß jedenfalls die der klassischen Theorie etwas zu leicht nachgebildete Schrödingersche Interpretation der Quantentheorie jetzt widerlegt sei, daß uns aber doch zum vollen Verständnis der Quantentheorie noch einige wichtige Gesichtspunkte fehlten."[25]

Schrödingers schöne mathematische Theorie enthielt einige Eigenschaften, die es sogar heute schwierig machen, Schrödingers Philosophie eines rein wellenartigen Elektrons zu akzeptieren. Eine dieser Eigenschaften ist die Formulierung der Wellentheorie im „Konfigurationsraum", dessen Dimensionszahl gleich der Anzahl der Freiheitsgrade des betrachteten Systems ist. Eine Quantenwelle, die zwei Teilchen beschreibt, breitet sich deshalb in einem sechsdimensionalen Raum aus. Für diese sonderbare Eigenschaft der Welle gab Schrödinger keinen physikalischen Grund. Er war sich aber dieser Schwierigkeit bewußt, wie ein Brief an Lorentz[26] zeigt. Noch wichtiger ist die Tatsache, daß eine physikalische Welle, die den aus der Schrödinger-Gleichung folgenden Raum-Zeit-Bereich einnimmt, in einigen Experimenten zu Phänomenen führen müßte, die sich von den beobachteten unterscheiden. Ein Beispiel dafür sind Elektronen-Beugungsexperimente, die eine so niedrige Strahlintensität benützen, daß jeweils nur ein einziges Elektron im Apparat enthalten ist. Dieses Elektron müßte bei einer realistischen physikalischen Auffassung der Welle in verschiedenen Teilen des Beugungsbildes zugleich enthalten sein, was allen experimentellen Ergebnissen widerspricht. Ähnliche Schlußfolgerungen gelten auch für Neutronen-Interferometer-Experimente, die noch zu diskutieren sein werden.

3 Bohrs Komplementarität

Bis zum Jahre 1926 behandelte Niels Bohr das elektromagnetische Feld als reines Wellenfeld, verwendete also im wesentlichen die klassische Beschreibung. Zunächst blieb in der Arbeit des Jahres 1913 über die Quantisierung des Wasserstoffatoms[27] das Problem der Natur des elektromagnetischen Feldes undiskutiert. Bereits im Jahre 1918 wendet er aber bei der Aufstellung des Korrespondenzprinzips[28] die klassische Elektrodynamik nicht nur im Bereich hoher Quantenzahlen an, sondern auch für mittlere und kleine Quantenzahlen, um Intensitäten, Polarisationen und Auswahlregeln für die emittierte Strahlung zu berechnen – mit großem Erfolg. Beispielsweise folgten die Auswahlregeln unmittelbar aus der Annahme, daß *Kugelwellen* emittiert wurden. (Dies widersprach allem, was damals auf eine lokalisierte Struktur der Strahlungsquanten hinwies, nämlich den photoelektrischen Messungen und Einsteins Berechnung der molekularen Geschwindigkeitsverteilung.)

Der Erfolg dieser Berechnungen läßt verstehen, warum Bohr nicht Einsteins Bild des elektromagnetischen Feldes akzeptieren wollte, in welchem die Energie in Strahlungsquanten transportiert wurde. Auch die berühmte Arbeit von Bohr, Kramers und Slater[20] aus dem Jahre 1924 behandelt das elektromagnetische Feld als Kontinuum. Diese Arbeit hat eine interessante Geschichte: Comptons Ergebnisse hatten Slater überzeugt, daß die elektromagnetische Strahlung tatsächlich Teilchen enthält. Um dieses Ergebnis mit den Welleneigenschaften der Strahlung in Einklang zu bringen, führte er „virtuelle" Strahlungsfelder ein, die kontinuierlich von „virtuellen" atomaren Oszillatoren emittiert wurden. Diese Felder sollten bei der Bewegung der Teilchen mitgeführt werden. Slater meinte dazu: „Wesentlich ist, daß die Emission der Felder beginnt, bevor das Teilchen ausgesendet wird. Die Felder entstehen also während des stationären Zustandes vor dem Strahlungsübergang."[29] Diese Idee, auf die Slater 1924 gestoßen war, wollte er in Kopenhagen gemeinsam mit Bohr und Kramers entwickeln. Es kam aber ganz anders: „Ich kam nach Kopenhagen mit der Idee, daß das Feld der Oszillatoren das Verhalten der Photonen bestimmen würde. Diese Photonen betrachtete ich als wirkliche Ganzheiten, die den heute bekannten Erhaltungssätzen genügen, und ich wollte Wahrscheinlichkeitsargumente nur insoweit verwenden, als die Wellen die Wahrscheinlichkeit für den bestimmten Aufenthaltsort des Photons festlegen. Bohr und Kramers hatten dagegen so heftige Einwände, daß ich mich ihren statistischen Ideen anschließen mußte, um den Frieden zu wahren und zumindest den Hauptteil meiner Vorschläge zu veröffentlichen."[30] Damit wurde Einsteins Idee fallengelassen und ein völlig anderer Artikel entstandt. Das elektromagnetische Feld wurde darin als überall kontinuierlich beschrieben (es gab keine lokalisierten Energiequanten aber auch keine ausgedehnten Quanten) – aber als „virtuelles Feld". Dies bedeutet mehr oder weniger, daß das Feld lediglich für den Zweck korrekter Berechnungen eingeführt wurde, daß ihm aber keine Realität zukommt.

Beispielsweise sollte in dieser Theorie ein Atom in seinem vierten Energiezustand (die Zustände sollen hier nach wachsender Energie klassifiziert werden) kontinuierlich drei ‚virtuelle' Kugelwellen mit den Frequenzen $v_i = (E_4 - E_i)/h$ emittiert, wobei $i = 3,2,1$. Diese Wellen sollten, zusammen mit den Beiträgen anderer Atome, das elektromagnetische Feld festlegen, das durch seine gesamte Intensität die Übergangswahrscheinlichkeiten des Atoms in verschiedene stationäre Zustände bestimmt, wie dies Einstein 1917 dargelegt hatte. Der Sprung eines Atoms von einem gegebenen stationären Zustand zu einem anderen verletzt dabei die Energie- und Impulserhaltung. Tatsächlich ändert sich die Energie des Atoms, es wird aber dabei keine Energie auf das Strahlungsfeld übertragen, das virtuell ist und selbst keine Energie enthält. Bohr, Kramers und Slater meinten aber, daß die Energieerhaltung zumindest als *statistisches* Konzept weiterbestehen würde.

In diesem Bild der Strahlungsaussendung gibt es keine spontanen Übergänge, alle Übergänge werden durch das virtuelle Feld stimuliert. Eine weitere Konsequenz der Theorie ist die Tatsache, daß keine zeitlichen Korrelationen zwischen atomaren Übergängen vorhergesagt werden können. Um dies zu zeigen, betrachten wir ein Gas identischer

Atome, von denen die Hälfte im Zustand E_1 und die andere Hälfte im Zustand E_2 sei. Einsteins Beschreibung würde in diesem Falle aussagen, daß beim Übergang eines Atoms A von E_2 auf E_1 ein Photon ausgesendet wird, das sich durch den Raum bewegt und schließlich zu einem Übergang eines zweiten Atoms B von E_1 zu E_2 führt. Es gibt hier klarerweise eine zeitliche Beziehung zwischen den Ereignissen A und B, die aus dem Abstand dieser Atome und der Geschwindigkeit des Lichts folgt. In der Theorie von Bohr, Kramers und Slater kann es aber keine derartige Beziehung geben. Da sich keine Energiequanten durch den Raum ausbreiten, gibt es nur ein kontinuierliches Feld, das lediglich die *Übergangswahrscheinlichkeit* individueller Atome bestimmt.

Gerade dieser Punkt veranlaßte sowohl Bothe und Geiger[31] als auch Compton und Simon[32] im folgenden Jahr Experimente durchzuführen, welche die Theorie von Bohr, Kramers und Slater widerlegten. Sie benutzten dazu die Compton-Streuung von Röntgenstrahlen, welche der neuen Theorie gemäß kontinuierliche Strahlen virtueller Wellen mit kurzer Wellenlänge sein sollten. Am Ort des Atoms A, das einen Übergang zwischen zwei stationären Zuständen ausführt, wird demnach ein Elektron plötzlich gestreut, wobei die entsprechende Wahrscheinlichkeitsverteilung der atomaren ähnelt, und am Orte des Atoms B entlädt sich ein Geigerzähler durch Ionisationsprozesse. Bothe und Geiger fanden eine sehr scharfe Zeitkorrelation zwischen der Streuung der Elektronen und der Absorption der Röntgenstrahlen. Damit war die Möglichkeit ausgeschlossen, daß die Theorie von Bohr, Kramers und Slater eine korrekte Beschreibung der physikalischen Welt darstellen könnte.

Diese Experimente waren für Bohr wahrscheinlich der Anlaß, seine völlig negative Haltung gegenüber dem Dualismus Welle-Teilchen zu überprüfen. Das Komplementaritätsprinzip war sein eigener Weg, den Dualismus in sein Weltbild einzuordnen. Das Komplementaritätsprinzip wurde 1927 veröffentlicht – zweiundzwanzig Jahre nachdem Einstein die Untersuchungen zu diesem Problem begonnen hatte.

Bei seiner Rückkehr von einem Skiurlaub in Norwegen erfuhr Bohr erstmals von Heisenberg über die Entdeckung der Unschärferelationen. Er war zunächst mit Heisenbergs Arbeit unzufrieden. Seine Einwände richteten sich nicht nur gegen bestimmte Formulierungen der ersten Version, die unzureichend begründet waren, sondern auch gegen die Tatsache, daß der Dualismus Welle-Teilchen nicht im Mittelpunkt der

Überlegungen stand. Heisenberg berichtet weiter: „Auch hatte er [Bohr] sich in Norwegen wohl schon den Begriff zur Komplementarität zurechtgelegt, der es ermöglichen sollte, den Dualismus zwischen Wellen- und Teilchenbild zum Ausgangspunkt der Interpretation zu machen. Dieser Begriff der Komplementarität paßte genau zu der philosophischen Grundhaltung, die er eigentlich immer eingenommen hatte und in der die Unzulänglichkeit unserer Ausdrucksmittel als ein zentrales philosophisches Problem angesehen wird."[33] Nach einigen Wochen der Diskussion schlossen Heisenberg und Bohr, daß ihre Meinungen eigentlich weitgehend übereinstimmten und die Unschärferelation als Spezialfall des allgemeineren Komplementaritätsprinzips betrachtet werden konnte.

Tatsächlich war Heisenbergs Entdeckung der Unschärferelationen eine wichtige Brücke zwischen dem Formalismus der Quantentheorie und der physikalischen Welt, stellte aber keine Lösung aller Schwierigkeiten dar. Woraus bestand das elektromagnetische Feld nun tatsächlich, aus Teilchen oder aus Wellen? Und wie konnte man die Welleneigenschaften der Elektronen berücksichtigen, die de Broglie eingeführt hatte?

Bohr stand solchen Fragen direkt gegenüber und fand eine „Lösung". Diese bestand in der Annahme, daß wir nicht hoffen dürfen, derartige Widersprüche zu lösen. Rosenfeld, einer von Bohrs Schülern, schreibt darüber: „Während die großen Meister [Planck, Einstein, Born und Schrödinger] vergeblich versuchten, die Widersprüche in aristotelischer Manier zu eleminieren, indem sie einen Aspekt auf den anderen zurückführten, erkannte Bohr die Hoffnungslosigkeit dieser Versuche. Er wußte, daß wir mit diesem Dilemma leben müßten ... und daß das wirkliche Problem in einer Verfeinerung der Sprache der Physik lag, die Raum für die Koexistenz der beiden Begriffe schaffen mußte."[34] Offensichtlich besteht ein fundamentaler Unterschied zwischen der Lösung eines Dilemmas und dem Entschluß, damit zu leben. Hier drängt sich die Analogie zwischen dem Verzicht auf eine vollständige Lösung der grundlegenden Probleme der Atomphysik und der irrationalen Philosophie von Kierkegaard und Høffding auf, von der Bohr seit seiner Jugend beeinflußt war. Denn Kierkegaards „qualitative Dialektik" bestand aus der Feststellung, daß Widersprüche im Leben und in der Natur starr und unüberwindlich sind. Dies verband der dänische Philosoph mit vehementen Attacken gegen den Rationalismus Hegels und seine Überzeugung, daß Widersprüche stets zu einer Synthese auf höherem Niveau führen und damit gelöst werden.

Den Bohrschen Komplementaritätsbegriff kann man folgendermaßen einführen[35]: Der Experimentator lebt in einer makroskopischen Welt, und die dafür typischen Begriffe, wie Kausalität und die Raum-Zeit, sind in ihm wie in jedem Menschen tief verwurzelt. Es ist aber weder notwendig und – nach Bohr – auch nicht zutreffend, daß selbst derartige allgemeine Begriffe einen unbeschränkten Anwendungsbereich im Gebiet der Mikrophänomene haben. Der Schlüssel zum Verständnis dieser wichtigen Tatsache ist die Existenz des Wirkungsquantums h.

Betrachten wir zunächst die experimentelle Bedeutung der Kausalität und der Raum-Zeit. Kausalität betrachtet Bohr als Synonym für die Tatsache, daß Vorgänge sich nach wohlbestimmten Regeln abspielen. Diese Regeln sind in der Praxis beispielsweise die Energie-Impulserhaltung. Ein Experimentalphysiker, der die strenge Gültigkeit des Kausalgesetzes überprüfen muß, muß deshalb unendlich exakte Messungen der Energie und des Impulses vornehmen. Die Beziehungen $\Delta E = 0$ und $\Delta p = 0$ bedingen aber infolge der Heisenbergschen Unschärferelationen auch $\Delta t = \infty$ und $\Delta x = \infty$, so daß absolut keine Lokalisierung in Raum und Zeit während der Messung vorgenommen wird. Vollständiger Mangel an Lokalisierung bedeutet für Bohr, daß Raum und Zeit praktisch nicht existieren (es ist anzumerken, daß Bohr hier wie an vielen anderen Stellen der positivistischen Philosophie wichtige Zugeständnisse macht, indem er annimmt, daß das Unbeobachtete auch nicht existiert). Man schließt deshalb, daß die Beobachtung kausaler Zusammenhänge eine Beobachtung von Raum und Zeit ausschließt.

Umgekehrt kann man versuchen, Raum-Zeit-Lokalisierungen zu beobachten. Eine ideale Messung würde hier $\Delta x = 0$ und $\Delta p = \infty$ bedingen. Dies bedeutet, daß ein beliebig großer Impuls zwischen Apparat und atomarem System ausgetauscht wird. Ferner ist ein derartiger Austausch *im Prinzip* unmöglich exakt festzulegen, „falls der Meßapparat seinen Zweck erfüllen soll", wie Bohr im Detail an vielen konkreten Beispielen zeigte. Unter diesen Bedingungen ist es offensichtlich unmöglich, das Kausalgesetz (also Energie-Impulserhaltung) zu überprüfen. Man schließt deshalb, daß eine Beobachtung von Raum und Zeit eine experimentelle Kontrolle des Kausalgesetzes ausschließt. Es ist daher sinnlos, über ein derartiges Gesetz zu sprechen, wenn man Raum-Zeit-Beobachtungen vornimmt.

Bohr schließt daraus, daß es eine Komplementaritätsbeziehung (strenge wechselseitige Ausschließung) zwischen Raum-Zeit-Koordinationen und der Kausalität gibt. Diese beiden Begriffe können nicht gleichzeitig angewendet werden.

Ein ähnlicher Schluß ergibt sich, wenn man die Begriffe Teilchen und Welle betrachtet. Bei der Untersuchung der Kausalität (beispielsweise im photoelektrischen Effekt oder im Compton-Effekt) findet man, daß die Erhaltung der Energie und des Impulses „ihren adäquaten Ausdruck gerade in der Lichtquantenidee Einsteins findet". Umgekehrt ist die Wellenfunktion begrifflich geeignet, die Wahrscheinlichkeit einer Lokalisierung des beobachteten Systems in verschiedenen Raumpunkten zu beschreiben, wenn die Anfangslage des Systems zuvor bekannt war. Natürlich kann man dabei nicht vorhersagen, an welchem Ort die Lokalisierung tatsächlich stattfinden wird. Daher erscheint die Entwicklung des Systems als im Wesen stochastisch – was wieder zum Ausdruck bringt, daß keine Kausalbeziehungen gelten. Es ist ferner zu betonen, daß man hier die Sprache der Wellenausbreitung verwendet. Somit schließen sich Teilchen- und Wellenbeschreibung wechselseitig aus und müssen als komplementäre Beschreibungen atomarer Systeme aufgefaßt werden. Die Unmöglichkeit, eine Synthese zwischen diesen beiden Beschreibungen zu finden, führte Bohr zum Schluß, daß jede davon nur ein Hilfsmittel aus der klassischen Physik darstellt. Keine klassische Idee (Welle oder Teilchen, Kausalität oder Raum-Zeit) ist im atomaren Bereich mit Sicherheit anwendbar.

Es ist zu betonen, daß die Welle, die einen der komplementären Aspekte atomarer Systeme darstellt (der andere ist das Teilchen), sich historisch aus der von Bohr, Kramers und Slater eingeführten virtuellen Welle entwickelt hat und philosophisch der Wahrscheinlichkeitswelle nahesteht, die Born 1926 in die Quantenmechanik einführte. Tatsächlich haben wir bereits oben festgestellt, daß die Beschreibung durch Wellen in Situationen anwendbar ist, in denen man die Raum-Zeit-Lokalisierung untersucht. Da dies die Möglichkeit einer Überprüfung des Kausalgesetzes ausschließt, das für Bohr synonym zur Energie-Impuls-Erhaltung ist, wird man auch hier – wie bei Bohr, Kramers und Slater – mit einer Welle konfrontiert, die zu Übergängen führt, in denen die Energie nicht erhalten ist. Diese Welle kann jedoch die Wahrscheinlichkeiten atomarer Übergänge modifizieren, worauf wir im letzten Kapitel noch einmal zurückkommen werden.

Abschließend verbleibt zur Komplementarität noch zu bemerken, daß neuere Untersuchungen gezeigt haben, daß die Unterschiede zwischen den Wellen- und den Teilchenaspekten weniger scharf sind, als Bohr glaubte, und daß Wellenerscheinungen leicht beobachtbar sind – sogar in Fällen, bei denen man zu 99% sicher ist, die Bewegung eines Teilchens beobachtet zu haben.[36] Es ist die Meinung des Autors, daß diese neueren Untersuchungen eine Brücke zwischen Bohrs Komplementarität und der Einstein-de Broglieschen Version des Dualismus darstellen.

4   Focks Relativität der Beobachtungsmittel

Im Jahre 1957 besuchte der Sowjetphysiker V. A. Fock Kopenhagen und diskutierte mehrmals mit Bohr über die Interpretation der Quantenmechanik. Unterschiedliche Auffassungen bestanden dabei nicht über die physikalische Anwendung der Theorie, sondern über einige Behauptungen, die sich in Bohrs Schriften fanden und die als wichtige Zugeständnisse dem Positivismus gegenüber betrachtet werden konnten. Als Ergebnis der Diskussionen schrieb Fock eine Arbeit mit dem Titel: „Meine Antwort an Professor Niels Bohr"[37], die er dem dänischen Physiker zur Durchsicht übergab. In vielen Einzelheiten stimmte Bohr schließlich mit Fock überein, was auch in den Arbeiten zum Ausdruck kommt, die er in seinen letzten Lebensjahren verfaßte.[38] Bohrs modifizierte Ansichten finden sich beispielsweise in einem Artikel, der 1959 in russischer Sprache erschien. Diese Ideen wurden auch 1961 in Seminaren in Moskau vorgetragen. Focks Arbeit enthielt vier Haupteinwände gegen Bohrs Ideen über die Grundlagen der Quantenphysik.

Der erste Einwand betrifft die negative Begrenzung der quantenmechanischen Begriffe, auf der Bohr stets beharrte. Die Unschärferelationen werden dabei als grundlegende Einschränkung der klassischen Naturbeschreibung aufgefaßt. Einige derartige Beschränkungen gibt es natürlich wirklich, aber Fock lehnte die Idee ab, daß es zwischen den mathematischen Symbolen der klassischen Physik, die etwas Reales darstellen, und den mathematischen Symbolen der Quantenmechanik, die nach Bohr rein abstrakte Größen sein sollten, einen grundlegenden Unterschied geben sollte. Im Gegensatz dazu konnte Fock keinen Unterschied zwischen der Rolle der Mathematik in der klassischen Physik und der Quantenphysik anerkennen. Auch die Wellenfunktion stellt reale

Zusammenhänge dar, insofern sie die Zeitentwicklung der Wahrscheinlichkeiten zu berechnen gestattet.

Focks zweiter Einwand betraf Bohrs oft wiederholte Feststellung, daß die Kausalität auf die Quantenphysik nicht anwendbar sei. Fock meinte dazu, daß nur der Laplacesche Determinismus hier versagen würde, während eine „einfache Kausalität", die in der Feststellung enthalten ist, daß wohldefinierte Naturgesetze existieren, noch immer zutrifft. Der Begriff „Kausalität" darf deshalb aus der Atomphysik nicht eliminiert werden, vielmehr ist zu betonen, daß eine Art probabilistischer Kausalität noch immer gilt.

Der dritte Einwand betrifft Bohrs Anwendungen des Komplementaritätsprinzips. Nach Fock ist zu betonen, daß die Komplementarität lediglich eine Begrenzung der *klassischen* Beschreibung der Phänomene ausdrückt, die aus Heisenbergs Unschärferelation folgt. Was die quantenmechanische Beschreibung betrifft, gibt es keine derartigen Beschränkungen. Die Eigenschaften atomarer Objekte sind ihre elektrische Ladung, Masse, Spin, ihre Freiheitsgrade oder die Art der Wellengleichung. Die experimentell gemessenen Wahrscheinlichkeitsverteilungen können mit den weiteren Fortschritten der Quantentheorie und dem Verständnis derartiger Naturphänomene mit zunehmender Genauigkeit berechnet werden.

Focks letzter Einwand betrifft Bohrs Idee der Existenz einer „unkontrollierbaren Wechselwirkung" zwischen dem Meßapparat und dem untersuchten Objekt. Zwar ist es tatsächlich nötig, eine Grenze zwischen dem untersuchten quantenmechanischen Objekt und dem klassisch beschriebenen Meßapparat festzulegen. Wo diese Grenze allerdings exakt liegt, ist weitgehend willkürlich. Wenn wir daher die endliche physikalische Wechselwirkung zwischen dem beobachteten System und dem Meßapparat betrachten, so können wir diese Wechselwirkung auch im Detail studieren, indem wir den „Schnitt" einfach näher zum Beobachter hin legen. Es ist deshalb im Prinzip möglich, jeden physikalischen Prozeß innerhalb des Meßapparats mit Hilfe der Quantentheorie zu untersuchen. Beispielsweise kann man eine Theorie photographischer Emulsionen aufstellen. Der Umstand, daß irgendwo eine derartige „gnoseologische Grenze" gelegt werden muß, beinhaltet nicht eine Ableugnung einer physikalischen Beschreibung des Meßapparats.

Diese vier Einwände enthalten nicht explizit Focks Idee einer *Relativität der Beobachtungsmittel,* die von ihm in den sechziger Jahren eingeführt wurde, und die als Folge seines dritten Einwandes betrachtet werden kann.[39] Bei der Entwicklung dieser neuen Idee ging Fock von der Erkenntnistheorie aus, in der man zwischen dem Subjekt mit seinem Bewußtsein, seinen geistigen Möglichkeiten und seinen Sinneseindrücken und den von ihm untersuchten Objekten der Außenwelt unterscheiden muß. In der klassischen Physik kann ein Beobachter Objekte studieren, ohne deren Eigenschaften und Entwicklung in irgendeiner Weise zu beeinflussen. Der klassische Beobachter ist, in Focks Worten, ein „Spion", der die Außenwelt beobachtet, ohne dabei selbst beobachtet zu werden. In der Quantenphysik wird diese Spionage unmöglich, da die Existenz des Wirkungsquantums h eine endliche Wechselwirkung zwischen atomarem System und Meßapparat bewirkt. Der Beobachter ist jedoch ein klassisches, makroskopisches Objekt: Seine Denkweise und seine grundlegenden Begriffe sind notwendigerweise diejenigen der Makrophysik wie beispielsweise Raum, Zeit, Energie, Impuls usw. Die Apparate, die lediglich als Verstärker der Sinneswahrnehmungen dienen, müssen auch klassisch in dem Sinn beschrieben werden, daß sie nur Informationen über die Raum-Zeit, über Energie und Impuls usw. liefern können, weshalb zur Beschreibung der Meßergebnisse eine klassische Sprache benutzt wird. Die Sprache der klassischen Physik kann aber nicht ohne Einschränkungen verwendet werden, da nunmehr mikroskopische Objekte mit Quanteneigenschaften beobachtet werden. Fock glaubt, daß derartige Beschränkungen durch die Heisenbergschen Unschärferelationen

$$\Delta x \Delta p_x \geq \hbar, \quad \Delta y \Delta p_y \geq \hbar, \quad \Delta z \Delta p_z \geq \hbar$$

beschrieben werden, wobei $\Delta x, \Delta y, \Delta z$ wie üblich die Größe des Raumbereiches charakterisieren, der das untersuchte atomare Objekt enthält, und wobei $\Delta p_x, \Delta p_y, \Delta p_z$ die entsprechenden Bereiche des Impulsraumes sind. Die genaue Beschreibung quantenmechanischer Messungen ist nach Fock folgende:

Die Beobachtungsmittel müssen in Termen der klassischen Physik beschrieben werden, aber unter Berücksichtigung der Unschärferelationen.

Ein Mikroobjekt erschließt sich durch seine Wechselwirkung mit einem Instrument. Beispielsweise wird die Bahn eines geladenen Teilchens durch die irreversiblen Vorgänge sichtbar, die sich in einer Nebelkammer oder in der Emulsion einer photographischen Platte abspielen. Die makroskopischen Manifestationen der Wechselwirkung eines atomaren Objektes mit dem Meßinstrument sind die grundlegenden Elemente, aus denen jedes Verständnis und jede theoretische Systematisierung gewonnen werden muß. Messungen der Lage und des Impulses müssen stets den Heisenbergschen Unschärferelationen genügen. Diese Beziehungen drükken eine absolute Begrenzung der Möglichkeiten jedes Apparates aus. Es ist möglich, Meßinstrumente zu konstruieren, die eine perfekte Lokalisierung im Raum ermöglichen (damit erscheint das atomare Objekt als Teilchen), dann kann aber nichts über den Impuls des Teilchens ausgesagt werden. Alternativ ist es möglich, Instrumente zu bauen, die eine perfekte Festlegung des Impulses erlauben, aber keinerlei Lokalisierung im Raum zulassen und das atomare Objekt als Welle darstellen.

Man kann daher Bohrs Vorschlag akzeptieren und als *komplementär* die Eigenschaften bezeichnen – wie Korpuskelaspekt und Wellenaspekt –, die sich in ihrer reinen Form nur in getrennten Experimenten manifestieren, deren Voraussetzungen sich wechselseitig ausschließen, während sie bei anderen Experimenten nur in modifizierter, unvollständiger Form auftreten. Beispielsweise ist auf diese Weise sowohl im Impuls- als auch im Koordinatenraum eine unvollständige Lokalisierung möglich, welche den Unschärferelationen genügt.

Nach der Meinung Focks hat es keinen Sinn, komplementäre Eigenschaften in ihrer reinen Form gleichzeitig zu betrachten, weshalb der Dualismus Teilchen-Welle auch nicht auf Widersprüche führt. Diese Betrachtungsweise des Dualismus weist auf die Entstehung jedes seiner Aspekte in verschiedenen Arten von Meßapparaten hin. Der Teilchenaspekt erscheint daher nur bei der Benützung von Apparaten, die eine perfekte Lokalisierung im Raum ermöglichen; ähnlich tritt der Wellenaspekt nur bei Apparaten auf, die eine vollständige Delokalisierung im Raume bewirken und anstelle dessen den Impuls vollständig festlegen. Daher sind die beiden Aspekte *relativ* in bezug auf zwei Klassen von Apparaten. Dies ist das Wesen von Focks *Relativität in bezug auf die Beobachtungsmittel.*

Eine volle Kritik dieser Ansichten würde hier zu weit führen. Wir wollen nur betonen, daß die korpuskulare Natur des Lichts von Einstein bei der Untersuchung von Experimenten über den photoelektrischen Effekt hergeleitet wurde, bei denen es keine Lokalisierung des Photons durch den Apparat gibt.

5 Heisenberg jenseits der Komplementarität

Im Jahre 1958 schrieb Heisenberg: „... der Begriff der Komplementarität, der von Bohr in die Deutung der Quantentheorie eingeführt worden ist, hat die Physiker dazu ermutigt, lieber eine zweideutige statt eine eindeutige Sprache zu benützen; also die klassischen Begriffe in einer etwas ungenauen Art zu gebrauchen, die zu den Unbestimmtheitsrelationen paßt, abwechselnd verschiedene klassische Begriffe zu verwenden, die zu Widersprüchen führen würden, wenn man sie gleichzeitig anwenden wollte. So spricht man etwa über Elektronenbahnen, über Materiewellen und Ladungsdichte, über Energie und Impuls usw., bleibt sich aber immer der Tatsache bewußt, daß die Begriffe aber nur einen sehr begrenzten Anwendungsbereich besitzen. Sobald dieser vage und unsystematische Gebrauch der Sprache zu Schwierigkeiten führt, muß sich der Physiker in das mathematische Schema zurückziehen und dessen eindeutige Verknüpfung mit den experimentellen Tatsachen benützen."[40]

Es ist interessant zu sehen, daß dieser Rückzug „in das mathematische Schema" in der gegenwärtigen theoretischen Physik zu einer Massenerscheinung geworden ist, und daß Bohrs Komplementarität und andere Formen des Dualismus halb vergessen sind. Die vorangehende Feststellung zeigt, daß Heisenberg ein sehr scharfer Beobachter eines historischen Prozesses war, der die Gemeinschaft der Physiker von der konfusen Sprache der Komplementarität zur reinen Sprache der Mathematik führte. Man kann auch sagen, daß Heisenberg eine derartige Entwicklung begrüßte. Bei einer Analyse des Gebrauchs beschreibender Begriffe in der Atomphysik bestand er auf der Tatsache, daß diese oft vage sind und diese Vagheit von der gleichen Art ist, wie der Begriff der „Temperatur" in seiner Anwendung auf ein einzelnes Atom. Der Temperaturbegriff ist nur sinnvoll, wenn man ihn auf ein sehr großes Stück Materie anwendet, das viele Atome enthält. Versucht man aber, ihn auf ein einzelnes Atom anzuwenden, so führt dies auf Schwierigkeiten, da es nicht möglich ist, ihn mit einer wohldefinierten Eigenschaft des Atoms in Verbindung zu bringen. In ähnlicher Weise werden in der Quantentheorie alle klassischen Begriffe bei ihrer Anwendung auf das Atom genauso undefiniert wie die „Temperatur des Atoms". Sie hängen eher mit statistischen Erwartungen zusammen, entsprechen „Tendenzen und Möglichkeiten" und können am besten mit Aristoteles' Begriff „*Potentia*" beschrieben werden. „So haben sich die Physiker allmählich daran

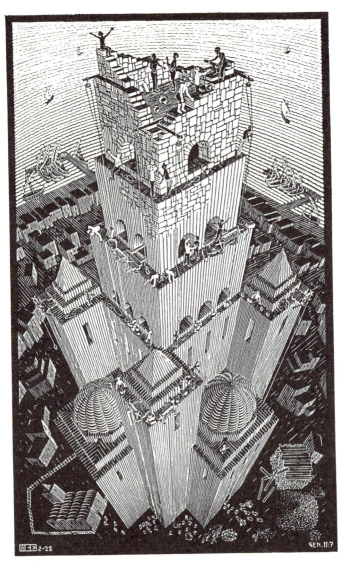

Bild 13 Wie in Eschers Turm zu Babel mischen sich auch heute viele verschiedene Sprachen bei der Diskussion des Dualismus Teilchen-Welle, so daß unterschiedliche physikalische Schulen sich nur schwer verständigen können.

gewöhnt, die Elektronenbahnen oder ähnliche Begriffe nicht als eine Wirklichkeit, sondern eher als eine Art von *Potentia'* zu betrachten. Die Sprache hat sich, wenigstens in einem gewissen Ausmaße, schon an die wirkliche Lage angepaßt. Aber es ist nicht eine präzise Sprache, in der man die normalen logischen Schlußverfahren benutzen könnte; es ist eine Sprache, die Bilder in unserem Denken hervorruft, aber zugleich mit ihnen doch auch das Gefühl, daß die Bilder nur eine unklare Verbindung mit der Wirklichkeit besitzen, daß sie nur die Tendenz zu einer Wirklichkeit darstellen."[41] Der Ausweg aus dieser traurigen Lage besteht für Heisenberg entweder in einem „Rückzug in das mathematische Schema" oder in der Entwicklung einer anderen, aber präzisen Sprache, die exakten logischen Regeln folgt und in völliger Übereinstimmung mit dem mathematischen Schema der Quantentheorie steht.

Die Modifikationen der klassischen Logik, die von Birkhoff, von Neumann und von von Weizsäcker vorgeschlagen wurden, werden von Heisenberg anerkennend erwähnt. In der klassischen Logik muß eine der beiden Feststellungen „Hier ist ein Tisch" oder „Hier ist kein Tisch" wahr sein – „*tertium non datur*". In der Quantentheorie muß dieses Gesetz des „tertium non datur" modifiziert werden. Bemerkenswert ist, daß die Entwicklung der Quantenlogik in den letzten Jahren rasch Fortschritte machte.[42]

Werner Heisenberg ist wahrscheinlich der Physiker, der am meisten zu dem Rückzug auf das mathematische Schema in der modernen Physik beigetragen hat. Eine seiner ersten Arbeiten, die er 1925 gemeinsam mit Kramers schrieb, enthält bereits eine überwiegend mathematische Formulierung. Die Kommentare, die Heisenberg später über diese Arbeiten machte, zeigen einiges von seiner Haltung: „Jedenfalls spürte ich in den Formeln, die ich zusammen mit Kramers ausgearbeitet hatte, eine Mathematik am Werke, die gewissermaßen entfernt von den physikalischen Vorstellungen schon von selbst funktionierte. Von dieser Mathematik ging für mich eine magische Anziehungskraft aus, und ich war fasziniert von der Vorstellung, daß hier vielleicht die ersten Fäden eines riesigen Netzes von tiefliegenden Zusammenhängen sichtbar geworden seien."[43] Über seine Haltung in diesen Jahren schrieb er auch: „Vielleicht war ich um jene Zeit schon in etwas höherem Maße als Bohr bereit, mich von den anschaulichen Bildern zu lösen und den Schritt in die mathematische Abstraktion zu tun."[44] Dieser Schritt geschah im Sommer 1925 mit der Entdeckung der Matrizenmechanik.

Eine gewagte Kombination von experimentellen Tatsachen, von Symmetrieanforderungen und von mathematischer Intuition führte Heisenberg zu den ersten wesentlichen Grundlagen der modernen theoretischen Physik. Das Endergebnis läßt der physikalischen Intuition aber nur wenig Raum, da beispielsweise die „Position" eines Teilchens zu einer unendlichdimensionalen Matrix mit komplexen Zahlen wird. Dieser Übergang zur mathematischen Abstraktion ging einher mit gewagten philosophischen Feststellungen: „Bei dieser Sachlage scheint es geraten, jede Hoffnung auf eine Beobachtung der bisher unbeobachteten Größen (wie Lage, Umlaufzeit des Elektrons) ganz aufzugeben ..."[45]

Eine derartige Schlußfolgerung führte aber auch auf ernste Schwierigkeiten, wenn man den theoretischen Formalismus auf physikalische Situationen anzuwenden versuchte. Denn einige Experimente (vor allem das Bothe-Geiger- und das Compton-Simon-Experiment) legten nahe, daß der Bahnbegriff auch für atomare Teilchen sinnvoll war. Auch konnten die Quantentheoretiker selbst nicht vermeiden, den Begriff der Lage und des Impulses in einem intuitiven Sinn bei der Diskussion konkreter physikalischer Situationen zu verwenden. Diese Widersprüche erkannten Bohr und Heisenberg voll, und ihre Schriften aus dieser Zeit beziehen sich oft auf „Paradoxa". Auch schreibt Heisenberg, daß er im letzten Teil des Jahres 1926 viel Zeit damit verbrachte, Gedankenexperimente zu ersinnen, aus denen die verschiedenen Paradoxa so klar wie möglich hervorgingen.[46] Zuerst blieben diese Bemühungen ohne Erfolg, da Bohr und Heisenberg übereinstimmend feststellen mußten, daß niemand wußte, wie man den mathematischen Formalismus der Quantentheorie auf so einfache Fälle wie eine Elektronenspur in einer Nebelkammer anwenden konnte.

Es ist interessant, welche Argumente Heisenberg auf die Spur der Unschärferelation brachten. Einerseits vertraute er völlig dem mathematischen Formalismus, der seit 1925 entwickelt worden war, und meinte beispielsweise: „Um diese Zeit [1926] entwickelten Dirac und Jordan die Transformationstheorie, zu der Born und Jordan in früheren Untersuchungen schon wichtige Vorarbeit geleistet hatten; und auch diese Vervollständigung des mathematischen Schemas bestätigte uns, daß an der formalen Gestalt der Quantentheorie wohl nichts mehr zu ändern sei, daß es nur darauf ankomme, die Verknüpfung der Mathematik mit den Experimenten in einer widerspruchslosen Weise auszudrücken."[47] Andererseits hatte er die Idee, daß die Natur dem Formalismus der Quantentheorie entsprechen mußte. Bei einem nächtlichen Spaziergang durch einen Kopenhagener Park im Jahre 1927 kam Heisenberg der „naheliegende Gedanke, daß man doch vielleicht einfach postulieren dürfte, die Natur ließe nur solche experimentelle Situationen zu, die auch im mathematischen Schema der Quantentheorie beschrieben werden können."[48] Wieder sehen wir, daß Heisenberg dem mathematischen Formalismus den Vorrang gegenüber Überlegungen zur objektiven Realität einräumt. Wiederum wurde er dadurch auf eine großartige Entdeckung geführt, die die theoretische Physik unseres Jahrhunderts geformt hat und zu fast unglaublichen Erfolgen bei der Interpretation atomarer Phänomene führte. Es ist fair zu sagen, daß niemand wirklich versteht, *warum* die Quantentheorie funktioniert und daß die Erkenntnistheorie in dieser Beziehung weit hinter der Physik zurückgeblieben ist.

Vielleicht können auch die folgenden Überlegungen zu einem volleren Verständnis der Entdeckung der Unschärferelationen durch Heisenberg beitragen:

(1) Heisenbergs Beschreibung der Wechselwirkung zwischen der elektromagnetischen Strahlung und dem Elektron implizierte eine Ablehnung der Bohr-Kramers-Slater-Theorie und eine zumindest teilweise Aufnahme der Einsteinschen Lichttheorie. Die Erkenntnis, daß Einsteins Theorie des photoelektrischen Effektes im Grunde korrekt ist, war deshalb wahrscheinlich eine notwendige Vorbedingung für die Entdeckung der Unschärferelationen.

(2) Auch in seiner berühmten Arbeit „Über den anschaulichen Inhalt der quantentheoretischen Kinematik und Mechanik" macht Heisenberg einige faszinierende philosophische Feststellungen. Er meint beispielsweise: „Wenn man sich darüber klar werden will, was unter dem Worte ‚Ort des Gegenstandes', zum Beispiel des Elektrons, ... zu verstehen sei, so muß man bestimmte Experimente angeben, mit deren Hilfe man den ‚Ort des Elektrons' zu messen gedenkt; anders hat dieses Wort keinen Sinn."[49] Im Schlußteil seiner berühmten Arbeit schreibt Heisenberg: „Da nun der statistische Charakter der Quantentheorie so eng an die Ungenauigkeit aller Wahrnehmung geknüpft ist, könnte man zu der Vermutung verleitet werden, daß sich hinter der wahrgenommenen statistischen Welt noch eine ‚wirkliche' Welt verberge, in der das Kausalgesetz gilt. Aber solche Spekulationen scheinen uns, das betonen wir ausdrücklich, unfruchtbar und sinnlos. Die Physik soll nur den Zusammenhang der Wahrnehmungen formal beschreiben."[49]

(3) Heisenbergs Schlußfolgerungen sind bis zu einem gewissen Grad willkürlich. Die Tatsache, daß man Lage und Impuls eines Elektrons nicht gleichzeitig und mit großer Genauigkeit *messen* kann, bedeutet nicht notwendigerweise, daß diesen Größen kein physikalischer Sinn zukommt. Nur innerhalb einer positivistischen oder idealistischen Philosophie kann man einen derartigen Schluß ziehen. Trotz der Gültigkeit der Unschärferelationen kann man die Lage und den Impuls eines Teilchens in der *Vergangenheit* mit jeder gewünschten Genauigkeit berechnen. Darüber schrieb Heisenberg 1930: „Diese Kenntnis der Vergangenheit hat jedoch rein spekulativen Charakter, denn sie geht (wegen der Impulsänderung bei der Ortsmessung) keineswegs als Anfangsbedingung in irgendeine Rechnung über die Zukunft des Elektrons ein und tritt überhaupt in keinem physikalischen Experiment in Erscheinung. Ob man der genannten Rechnung über die Vergangenheit des Elektrons irgendeine physikalische Realität zuordnen soll, ist eine reine Geschmacksfrage."[50] Heisenbergs Geschmack ist heute der vorherrschende Gesichtspunkt, und demnach sollte man soweit wie möglich vermeiden, über die physikalische Wirklichkeit zu sprechen.

6 Wigners Bewußtseinswellen

Wir haben bereits das de Brogliesche Paradoxon diskutiert, bei dem ein Elektron in einer Schachtel B mit perfekt reflektierenden Wänden eingeschlossen ist. Diese Schachtel sollte durch einen Schieber in zwei Teile geteilt werden, die nach Paris bzw. Tokio gebracht werden. Die dadurch entstehende Situation wird quantenmechanisch durch zwei Wellenfunktionen beschrieben, die in den jeweiligen Schachtelvolumina definiert sind. Die Wahrscheinlichkeit, das Elektron nach dem Öffnen einer der beiden Schachteln dort vorzufinden, ist proportional zum Volumintegral des Betragsquadrates der entsprechenden Wellenfunktion. Wir werden diese Wahrscheinlichkeiten mit P_1 bzw. P_2 bezeichnen, wobei $P_1 + P_2 = 1$ gilt.

Wir nehmen nun an, daß die Schachtel in Paris geöffnet wird und daß sich das Elektron dort findet. Daraus können wir schließen, daß das Elektron nicht auch in Tokio sein kann, so daß sogar *vor* dem Öffnen von Schachtel B_2 gelten muß: $P_2 = 0$. In P_2 tritt daher ein plötzlicher, diskontinuierlicher Sprung auf, der den Wert dieser Größe auf Null reduziert. Diese Aussage unterscheidet sich nicht grundlegend von derjenigen der klassischen Physik. Wesentlich ist aber, daß quantenmechanische Wahrscheinlichkeiten aus dem Betragsquadrat der Wellenfunktion berechnet werden. Wir können deshalb auch schließen, daß die Beobachtung in Paris die Wellenfunktion in Tokio plötzlich auf Null reduziert. Auch die Wellenfunktion unterliegt plötzlichen Sprüngen, wenn Beobachtungen gemacht werden. Dieses Verhalten tritt nicht nur bei der hier diskutierten Situation ein, sondern gilt allgemein für alle quantenmechanischen Beobachtungen. Bei allen Meßvorgängen (mit Ausnahme eines sehr speziellen Falles, in dem der Wert der beobachteten Größe bereits *vor* der Messung bekannt ist) tritt ein plötzlicher Sprung der Wellenfunktion auf, der oft als *„Reduktion des Wellenpaketes"* bezeichnet wird.

Bild 14 In Cordoba wurde im Jahre 1979 die Verschmelzung moderner Naturwissenschaft und traditioneller kultureller Elemente diskutiert.

Das Auftreten dieser Reduktion des Wellenpaketes konnten Physiker wie Einstein oder de Broglie, die die Wellenfunktion als in Raum und Zeit real existierend auffaßten, nur schwer akzeptieren. Sie fanden aber schließlich eine kluge Lösung dieses Problems in der de Broglieschen Theorie der Doppellösungen. Dagegen betrachtete Wigner die Reduktion des Wellenpaketes als fast selbstverständlichen Vorgang, da er meint: „Die Wellenfunktion ist nur eine geeignete Sprache, in der wir unsere aus Beobachtungen gewonnenen Erkenntnisse ausdrücken – eine Sprache, die relevant für die Vorhersage des zukünftigen Verhaltens des Systems ist."[51] Dieser Ansicht gemäß findet die Reduktion des Wellenpaketes folgende Deutung: „Der Eindruck, der sich aus der Wechselwirkung ergibt, die man üblicherweise als Ergebnis einer Beobachtung bezeichnet, modifiziert die Wellenfunktion eines Systems. Ferner ist die modifizierte Wellenfunktion im allgemeinen unvorhersagbar, bevor der bei der Wechselwirkung entstehende Eindruck in unser Bewußtsein eingetreten ist. Erst die Registrierung des Eindrucks in unserem Bewußtsein ändert die Wellenfunktion, da sie unsere Einschätzungen der Wahrscheinlichkeiten für verschiedene Sinneseindrücke modifiziert, die wir in Zukunft erwarten. An dieser Stelle wird das Bewußtsein zu einem unvermeidbaren und unveränderbaren Teil der Theorie."[52]

Die Wellenfunktion eines Systems wird üblicherweise als Beschreibung des Zustandes dieses Systems betrachtet, oder, genauer gesagt, seiner materiellen Eigenschaften. Diese Ansicht ist aber nicht mit der Idee verträglich, daß unser Bewußtsein die Wellenfunktion modifizieren kann. Dies könnte höchstens dann der Fall sein, wenn man einfach den Vorrang des Bewußtseins gegenüber der Materie annimmt.

Wigner nimmt diese Idee so ernst, daß sein Artikel mit dem Vorschlag endet, eine „psychoelektrische Zelle" zu konstruieren, um die Wirkung unserer Psyche auf die Materie zu messen. Auch das Auftreten parapsychologischer Phänomene ist mit diesen Ideen vereinbar. Seine Schlußfolgerung ist: „Es wird stets bemerkenswert bleiben – wie immer sich auch unsere Theorien in Zukunft entwickeln –, daß gerade das Studium der Außenwelt uns zur Schlußfolgerung führte, daß der Inhalt des Bewußtseins die grundlegende Realität ist."[53]

Diese Betrachtungsweise der Reduktion des Wellenpaketes wurde erstmals von von Neumann eingeführt, der die Bedeutung der Tatsache betonte, daß der menschliche Beobachter ein Bewußtsein aufweist: „… einmal müssen wir sagen: Und dies wird von einem Beobachter wahrgenommen. D. h. wir müssen die Welt immer in zwei Teile teilen, der eine ist das beobachtete System, das andere der Beobachter."[54] Ein Akt der subjektiven Wahrnehmung ruft daher die Reduktion des Wellenpaketes hervor. Nach von Neumann kann eine derartige Erklärung der menschlichen Erfahrung niemals widersprechen: „Denn die Erfahrung macht nur Aussagen von diesem Typus: Ein Beobachter hat eine bestimmte (subjektive) Beobachtung gemacht, und nie eine solche: Eine physikalische Größe hat einen bestimmten Wert."[55]

Von Neumanns Ideen wurden von London und Bauer weitergeführt, die die wesentliche Rolle des Bewußtseins des Beobachters beim Übergang vom gemischten zum reinen Zustand betonten.[56] Ohne Bewußtsein würde niemals eine neue Wellenfunktion auftreten. Für diese Autoren „ist es nicht eine mysteriöse Wechselwirkung zwischen dem Meßapparat und dem System, die während der Messung eine neue Wellenfunktion hervorruft. Es ist nur das Bewußtsein eines ‚Ich', das sich von der alten Wellenfunktion ψ trennt und als Ergebnis der Beobachtung eine neue Objektivität konstruiert, die dem Objekt für die Zukunft eine neue Wellenfunktion $\psi(x) = u_k(x)$ zuordnet."[57] Zuzugeben ist jedoch, daß Wigner seine Ideen philosophisch vollständiger ausbaute. In neuerer Zeit hat sich auch Zweifel[58] diesen Ideen angeschlossen und ein „Wechselwirkungspotential" zwischen dem Geist des Beobachters und dem Meßapparat eingeführt. Mehrere Arbeiten mit ähnlichen Ideen wurden seither veröffentlicht. Cochran[59] diskutiert beispielsweise das Doppelspalt-Experiment und schließt: „Jedes Elektron geht nur durch einen Spalt, ist sich aber der Existenz und des Ortes des anderen Spaltes bewußt, wenn dieser geöffnet ist, und wählt verschiedene Beugungswinkel, wenn dies der Fall ist – Winkel, die dazu beitragen, einen Teil des charakteristischen Interferenzmusters zu schaffen. Dieser Auffassung gemäß hat das Elektron nicht sowohl Teilchen- als auch Welleneigenschaften, sondern ist ein mit einem gewissen Bewußtsein ausgerüsteten Teilchen. Das Bewußtsein des Elektrons ist eine periodische Schwingung mit einer charakteristischen Frequenz, die durch die Energie des Elektrons bestimmt wird und enthält keine ausgedehnten Wellen. Das Elektron zeigt seine Teilchenaspekte in Wechselwirkungen, bei denen es Energie gewinnt oder verliert, und es zeigt sein Bewußtsein bei Wechselwirkungen, in denen seine Energie konstant bleibt, wie bei der Beugung. Da ein Elektron beim Durchgang durch den Spalt seine Richtung in verschiedenster Weise ändern kann, enthält eine Berechnung der möglichen

Beugungswinkel eine große Anzahl von Möglichkeiten und nimmt die Form einer quantenmechanischen Wellenfunktion an. Diese Wellenfunktion beschreibt die Wahlmöglichkeiten des Elektrons und die relativen Wahrscheinlichkeiten, daß diese Wahl jeweils realisiert wird."

7 Experimente mit Neutroneninterferometern

Die Geschichte der Quantenphysik hat zu mehreren verschiedenen Deutungen ihrer wichtigsten Grundlagen geführt, nämlich des Dualismus Welle-Teilchen. Diese Situation ist offensichtlich unbefriedigend, da eine fundamentale physikalische Eigenschaft der Mikrowelt nicht so viele unterschiedliche Meinungen über ihre wahre Natur zulassen sollte. In den letzten Jahren kam es zu einer Erneuerung des Interesses für dieses Problem, besonders wegen der Existenz einiger neuer und vielversprechender experimenteller Möglichkeiten. Am wichtigsten davon ist vielleicht das Neutroneninterferometer.

Wenn ein Photon und ein Neutron in einen Kristall in der Form von Wellenpaketen eindringen, deren Dimension größer als die interatomare Distanz von etwa 10^{-10} m ist, so würde man zunächst vermuten, daß sich ihr Verhalten grundlegend unterscheidet, da die Photonen mit allen elektrischen Ladungen wechselwirken und daher ein Medium voll von dispergierenden Elementen vorfinden. Neutronen treten dagegen nur mit den Atomkernen in Wechselwirkung und finden daher ein Medium vor, in welchem nur 10^{-15} des Gesamtvolumens mit Materie erfüllt ist. Dieser Unterschied erweist sich jedoch als unwichtig, und ein Neutronenstrahl verhält sich in einem Kristall ähnlich wie ein Photonenstrahl, der die gleiche de Broglie-Wellenlänge aufweist. Alle Gesetze der klassischen Optik, die sich auf die Reflexion, Transmission, Beugung und Dispersion beziehen, gelten auch für Neutronen.

Um dies zu verstehen, muß man berücksichtigen, daß nur die Verteilung der Atome im Kristallgitter in die optischen Gesetze eingeht. Diese geometrische Ordnung ruft durch Überlagerung elementarer Kugelwellen, die von den einzelnen Atomen ausgehen, die allgemeinen makroskopischen Eigenschaften der Welle hervor. Die Neutronenwellen treten zwar nur mit den Kernen in Wechselwirkung, aber da deren geometrische Ordnung die gleiche ist wie die der Atome, verhalten sich die entstehenden gebeugten oder durchgelassenen Wellen geometrisch genau so wie Photonenwellen.

Das erste Neutroneninterferometer wurde im Jahre 1974 von Rauch, Treimer und Bonse am Atominstitut in Wien konstruiert.[60] Dieses Interferometer geht von einem Silicium-Einkristall aus, der im wesentlichen perfekt sein muß, also keinerlei Versetzungen oder andere Defekte seiner regelmäßigen Atomstruktur aufweisen darf. Man kann dabei beispielsweise von einem zylindrischen Kristall ausgehen, der ungefähr acht Zentimeter lang ist und einen Durchmesser von fünf Zentimetern aufweist. Dieser Kristall wird so zurechtgeschnitten, daß drei halbkreisförmige „Ohren" durch den Rest des Zylinders verbunden werden (Bild 15). Diese „Ohren" sind ungefähr 5 mm dick und 3 cm voneinander entfernt.

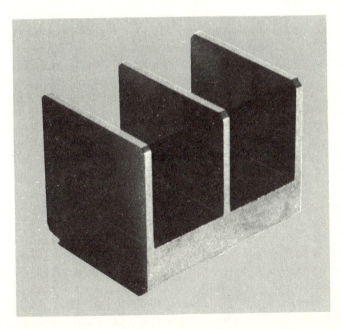

Bild 15 Das Neutronen-Interferometer. Seine natürliche Größe ist etwa 8 cm × 5 cm × 5 cm.

Die Bearbeitung des Kristalls muß dabei mit größter Sorgfalt erfolgen. In einem typischen Interferometer sind die Abstände zwischen den Kristallplatten Δx und die Dicke der Ohren t

$\Delta x = (2{,}72936 \pm 0{,}00009)$ cm   bzw. $t = (0{,}43954 \pm 0{,}00008)$ cm.

Die Abmessungen des Interferometers sind also mit einer Genauigkeit von 10^{-6} m oder rund 10 000 Atomlagen bekannt. Diese Präzision ist notwendig, da die Neutronengeschwindigkeit v_0 nicht exakt definiert ist, sondern eine Unschärfe Δv aufweist. Im Neutronen-Wellenpaket treten deshalb alle de Broglie-Wellenlängen auf, die Geschwindigkeiten zwischen $v_0 - \Delta v$ bis $v_0 + \Delta v$ entsprechen. Die Wellenfunktion des Neutrons ist deshalb keine ebene Welle, sondern ein Wellenpaket. Dieses Paket kann aber für kleine Abstände, nämlich von der Größenordnung von 10^{-5} m, durch eine ebene Welle approximiert werden. Beim Eintritt in den Kristall bedeckt diese Welle rund 100 000 Atomlagen, die sämtliche zur gebeugten Welle beitragen, die sich aus den Kugelwellen aufbauen, die von den einzelnen Atomkernen ausgehen. Wenn die gebeugte Welle fast monochromatisch sein soll, müssen die Atomlagen eine Regularität aufweisen, deren Genauigkeit wesentlich besser als die Ausdehnung der einlaufenden Welle ist. Dies erklärt, warum eine Präzision von zumindest 10^{-6} m bei der Vorbereitung der Oberflächen erzielt werden muß.

Wenn ein Neutronenstrahl das erste Ohr des Interferometers in einem Winkel $\theta = 20°$ bis $30°$ zur Oberflächennormale erreicht, wird er von Atomlagen gestreut, die *senkrecht* zur Kristalloberfläche stehen. Diese Art der Streuung, die Laue-Streuung, führt zu zwei Strahlen: Ein durchgelassener Strahl tritt mit dem Laue-Winkel θ auf, und ein gebeugter Strahl unter demselben Winkel, aber auf der anderen Seite der Streuebene. Die austretenden Strahlen formen deshalb ein „V", dessen Spitze im ersten Ohr liegt. Im zweiten Ohr wird jeder dieser Strahlen wieder Laue-gestreut, wobei die vier entstehenden Strahlen eine Form „W" bilden, dessen Spitzen im zweiten Ohr liegen. Die Geometrie des Apparats ist dabei so beschaffen, daß die zwei äußeren Strahlen dieses „W" nicht mehr mit dem Interferometer wechselwirken (Bild 16). Wesentlich ist nun das Zusammentreffen der zwei inneren Strahlen des W an einer wohldefinierten Stelle der Oberfläche des dritten Ohrs. Jeder dieser Strahlen wird wiederum Laue-gestreut und führt jeweils zu einem „V", das aus dem dritten Ohr austritt. Diese beiden „V" sind jedoch räumlich so überlagert, daß jeder der beiden entstehenden Strahlen aus der Summe der durchgelassenen Komponente eines und der gebeugten Komponente des anderen Strahls besteht.

Seien ψ_R und ψ_L die beiden Wellenfunktionen, die die Strahlen bei ihrer Ankunft am dritten Ohr beschreiben. Wenn wir hier nur die Fälle betrachten, in denen die Neutronen tatsächlich das dritte Ohr erreichen (also die beiden anderen Strahlen des „W" unberücksichtigt lassen), können wir eine Gesamtnormierung

$$|\psi_R|^2 + |\psi_L|^2 = 1$$

annehmen. Am dritten Ohr spaltet sich jede Welle in einen durchgelassenen (D) und einen gebeugten (B) Teil auf, deren Amplituden der Einfachheit halber gleich angenommen werden sollen. Die Wahrscheinlichkeitserhaltung erfordert dann

$$\psi_R \to \psi_R^D + \psi_R^B, \quad |\psi_R^D| = |\psi_R^B| = \frac{1}{\sqrt{2}}|\psi_R|$$

$$\psi_L \to \psi_L^D + \psi_L^B, \quad |\psi_L^D| = |\psi_L^B| = \frac{1}{\sqrt{2}}|\psi_L|.$$

Die Kohärenz garantiert dabei, daß die aus einem Strahl entstehenden Teilstrahlen jeweils die gleiche Phase aufweisen.

Das „V", das vom dritten Ohr ausgeht, besteht aus zwei Wellen, die wir mit ψ_R' und ψ_L' bezeichnen, und die aus der physikalischen, räumlichen Überlagerung (die einer algebraischen Summe entspricht) zweier verschiedener Wellen entsteht:

$$\psi_R' = \psi_L^D + \psi_R^B, \quad \psi_L' = \psi_R^D + \psi_L^B.$$

Aus diesen beiden Beziehungen folgt

$$|\psi_R'|^2 = \frac{1}{2}\left(|\psi_R|^2 + |\psi_L|^2 + 2|\psi_R||\psi_L|\cos\alpha\right) \quad (13)$$

$$|\psi_L'|^2 = \frac{1}{2}\left(|\psi_R|^2 + |\psi_L|^2 - 2|\psi_R||\psi_L|\cos\alpha\right),$$

wobei α der Phasenunterschied zwischen den durch die Indices R und L gekennzeichneten Wellen ist. Man überprüft leicht, daß diese Beziehungen die Wahrscheinlichkeitserhaltung erfüllen. Ferner hängt das Betrachtungsquadrat der Wellenfunktion jedes Strahls von der relativen Phase

Prinzip des Neutroneninterferometers

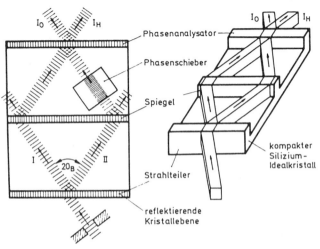

Bild 16 Ein Phasenschieber wird links in das Neutronen-Interferometer eingeschoben.

seiner linken und rechten Komponenten ab. Wenn diese Phase bekannt ist, kann man die berühmte Bornsche Wahrscheinlichkeitsdeutung der Quantenmechanik überprüfen. Bei dem Experiment werden ja ψ'_R und ψ'_L räumlich getrennt und die Wahrscheinlichkeit, daß ein einzelnes Neutron entweder den linken oder den rechten dieser Wege einschlägt, sollte gleich dem entsprechenden Betragsquadrat der Wellenfunktion sein. Bei vielen Wiederholungen dieses Experiments muß ein Neutronenfluß auftreten, der proportional zu $|\psi'_L|^2$ bzw. $|\psi'_R|^2$ ist.

In der Praxis wurden Experimente mit den monochromatischen Neutronenstrahlen eines Kernreaktors ausgeführt. Dabei werden die Neutronen zunächst auf einen Monochromator gerichtet, der aus einem geeignet angeordneten Einkristall besteht. Wählt man die unter einem bestimmten Winkel gebeugten Neutronen aus, so ergibt sich ein näherungsweise monochromatischer Neutronenstrahl, der dann auf das Interferometer gerichtet wird. Typisch tritt dabei ein Fluß von rund 100 Neutronen pro Sekunde auf, der einem mittleren zeitlichen Abstand Δt der Neutronen von $\Delta t \simeq 10^{-2}$ s entspricht. Interferenzen wurden aber

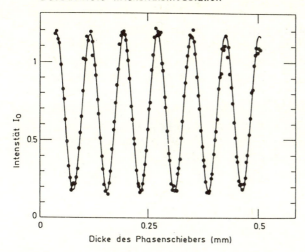

Bild 17 Die Intensität eines der zwei Strahlen, die aus dem Neutronen-Interferometer austreten, variiert als Funktion der Dicke des phasenverschiebenden Kristalls, der in eine der beiden Trajektorien eingebracht wird. Es gibt eine eindeutige Zuordnung zwischen der Dicke des Kristalls und der dadurch erzeugten Phasenverschiebung zwischen den beiden Strahlen.

sogar bei $\Delta t \simeq 0{,}2$ s beobachtet. Bei den üblichen thermischen Geschwindigkeiten $v \simeq 2 \cdot 10^3$ m/s der Neutronen ergibt sich eine de Broglie-Wellenlänge von $\lambda \simeq 2 \cdot 10^{-10}$ m. Jedes Neutron durchquert daher das gesamte Interferometer in der Zeit

$$\tau \simeq \frac{0{,}08 \text{ m}}{2 \cdot 10^3 \text{ m/s}} = 4 \cdot 10^{-5} \text{ s}.$$

Die Wahrscheinlichkeit, daß sich zwei Neutronen zugleich im Apparat aufhalten, ist durch $\tau/\Delta t$ gegeben und daher von der Größenordnung 10^{-3} bis 10^{-4}.

Ferner ist zu bemerken, daß die Kohärenzlänge des Neutronenwellenpaketes zu $5 \cdot 10^{-3}$ m gemessen wurde. Da dies sehr wahrscheinlich der wahren physikalischen Größe des Wellenpaketes entspricht, ergibt sich die Wahrscheinlichkeit für die Interferenz *zweier verschiedener* Neutronen zu rund 1:1 Milliarde.

In der überwiegenden Mehrzahl der Fälle interferiert also nur eine einzige Neutronenwelle mit sich selbst. Alle Experimente, die unter Verwendung der unterschiedlichsten physikalischen Mittel zur Erzeugung der relativen Phase α (phasenverschiebende Materialien, Magnetfelder, Gravitationsfeld der Erde, Erddrehung, ...) ausgeführt wurden, haben zu Ergebnissen in ausgezeichneter Übereinstimmung mit Gleichung (13) geführt. Dadurch wird das Bornsche statistische Postulat, wonach die Verteilung der Teilchen durch das Betragsquadrat der Wellenfunktion gegeben ist, hervorragend bestätigt.

Die Neutroneninterferometrie eröffnet somit neue Wege zur Erforschung der Natur des Dualismus Welle-Teilchen.

of lanthanum is 7/2, hence the nuclear magnetic moment as determined by this analysis is 2.5 nuclear magnetons. This is in fair agreement with the value 2.8 nuclear magnetons determined from La III hyperfine structures by the writer and N. S. Grace.[9]

[9] M. F. Crawford and N. S. Grace, Phys. Rev. **47**, 536 (1935).

This investigation was carried out under the supervision of Professor G. Breit, and I wish to thank him for the invaluable advice and assistance so freely given. I also take this opportunity to acknowledge the award of a Fellowship by the Royal Society of Canada, and to thank the University of Wisconsin and the Department of Physics for the privilege of working here.

MAY 15, 1935   PHYSICAL REVIEW   VOLUME 47

Can Quantum-Mechanical Description of Physical Reality Be Considered Complete?

A. EINSTEIN, B. PODOLSKY AND N. ROSEN, *Institute for Advanced Study, Princeton, New Jersey*
(Received March 25, 1935)

In a complete theory there is an element corresponding to each element of reality. A sufficient condition for the reality of a physical quantity is the possibility of predicting it with certainty, without disturbing the system. In quantum mechanics in the case of two physical quantities described by non-commuting operators, the knowledge of one precludes the knowledge of the other. Then either (1) the description of reality given by the wave function in quantum mechanics is not complete or (2) these two quantities cannot have simultaneous reality. Consideration of the problem of making predictions concerning a system on the basis of measurements made on another system that had previously interacted with it leads to the result that if (1) is false then (2) is also false. One is thus led to conclude that the description of reality as given by a wave function is not complete.

1.

ANY serious consideration of a physical theory must take into account the distinction between the objective reality, which is independent of any theory, and the physical concepts with which the theory operates. These concepts are intended to correspond with the objective reality, and by means of these concepts we picture this reality to ourselves.

In attempting to judge the success of a physical theory, we may ask ourselves two questions: (1) "Is the theory correct?" and (2) "Is the description given by the theory complete?" It is only in the case in which positive answers may be given to both of these questions, that the concepts of the theory may be said to be satisfactory. The correctness of the theory is judged by the degree of agreement between the conclusions of the theory and human experience. This experience, which alone enables us to make inferences about reality, in physics takes the form of experiment and measurement. It is the second question that we wish to consider here, as applied to quantum mechanics.

Whatever the meaning assigned to the term *complete*, the following requirement for a complete theory seems to be a necessary one: *every element of the physical reality must have a counterpart in the physical theory.* We shall call this the condition of completeness. The second question is thus easily answered, as soon as we are able to decide what are the elements of the physical reality.

The elements of the physical reality cannot be determined by *a priori* philosophical considerations, but must be found by an appeal to results of experiments and measurements. A comprehensive definition of reality is, however, unnecessary for our purpose. We shall be satisfied with the following criterion, which we regard as reasonable. *If, without in any way disturbing a system, we can predict with certainty (i.e., with probability equal to unity) the value of a physical quantity, then there exists an element of physical reality corresponding to this physical quantity.* It seems to us that this criterion, while far from exhausting all possible ways of recognizing a physical reality, at least provides us with one

Bild 18   Die erste Seite der grundlegenden Arbeit von Einstein, Podolsky und Rosen.

IV Das Paradoxon von Einstein, Podolsky und Rosen

Gegeben seien zwei kleine Objekte, eines davon hier auf Erden und das andere in einem Abstand von einigen Lichtjahren. Würden Sie der Behauptung zustimmen, daß sich die Eigenschaften des Objektes auf der Erde nicht verändern, wenn das entfernte Objekt eine Wechselwirkung erfährt?

Es erscheint nur natürlich, diese Frage zu bejahen, aber die moderne Physik hat gezeigt, daß dies in speziellen Fällen unzutreffend sein muß. Notwendigerweise muß dann entweder der Raum weitgehend eine Sinnestäuschung sein oder Reisen in die Vergangenheit sind möglich oder irgend etwas anderes muß grundlegend verändert werden.

1 Die ursprüngliche Formulierung des Paradoxons

„Kann man den Wert einer physikalischen Größe mit Sicherheit (das heißt mit der Wahrscheinlichkeit 1) vorhersagen, ohne ein System dabei in irgendeiner Weise zu stören, dann gibt es ein Element der physikalischen Wirklichkeit, das dieser physikalischen Größe entspricht."

Dies ist das berühmte „Kriterium der physikalischen Wirklichkeit", das von Einstein, Podolsky und Rosen im Jahre 1935 vorgeschlagen wurde.[1] Es ist ein sehr schwaches Realitätskriterium – sehr sorgfältig formuliert und extrem allgemein. Es erschien diesen Autoren (und erscheint auch noch heute) „keine erschöpfende Behandlung aller möglichen Methoden, physikalische Realität zu erkennen". Das obige Kriterium kann auf viele makroskopische Situationen angewendet werden, wo es als Trivialität erscheint. Ist es beispielsweise möglich, die Längen dieses Tisches mit Sicherheit zu zwei Metern vorherzusagen (bis auf einen Meßfehler von beispielsweise 0,5 Zentimeter), dann gibt es ein Element der physikalischen Wirklichkeit, das der Länge des Tisches entspricht. Dabei ist zu vermerken, daß Einstein, Podolsky und Rosen (im folgenden mit EPR abgekürzt) nicht behaupten, daß die Länge selbst real sei. Denn zumindest die Einheit der Länge ist durch eine Konvention festgelegt und enthält deshalb subjektive Aspekte. Außerdem könnte das, was uns unmittelbar als räumliche Ausdehnung erscheint, aus Eigenschaften folgen, die sich von unserer Wahrnehmung unterscheiden und zu einer Empfindung führen, welche die wahren physikalischen Eigenschaften topologisch entstellt. Sogar in diesem komplizierten Fall würde das genannte Kriterium anwendbar bleiben, da es nur die Existenz von Elementen der physikalischen Realität annimmt, ohne ihre Natur und ihre Beziehung zum gemessenen Wert der ausgewählten physikalischen Größe festzulegen. Ähnliche Überlegungen könnten auch für andere makroskopische Situationen angestellt werden: Demgemäß sollten deshalb Elemente der Realität existieren, die der Fallgeschwindigkeit eines Steines, der Höhe eines Turmes, dem Gewicht eines Körpers usw. entsprechen.

Einstein, Podolsky und Rosen betrachteten ihr Kriterium als in Übereinstimmung sowohl mit den klassischen, als auch den quantenmechanischen Ideen der Realität. Um den quantenmechanischen Fall zu diskutieren, kehren wir zu den Heisenbergschen Unschärferelationen zurück, die wir im letzten Kapitel einführten. Alle Schulen stimmen hier bezüglich der folgenden Eigenschaften des Welle-Teilchen-Dualismus miteinander überein:

Die makroskopischen Auswirkungen der Wechselwirkung eines atomaren Objekts mit dem Meßinstrument sind die grundlegenden Elemente, die zum Verständnis der Eigenschaften des Objektes führen. In der Quantenphysik bedingt die Existenz des Wirkungsquantums h eine endliche Wechselwirkung zwischen dem atomaren Objekt und dem Meßapparat, wodurch die Genauigkeit begrenzt wird, mit der die Position x und der Impuls p des Objekts (wir beschränken uns hier der Einfachheit halber auf eine Dimension) zugleich gemessen werden können. Diese Beschränkung wird durch die Relation ausgedrückt

$$\Delta x \Delta p \geq \hbar.$$

Es ist möglich, Instrumente zu bauen, die eine perfekte Lokalisierung im Raume ermöglichen, $\Delta x = 0$, aber dann keinerlei Aussagen über den Impuls des Teilchens zulassen, da in diesem Falle die Impulsunschärfe Δp entsprechend der Heisenbergschen Relation gegen unendlich geht. Umgekehrt ist es möglich, Instrumente zu bauen, die eine perfekte

Festlegung des Impulses ermöglichen, $\Delta p = 0$, aber dann keinerlei Lokalisierung im Raume gestatten, da Δx unendlich wird.

Die vorhergehenden Schlußfolgerungen folgen nicht nur quantitativ aus den Heisenbergschen Beziehungen, sie sind auch in exakter Form im mathematischen Apparat der Theorie enthalten, der hier nur sehr kurz betrachtet werden soll. Wir werden hier mit zwei speziellen Arten von Wellenfunktionen auskommen:

(i) Ein Teilchen mit bestimmtem Impuls p_0, aber mit völlig unbestimmter Position wird beschrieben durch eine ebene Welle

$$\psi = u_{p_0}(x). \tag{14}$$

(ii) Ein Teilchen mit bestimmter Position x_0, aber mit völlig unbestimmtem Impuls wird beschrieben durch ein sehr schmales Wellenpaket

$$\psi = v_{x_0}(x). \tag{15}$$

Wir haben hier die üblichen Bezeichnungen verwendet. Sie sind nicht symmetrisch in x und p, da der Raumparameter x sowohl in (14), als auch in (15) eingeht. Dies ändert aber nichts an der Symmetrie des Problems, da die räumliche Lokalisierung, die durch die Theorie vorhergesagt wird, sich aus dem Betragsquadrat von ψ ergibt, aus dem x im Falle (i) herausfällt, so daß alle Positionen gleich wahrscheinlich werden. Dagegen verschwindet im Falle (ii) das Betragsquadrat im ganzen Raume, ausgenommen bei $x = x_0$, so daß die Lage x_0 mit Sicherheit folgt. Neben (14) und (15) gibt es in der Quantenmechanik natürlich auch Wellenfunktion, für die weder x noch p exakt bestimmte Werte annehmen, so daß daher in diesen Fällen das EPR-Kriterium der Realität nicht angewendet werden kann. Dagegen gestatten die Wellenfunktionen (14) und (15) die sichere Vorhersage des Impulses p_0 bzw. des Ortes x_0, so daß das EPR-Kriterium in den Fällen (i) und (ii) angewandt werden kann. Daher gelten folgende Aussagen:

(1) Ein Element der physikalischen Realität entspricht dem Wert p_0 des Impulses in Gleichung (14).

(2) Ein anderes Element der physikalischen Realität entspricht dem Wert x_0 der Position in Gleichung (15).

Dabei vermeiden wir wieder die Aussage, daß es Position oder Impuls in diesen Fällen *wirklich* gibt. Da nämlich nicht bekannt ist, inwieweit nicht sogar die Begriffe „Impuls" und „Lage" in der Anwendung auf atomare Systeme subjektiv sind, ist es besser, so vorsichtig wie möglich zu sein und nur festzustellen, daß *irgend etwas* in der Wirklichkeit dem *a priori* bekannten Meßwert einer Größe entspricht, die mit Sicherheit vorhergesagt werden kann. Auf diese Art vermeidet man eine Aussage über die exakte Natur dieses Elements der physikalischen Realität.

Die Feststellungen (1) und (2), die für die Wellenfunktionen (14) bzw. (15) gelten, sind das mindeste, das man über die physikalische Realität in den beiden entsprechenden physikalischen Situationen aussagen kann. Dennoch kann man fragen, ob dem Teilchen eine *weitergehende* physikalische Realität zukommt, die in diesem Minimum nicht enthalten ist. Diese Frage ist berechtigt, da das EPR-Kriterium der physikalischen Realität nur als hinreichendes, nicht aber als notwendiges Kriterium der Realität betrachtet werden kann. Beschränken wir unsere Überlegungen auf Ort und Impuls, so können wir offensichtlich schließen, daß die Existenz weiterer Elemente der physikalischen Realität in den Systemen, die durch die Wellengleichungen (14) und (15) beschrieben werden und die im Falle (1) zum Impuls, im Falle (2) zur Lage hinzutreten, zeigen, daß die Quantenmechanik notwendigerweise als unvollständig betrachtet werden muß. Wir wollen hier eine Theorie als vollständig betrachten, wenn sie das folgende Kriterium erfüllt: *Jedes Element der physikalischen Realität muß ein Gegenstück in der physikalischen Theorie haben.*

Mit dieser Definition der Vollständigkeit werden wir auf folgende Schlußfolgerung geführt:

Entweder ist die quantenmechanische Beschreibung der Wirklichkeit durch die Wellenfunktion unvollständig – oder in der durch die Wellenfunktionen (14) bzw. (15) beschriebenen physikalischen Situation können Lage und Impuls nicht gleichzeitig wirklich sein. Denn wären beide gleichzeitig wirklich – und hätten deshalb wohlbestimmte Werte –, so müßten diese Werte nach dem Vollständigkeitskriterium in eine derartige vollständige Beschreibung eingehen. Da die Beschreibung aber durch die Wellenfunktion erfolgt, müßte diese somit wohldefinierte Werte für Impuls und Lage enthalten. Da dies nicht der Fall ist, folgt die oben angegebene Alternative.

Diese Schlußfolgerung erscheint zunächst vernünftig und wenig überraschend. Wendet man sie aber auf die quantenmechanische Beschreibung zweier korrelierter Körper an, führt sie zu paradoxen Folgerungen, wie wir gleich sehen werden.

Sei M ein System (Molekül, Atom, Teilchen), das in zwei verschiedene neue Systeme S_1 und S_2 zerfallen kann. Es gibt in den verschiedenen Gebieten der Physik Hunderte Beispiele für derartige Zerfallsprozesse: das Molekül NO kann aus einem angeregten Zustand in zwei freie Atome (N und O) zerfallen, die sich in entgegengesetzten Richtungen auseinander bewegen; das Λ-Hyperon zerfällt in ein Proton und ein negativ geladenes π-Meson usw. Prinzipiell kann mit Hilfe der Quantentheorie eine Wellenfunktion berechnet werden, die die beiden Körper im Endzustand eines derartigen Zerfallsprozesses beschreibt. Diese Wellenfunktion wird im allgemeinen von der Form

$$\psi = \psi(x_1, x_2)$$

sein, wobei x_1 und x_2 die Koordination von S_1 und S_2 sind. Die Interpretation von ψ ist die übliche Bornsche Deutung: die Größe

$$|\psi(x_1, x_2)|^2$$

gibt die Wahrscheinlichkeitsdichte an, mit der man S_1 in x_1 und S_2 in x_2 findet.

Es existiert eine Klasse von quantenmechanischen Wellenfunktionen, für welche die *Summe der Impulse* von S_1 und S_2 einen festen Wert p und die *Differenz der Positionen* von S_1 und S_2 gleichzeitig einen festen Wert x hat. Wir schreiben diese Wellenfunktionen als

$$\psi = \psi(x, p; x_1, x_2), \tag{16}$$

wobei den vier Argumenten der Funktion ψ unterschiedliche Bedeutung zukommt. x ist der *feste* Wert des Teilchenabstandes, p der *feste* Wert der Impulssumme und x_1 bzw. x_2 sind die *variablen* Orts-Parameter, die den beiden Teilchen zugeordnet sind. Aus (16) folgen mit Sicherheit die Werte der Observablen x und p, die deshalb als gleichzeitige Elemente der physikalischen Wirklichkeit betrachtet werden dürfen. Der Wert des Impulses p_1 oder p_2 wird durch ψ nicht festgelegt, nur die Summe dieser Impulse hat den gegebenen Wert p. Ähnlich enthält ψ keine festen Werte der Positionen x_1 und x_2, nur die Orts-Differenz der beiden Systeme ist fixiert und gleich x. Wir können daher schließen:

Entweder ist die Beschreibung der Realität, die durch $\psi(x, p; x_1, x_2)$ gegeben wird, unvollständig – oder den individuellen Positionen und Impulsen der beiden Systeme S_1 und S_2 kommt keine physikalische Realität zu.

Eine andere Schlußfolgerung wird uns aber darauf führen, daß den individuellen Positionen und Impulsen von S_1 und S_2 doch physikalische

Realität zukommt, woraus folgt, daß die quantenmechanische Beschreibung der Wirklichkeit unvollständig ist. Die Begründung ist folgende:

Es liege eine große Menge E ähnlicher Zerfallsprozesse $M \rightarrow S_1 + S_2$ vor, die durch die Wellenfunktion ψ beschrieben werden. Die Wellenmechanik sagt daher voraus, daß Messungen der Positionen von S_1 und S_2 bei diesen individuellen Zerfallsprozessen auf Ergebnisse für x_1 und x_2 führen, die stets die Beziehung $x_2 - x_1 = x$ erfüllen. Ähnlich werden Messungen der Impulse von S_1 und S_2, die bei anderen individuellen Zerfallsprozessen durchgeführt werden, stets der Beziehung $p_1 + p_2 = p$ genügen. Nehmen wir an, daß diese Vorhersagen experimentell überprüft und für richtig befunden wurden, daß also die Quantenmechanik zu korrekten Vorhersagen führt – wie dies ja auch tatsächlich in zahlreichen Experimenten der Fall ist.

Wir betrachten nun eine Testmenge E_1 von E, bei der noch keine vorhergehende Messungen gemacht wurden, und nehmen Positionsmessungen am System S_1 bei jedem individuellen Zerfall vor. Die Ergebnisse seien $x'_1, x''_1, \ldots x_1^i$ usw. Wir können dann *mit Sicherheit* vorhersagen, daß darauffolgende Messungen der Position von S_2 auf den Wert $x + x'_1$ für das erste Paar, $x + x''_1$ für das zweite Paar führen werden usw.

Wir können daher das anfänglich formulierte Kriterium der physikalischen Realität anwenden und schließen, daß die Position S_2 ein Element der physikalischen Realität ist. Tatsächlich wurde S_2 bei der Messung von x_1 in keiner Weise gestört, da der Abstand zwischen S_1 und S_2 zum Zeitpunkt der Messung an S_1 makroskopisch und beliebig groß sein kann.

Der Schluß liegt nahe, daß dieses Element der physikalischen Realität unabhängig von der Tatsache existiert, daß eine Messung an S_1 ausgeführt wurde. Deshalb ist die Position von S_2 für alle *Zerfälle des Ensembles* E *ein Element der physikalischen Realität*.

In gleicher Weise kann man nun eine Teilmenge E_2 von E betrachten, in der Messungen der Impulse für jeden einzelnen zu E_2 gehörenden Zerfall am System S_1 vorgenommen werden. Die Ergebnisse seien $p'_1, p''_1, \ldots p_1^i$. Da mit Gewißheit vorhergesagt werden kann, daß eine darauffolgende Messung des Impulses von S_2 jeweils die Werte $p - p_1^i$ ergeben wird, können wir auch schließen, daß der Impuls von S_2 für alle Zerfälle des Ensembles E einem Element der physikalischen Realität entspricht.

Offensichtlich ist die Wahl des Systems (S_1 oder S_2), an welchem die Messungen vorgenommen werden, willkürlich. Deshalb kann man ebensogut umgekehrt schließen, daß auch Impuls und Lage des Teilchens S_1 gleichzeitige Elemente der Realität in Ensemble E sind.

Wir haben zunächst geschlossen, daß entweder die Beschreibung der Realität durch die Wellenfunktion $\psi(x, p; x_1, x_2)$ unvollständig ist, oder daß den individuellen Lagen und Impulsen von S_1 und S_2 keine physikalische Realität zukommt. Nun haben wir gezeigt, daß die Lagen und Impulse von S_1 und S_2 Elementen der Realität entsprechen.

Die einzig mögliche Schlußfolgerung ist daraus, daß die quantenmechanische Beschreibung der Wirklichkeit durch die Wellenfunktion unvollständig ist. Diese Schlußfolgerung erschien Einstein in den Jahren sehr wichtig, in denen von Neumanns Theorem als gültig betrachtet wurde, was scheinbar implizierte, daß keine physikalische Vervollständigung der Quantentheorie möglich sein sollte. Der Schluß mag vielleicht heute *zunächst* weniger wichtig erscheinen, da wir im dritten Kapitel sahen, daß von Neumanns Theorem heute kein Problem mehr darstellt.

Der Grund, warum das EPR-Paradoxon auch heute wesentlich ist, liegt in dem von Einstein, Podolsky und Rosen vorgeschlagenen Argument, welches zu experimentellen Vorhersagen führt, die der Quantenmechanik *widersprechen*. Eine vollständige Diskussion der impliziten Annahmen, die im Beweis des Paradoxons enthalten sind, ist daher notwendig und wird in den folgenden Abschnitten dieses Kapitels gegeben.

2 Bohrs Antwort

Bohrs Antwort[2] ging beim Herausgeber des „Physical Review" weniger als vier Monate nach dem Erscheinen des Beitrags von Einstein, Podolsky und Rosen ein und erschien im gleichen Jahr (1935). Grundsätzlich bezweifelt Bohr die Korrektheit des Arguments der drei Autoren nicht, falls alle darin enthaltenen impliziten und expliziten Annahmen akzeptiert werden. Bohr zeigt aber, daß der quantenmechanische Formalismus nicht einer Einstein entsprechenden philosophischen Grundhaltung angepaßt werden kann, daß die Quantentheorie vielmehr zusammen mit den philosophischen Interpretationen betrachtet werden muß, die in Kopenhagen und Göttingen entwickelt worden waren. Bereits in den einleitenden Bemerkungen stellt Bohr fest, daß das EPR-Paradoxon „nur enthüllt, daß die üblichen Ansichten über Naturphilosophie ungeeignet sind, eine rationale Beschreibung der physikalischen Phänomene der Art zu geben, die wir in der Quantenmechanik antreffen". Ferner argumentiert Bohr für eine „endgültige Ablehnung der klassischen Idee der Kausalität und eine radikale Revision unserer Haltung gegenüber dem Problem der physikalischen Realität" und betont, daß sein Begriff der Komplementarität eine „neue Facette der Naturphilosophie" ist, die eine „radikale Revision unserer Haltung gegenüber der physikalischen Realität impliziert".

Bohr argumentiert folgendermaßen: Zunächst müsse man in Betracht ziehen, daß alle Messungen an atomaren und subatomaren Systemen notwendigerweise in klassischer Terminologie vorbereitet, durchgeführt und ausgewertet wurden. Dies sei deshalb der Fall, weil jeder Physiker in einer makroskopischen Welt lebe, in der klassische Gesetze und – noch wesentlicher – klassische Begriffe (Raum, Zeit, Kausalität ...) gelten und zu unvermeidlichen Mitteln des Ausdrucks jeder menschlichen Erfahrung geworden seien. Der Experimentalphysiker werde daher natürlich versuchen, seine experimentellen Ergebnisse in klassischer Form auszudrücken, und die Regularitäten der mikroskopischen Welt als kausale Prozesse in Raum und Zeit zu beschreiben. Dies sei jedoch unmöglich, und der Physiker finde sich daher plötzlich mit irrationalen Elementen konfrontiert. Warum sei dies unmöglich? Der Grund dafür liege in der Existenz des Wirkungsquantums h, dessen Existenz eine endliche Wechselwirkung zwischen dem Meßobjekt und dem Meßinstrument bewirkt. Diese *Wechselwirkung* kann nach Bohr nicht beliebig klein gemacht werden, da h einen endlichen Wert hat, sie führt aber auch zu einer Beeinflussung des beobachteten Systems, die nicht mit den Mitteln der Logik eliminiert werden kann. Die Existenz von h bewirkt also eine Störung des beobachteten Objekts, die völlig unvorhersehbar und daher gleichsam irrational ist. Diese Tatsachen begrenzen nicht nur das *Ausmaß* der Information, die aus Messungen folgt, sie begrenzen auch die *Bedeutung,* die einer derartigen Information zugeschrieben werden kann. Bohr befürwortet wiederholt eine eingeschränkte Bedeutung in dem Sinne, daß der Zweck unserer Naturbeschreibung in der Physik nicht eine Erkenntnis des wirklichen Wesens der Phänomene ist, sondern nur eine möglichst weitgehende Beschreibung der Relationen zwischen verschiedenen Aspekten unserer Erfahrung. Dies ist eine positivistisch gefärbte Antwort auf das Problem der Objektivität der Phänomene, das bei philosophischen Diskussionen stets viel Aufmerksamkeit erregt hat. Bohrs Meinung ist, daß den Phänomenen keine unabhängige Realität zukommt. Das Wort „Phänomen" sollte daher ausschließlich auf Beobachtungen unter genau bekannten Umständen eingeschränkt werden, die jeweils eine Beschreibung des gesamten experimentellen Apparates einschließen. Deshalb hält Bohr auch die Ansicht für falsch, daß es Zweck der Physik sei, herauszufinden, wie die Natur ist. Physik handele vielmehr davon, was über die Natur gesagt werden kann. Deshalb sei das Wort „Realität" nur ein Wort, und man müsse lernen, es korrekt zu benützen. Es ist daher nicht überraschend, daß für den dänischen Physiker sowohl Einsteins Idee der Strahlungsquanten, als auch die von de Broglie und Schrödinger eingeführten Wellen nur *begriffliche Hilfsmittel* sind, die zur Konstruktion der Gesetze der Quantenmechanik dienen: „... die Wellenmechanik bildet einen natürlichen Gegenpart zu der ... Lichtquantentheorie von Einstein. Genauso wie in dieser Theorie behandeln wir auch in der Wellenmechanik nicht ein abgeschlossenes Begriffsgebäude, sondern – wie besonders Born betont hat – ein Hilfsmittel zur Formulierung der statistischen Gesetze, die für atomare Phänomene gelten."[3]

Die vorangehenden Überlegungen entstammen vor allem Bohrs Buch „Atomtheorie und Naturbeschreibung"[4], das in Bohrs Antwort auf den EPR-Artikel neben diesem Artikel als einziges zitiert wird. Die Überlegungen zeigen, warum und wie Bohr nicht mit Einstein übereinstimmte. Einstein betrachtete duale Objekte (Teilchen und Welle), die in Raum und Zeit existieren, auch wenn sie nicht von Menschen beobachtet werden. Bohr lehnt diesen Gesichtspunkt ab und wählt eine andere Philosophie, in der nur Messungen real sind. Man kann eine Messung als Wechselwirkung zwischen gemessenem Objekt und Meßapparat betrachten – es ist aber dabei wesentlich, im Auge zu behalten, daß Objekt und Apparat zwar getrennt sind, aber durch das endliche Wirkungsquantum in tiefgreifender Weise vereint werden, wobei die Effekte der Wechselwirkung nicht unter der Kontrolle des Experimentators sind. Die Physik muß daher *ausschließlich* Beobachtungen behandeln, und alle Bezüge auf unbeobachtete Elemente der Wirklichkeit müssen aus wissenschaftlichen Überlegungen eliminiert werden. In diesem Fall führt die Betrachtung der zwei korrelierten Systeme, die durch die Wellenfunktion (16) beschrieben werden, offensichtlich auf kein Paradoxon. Um dies zu verstehen, betrachten wir zwei Apparate Q_1 und P_1, mit denen Lage und Impuls des Systeme S_1 bzw. S_2 gemessen werden können und entsprechende Apparate Q_2 und P_2 für S_2.

Wählt man Q_1 und Q_2, so sagt die Wellenfunktion (16) voraus, daß eine exakte Korrelation der Ergebnisse x_1 und x_2, nämlich $x_2 - x_1 = x$, folgen wird. Wählt man statt dessen P_1 und P_2, dann sagt die Wellenfunktion (16) eine exakte Korrelation der Impulse, nämlich $p_1 + p_2 = p$, voraus. Die zwei Apparate Q_1 und P_1 schließen einander wechselseitig aus. Man kann entweder Q_1 oder P_1 benützen, aber niemals beide gleichzeitig. Dasselbe gilt für Q_2 und P_2.

Von diesem Standpunkt aus erscheint die EPR-Annahme über die Elemente der physikalischen Realität nutzlos. Man kann sie zwar machen, sie bedeutet aber lediglich, daß jeder *tatsächlichen Messung* ein Element der physikalischen Realität entspricht, da keine andere Wirklichkeit betrachtet werden kann. Speziell erscheint die Schlußfolgerung, daß Lage und Impuls der Teilchen zwei gleichzeitig existierenden Elementen der physikalischen Realität entsprechen, als völlig ungerechtfertigt (Bohr schreibt, daß sie „eine wesentliche Zweideutigkeit" enthält), da gleichzeitige Messungen von Lage und Impuls niemals ausgeführt werden können; wenn es aber keine konkrete Messung gibt, so gibt es auch nichts Wirkliches, dem ein Element der physikalischen Realität zugeordnet werden kann.

Einstein, Podolsky und Rosen waren sich der Möglichkeit einer derartigen Zurückweisung bewußt, die sie jedoch als unannehmbar betrachteten: „Man könnte gegen diese Schlußfolgerung einwenden, daß unser Kriterium der Realität nicht hinreichend streng ist. Tatsächlich würde man unsere Schlußfolgerung nicht erzielen, wenn man darauf besteht, daß zwei oder mehr physikalische Größen als gleichzeitige Elemente der Realität nur dann betrachtet werden können, *wenn sie gleichzeitig gemessen oder vorhergesagt werden können.* Von diesem Gesichtspunkt sind die Größen Impuls und Ort nicht gleichzeitig real, da nur entweder die eine oder die andere, aber nicht beide gleichzeitig vorhergesagt werden können. Dies macht ihre Realität von den Messungen abhängig, die am ersten System ausgeführt werden, die aber das zweite System in keiner Weise stören. Keine sinnvolle Definition der Realität dürfte dies zulassen."[5]

3 Spin-Zustände für zwei Teilchen

Bereits bei der Diskussion des von Neumannschen Beweises (Kapitel II, Abschnitte 3 und 4) haben wir Spin-Zustände für ein Spin-$\frac{1}{2}$-Teilchen eingeführt. Um die Bedeutung und die Konsequenzen des EPR-Paradoxons besser zu verstehen, werden wir in diesem Abschnitt Spin-Zustände für zwei Spin-$\frac{1}{2}$-Teilchen einführen.

Wir nehmen an, daß zwei unabhängige Quantensysteme S_1 und S_2 durch die Wellenfunktionen ψ_1 bzw. ψ_2 beschrieben werden. Dann beschreibt das Produkt $\psi = \psi_1(x_1) \cdot \psi_2(x_2)$ der Einzelwellenfunktionen das aus S_1 und S_2 gebildete Gesamtsystem. Ein Grund für die Wahl des Produktansatzes ist die Faktorisierbarkeit der Aufenthaltswahrscheinlichkeiten für unabhängige Systeme S_1 und S_2. Das Integral des Betragsquadrates der Wellenfunktion ψ_1 gibt ja die Wahrscheinlichkeit P_1, das System S_1 in dem Volumen V_1 zu finden. Entsprechendes gilt für S_2. Falls die beiden Systeme voneinander unabhängig sind, ist die Wahrscheinlichkeit P, das System S_1 in V_1 *und* S_2 in V_2 zu finden, gegeben durch $P = P_1 \cdot P_2$.

Auch bei der Behandlung von Spin-Systemen können faktorisierbare Zustände eingeführt werden. Es seien u_+ und u_- die Eigenvektoren, die zu den Eigenwerten $+1$ und -1 der Matrix gehören, welche die z-Komponente des Spins eines Teilchens S_1 beschreibt. Die entsprechenden Eigenzustände für S_2 seien v_+ und v_-. Wir können dies auch mit der früher eingeführten Matrix σ_3 beschreiben, die die dritte Komponente des Spins von S_1 darstellen möge. Dann gilt

$$u_+ = \begin{pmatrix} 1 \\ 0 \end{pmatrix}; \quad u_- = \begin{pmatrix} 0 \\ 1 \end{pmatrix}. \tag{17}$$

Diese spezielle Darstellung wird im nächsten Kapitel benötigt.

Aus den Spin-Zuständen u_+, u_-, v_+, v_-, können wir ausschließlich die folgenden faktorisierbaren Spin-Zustände aufbauen:

$$u_+ \cdot v_+, \; u_+ \cdot v_-, \; u_- \cdot v_+, \; u_- \cdot v_-.$$

Die erste dieser Größen stellt einen Zustand dar, in welchem die Spins der beiden Teilchen in die positive z-Richtung zeigen, bei den anderen analog in negative bzw. positive z-Richtung.

Ein weiterer Spin-Zustand, der für uns in der Folge von Bedeutung sein wird, ist der sogenannte *Singulettzustand*, der die Form hat

$$\eta_s = \frac{1}{\sqrt{2}} \{u_+ v_- - u_- v_+\}. \tag{18}$$

Der Singulettzustand zeichnet sich durch folgende Eigenschaften aus:
(1) Er ist kein faktorisierbarer Zustand.
(2) Er sagt entgegengesetzte Ergebnisse für Messungen der dritten Komponente der Spins von S_1 und S_2 voraus.
(3) Er sagt voraus, daß eine Messung des Quadrates des Gesamt-Spins der beiden Teilchen S_1 und S_2 den Wert Null ergibt.
(4) Er ist rotationsinvariant.

Zu diesen Eigenschaften ist folgendes zu sagen:
Die erste Eigenschaft ist nicht schwer zu beweisen, da der allgemeinste Spin-Zustand für S_1 die Form hat

$$u = \begin{pmatrix} a \\ b \end{pmatrix} = a \begin{pmatrix} 1 \\ 0 \end{pmatrix} + b \begin{pmatrix} 0 \\ 1 \end{pmatrix} = au_+ + bu_-,$$

wobei a und b zwei Konstanten sind; der allgemeinste Spin-Zustand für S_2 ist in ähnlicher Weise

$$v = cv_+ + dv_-,$$

wobei c und d wiederum zwei Konstanten sind. Offensichtlich hat dann der allgemeinste, faktorisierbare Zustand die Form

$$uv = acu_+v_+ + adu_+v_- + bcu_-v_+ + bdu_-v_-.$$

Da u_+v_+ nicht in η_s vorkommt, kann uv nur gleich η_s sein, falls $a \cdot c = 0$ gilt. Die Wahl $a = 0$ impliziert auch, daß u_+v_- in uv nicht vorkommt, während $c = 0$ bewirkt, daß u_-v_+ aus uv eliminiert wird. Es ist deshalb unmöglich, den Singulettzustand in der Form $\eta_s = uv$ zu schreiben. Da aber uv der allgemeinstmögliche faktorisierbare Spin-Zustand ist, folgt, daß η_s *nicht faktorisierbar* ist. Damit haben wir Eigenschaft (1) bewiesen.

Die Gültigkeit von Eigenschaft (2) ist eine offensichtliche Konsequenz der Struktur von η_s. Dieser Zustand enthält ja nur u_+v_- und u_-v_+. Falls der Leser diesen Punkt eingehender überprüfen möchte, kann er die Pauli-Matrizen $\sigma_1, \sigma_2, \sigma_3$ für S_1 und τ_1, τ_2, τ_3 für S_2 einführen und überprüfen, daß η_s ein Eigenzustand von $\sigma_3 + \tau_3$ mit dem Eigenwert Null ist:

$$(\sigma_3 + \tau_3)\eta_s = 0.$$

Aus der physikalischen Deutung der Quantenzustände folgt, daß eine Messung der dritten Komponente der Spins von S_1 und S_2 stets entgegengesetzte Ergebnisse liefert. Auch Eigenschaft (3) kann durch Einführung des Quadrates des Gesamt-Spins verifiziert werden. Da die Quadrate aller Pauli-Matrizen gleich der Einheitsmatrix sind, erhalten wir für den entsprechenden Spin-Operator

$$\Sigma^2 = (\sigma_1+\tau_1)^2 + (\sigma_2+\tau_2)^2 + (\sigma_3+\tau_3)^2 = 6 + 2\vec{\sigma}\cdot\vec{\tau}.$$

Aus der Quantenmechanik folgt wegen $\Sigma^2 \eta_s = 0$, daß die Messung der Observablen, die Σ^2 entspricht, im Zustande η_s mit Sicherheit auf den Wert Null führt.

Die vierte grundlegende Eigenschaft von η_s, nämlich die Rotationsinvarianz, wird folgendermaßen bewiesen: Wenn wir anstelle $u_\pm$ und $v_\pm$, die Eigenzustände von σ_3 und τ_3 sind, die Zustände $u_\pm^n$ und $v_\pm^n$ betrachten, die Eigenzustände zu $\vec{\sigma}\cdot\hat{n}$ und $\vec{\tau}\cdot\hat{n}$ sind, wobei $\hat{n}$ ein willkürlich gewählter Einheitsvektor ist, transformiert η_s in

$$\eta_s = \frac{1}{\sqrt{2}}\{u_+^n v_-^n - u_-^n v_+^n\}. \tag{19}$$

Diese Gleichung hat dieselbe Struktur wie (18), bezieht sich aber auf verschiedene Zustände.

Der Beweis von (19) folgt ohne Schwierigkeiten aus dem Theorem, das im dritten Abschnitt von Kapitel II bewiesen wurde und sei dem Leser als Übung überlassen.

Ein anderer interessanter Zustand ist der *Triplettzustand*

$$\eta_t = \frac{1}{\sqrt{2}}\{u_+ v_- + u_- v_+\}, \tag{20}$$

der sich von η_s nur durch das Vorzeichen in der Klammer unterscheidet.

Man kann zeigen, daß η_t mit η_s die Eigenschaften (1) und (2) gemeinsam hat, aber nicht rotationsinvariant ist. Anstelle von Eigenschaft (3) tritt die folgende: *Eine Messung des Quadrates des Gesamt-Spins der beiden Teilchen ergibt im Zustande η_t das Ergebnis plus Eins.*

Die beiden Zustände $u_+ v_-$ und $u_- v_+$ können auch als Linearkombinationen von η_s und η_t geschrieben werden:

$$u_+ v_- = \frac{1}{\sqrt{2}}\{\eta_t + \eta_s\}, \tag{21}$$

$$u_-v_+ = \frac{1}{\sqrt{2}} \{\eta_t - \eta_s\}.$$

Diese Beziehungen folgen einfach durch Addition und Subtraktion von (18) und (20). Ferner zeigt das Superpositionsprinzip der Quantenmechanik:

Wenn man das Quadrat des Gesamt-Spins zweier Teilchen im Zustand u_+v_- mißt, erhält man mit gleicher Wahrscheinlichkeit die Ergebnisse Null und Eins. Dasselbe gilt für den Zustand u_-v_+.

Es folgt deshalb, daß ein sehr großes Ensemble von Teilchenpaaren, die durch η_s beschrieben werden, beobachtbar verschieden ist von einem ähnlichen Ensemble, in dem einige Paare im Zustand u_+v_- und die anderen in u_-v_+ sind. Mißt man nämlich das Quadrat des Gesamt-Spins, Σ^2, für alle Paare im ersteren Ensemble, so ergibt sich stets das Resultat Null, während eine entsprechende Messung für alle Paare des zweiten Ensembles mit 50% Wahrscheinlichkeit auf Null und mit 50% auf eins führt.

Dieser bedeutende beobachtbare Unterschied zwischen einem Ensemble, das durch eine beliebige Mischung der Zustände (21) beschrieben wird, und einem Ensemble, dessen Elemente alle durch η_s dargestellt werden, ist die Grundlage einer modernen Formulierung des EPR-Paradoxons, die im nächsten Abschnitt gegeben wird.

4 Eine neue Formulierung des Paradoxons

Gegeben sei ein Molekül M, das in zwei Spin-$\frac{1}{2}$-Atome S_1 und S_2 zerfallen kann.[6] Es gibt mehrere konkrete Beispiele, in denen man weiß, daß der Zustandsvektor für S_1+S_2 durch das in (18) definierte η_s gegeben sein muß. Wir beschränken uns hier auf einen dieser Fälle und betrachten eine große Anzahl N derartiger Zerfälle $M \to S_1+S_2$. Für jeden dieser Einzelfälle gilt die folgende Überlegung:[7]

(1) Zur Zeit t_0 werde eine Messung der dritten Komponente des Spins an S_1 ausgeführt. Im betrachteten Einzelfall sei das Ergebnis $+1$ (dies wird in 50% der Fälle eintreten, die aus (18) folgen).

(2) Mit Sicherheit wird sich in Zukunft ($t > t_0$) bei einer Messung der dritten Komponente des Spins von S_2 der Wert -1 ergeben. Dies folgt aus der Quantenmechanik, die wir hier als korrekt annehmen, speziell aus der im vorigen Abschnitt diskutierten Eigenschaft (2).

(3) Zur Zeit $t = t_0$, zu der S_1 mit dem Meßgerät in Wechselwirkung tritt, geschieht nichts mit dem Teilchen S_2, das soweit wie gewünscht von S_1 entfernt sein kann. Da sich die Eigenschaften von S_2 nicht ändern, muß alles, was für $t > t_0$ für dieses Teilchen zutrifft, auch für $t < t_0$ gültig sein.

(4) Da sich bei der Messung der Spin-Komponente mit Sicherheit das Resultat -1 ergibt, muß das Atom S_2 durch den Zustandsvektor v_- beschrieben werden. Wegen des vorangegangenen Punktes muß dies *sowohl vor als auch nach* der Zeit t_0 gelten.

(5) Die Quantenmechanik sagt aber im vorliegenden Fall voraus, daß die dritte Komponente des *Gesamt-Spins* der beiden Atome S_1 und S_2 vor der Zeit t_0 gleich null gewesen war und dies auch – wegen Eigenschaft (2) – nach der Spinmessung an S_1 zutreffen muß.

(6) Der einzige Zustandsvektor für das Gesamtsystem, der $S_1 + S_2$ durch v_- beschreibt und den Wert Null für die dritte Komponente des Gesamt-Spins der beiden Atome liefert, ist $u_+ v_-$.

Dies ist daher der Zustandsvektor vor und nach der Zeit t_0.

Wiederholen wir dieses Argument für jedes der N Atompaare S_1 und S_2, so können wir schließen, daß das von ihnen gebildete statistische Ensemble auch vor der Messung als gleichgewichtige Mischung der Zustände $u_+ v_-$ und $u_- v_+$ beschrieben werden muß.

Diese Schlußfolgerung widerspricht aber in einer beobachtbaren Weise der Beschreibung, die durch η_s gegeben wird, wie wir im vorangehenden Abschnitt gezeigt haben.

Es ergibt sich also eine absurde Schlußfolgerung. Wir können dabei ausschließen, daß sinnlose Ergebnisse innerhalb der eigentlichen Quantenmechanik folgen, da diese Theorie immer zu ausgezeichneter Übereinstimmung mit dem Experiment geführt hat und ihre logische Struktur mehr als ein halbes Jahrhundert sorgfältiger Überprüfung standgehalten hat.

Demnach müssen in den oben angeführten Punkten einige Elemente enthalten sein, die nicht aus der Quantenmechanik folgen und mit ihr unvereinbar sind. Ein kurzer Blick zeigt, daß die Punkte (1), (2) und (5) eindeutig Konsequenzen der Quantenmechanik sind.

Die neu hinzutretenden Elemente müssen daher in den Punkten (3), (4) und (6) eingeführt worden sein. Die Punkte (4) und (6) sind aber Konsequenzen von (3) und der Quantenmechanik. *Daher muß* (3) *die mit der Quantenmechanik unverträgliche Feststellung sein.*

Diese Feststellung besteht aus drei Teilen:
(3a) Zur Zeit $t=t_0$ tritt das Atom S_1 in Wechselwirkung mit einem Instrument.
(3b) Zur Zeit $t=t_0$ geschieht nichts mit S_2, das weit entfernt von S_1 ist.
(3c) Was für S_2 zur Zeit $t>t_0$ gilt, muß daher auch vor t_0 gelten.

Offensichtlich kann (3a) nicht falsch sein, da hier einfach der Zeitpunkt festgestellt wird, zu dem die Messung an S_1 ausgeführt wird. Ferner ist (3c) einfach eine Reformulierung von (3b), die genauer festlegt, was mit den Worten „nichts kann geschehen" gemeint ist.

Unsere Schlußfolgerung ist daher, daß die Feststellung (3b) mit der Quantenmechanik unverträglich ist.

Es gibt im wesentlichen zwei Arten der Verneinung von (3b). Die erste besteht in der Feststellung, daß zur Zeit $t=t_0$ das System S_2 nicht beobachtet wird und daß daher (3b), wie jede andere Annahme über eine unbeobachtete „objektive Wirklichkeit" eine metaphysische Feststellung ist, die mit dem Wesen wahrer Wissenschaft unverträglich ist. Diese Meinung wird oft als übliche positivistische Ansicht vertreten. Die zweite Art, (3b) zu verneinen, geht von der Annahme aus, daß S_1 eine Fernwirkung auf S_2 ausübt und daß deshalb die an S_1 vorgenommene Messung doch einen Einfluß auf S_2 hat. Diese Wirkung muß augenblicklich erfolgen, und ihre Stärke muß unabhängig vom Abstand sein.

Der entscheidende Punkt bei der hier gegebenen Formulierung des Einstein-Podolsky-Rosen-Paradoxons ist die Idee, daß S_2 wohldefinierte Eigenschaften (äquivalent zu den „Elementen der Realität" nach Einstein, Podolsky und Rosen) hat – wie beispielsweise die Eigenschaft, daß eine Messung der z-Komponente des Spins mit Sicherheit zum Ergebnis -1 führt. Bei dieser Überlegung ist es nicht erforderlich, daß diese Messung auch tatsächlich ausgeführt wurde. Es reicht aus zu wissen, daß eine mögliche Messung sicher auf das Ergebnis -1 führt, um dem Atom S_2 den Zustand v_- zuzuschreiben.

Dabei ist zu beachten, daß dem unbeobachteten Atom S_2 auch dann ein Element der Realität (eine Eigenschaft) zuzuschreiben ist, wenn keine Messung daran ausgeführt wird. Bohrs Antwort kann daher auch auf die hier gegebene Formulierung des Paradoxons angewendet werden – und es ist wiederum eine Geschmacksfrage, ob man diese Antwort für überzeugend hält oder nicht.

In der hier gegebenen Formulierung des Paradoxons folgt die

Vollständigkeit der Theorie aus Überlegung (4), also aus der Annahme, daß bei einer Messung der Spin-Komponente, die mit Sicherheit das Resultat -1 ergibt, daß Atom S_2 „durch den Zustandsvektor v_- beschrieben werde". Ein Ausweg aus dem EPR-Paradoxon in seiner neuen Formulierung könnte hier einfach in der Leugnung der Vollständigkeit der Quantenmechanik bestehen, genau wie im ursprünglichen Fall. Daß dieser Ausweg tatsächlich nicht offensteht, werden wir im nächsten Kapitel zeigen, wo das EPR-Argument unter der Annahme der *Unvollständigkeit* der Quantenmechanik nochmals betrachtet wird. Auch dabei werden sich absurde Schlußfolgerungen ergeben, womit sich das Problem der Vollständigkeit als unerheblich erweist: gleichgültig, ob die Quantenmechanik vollständig oder unvollständig ist, sie ist in jedem Fall unverträglich mit der Annahme, daß der Mikrowelt eine separable Realität zugrunde liegt.

5 Die möglichen Lösungen

Bohrs Lösung des EPR-Paradoxons ist in der Idee enthalten, daß es unmöglich ist, eine klare Trennung zwischen dem Verhalten atomarer Objekte und ihrer Wechselwirkung mit den Meßapparaten zu vollziehen, die die Bedingungen festlegen, unter welchen sich die beobachteten Phänomene ergeben. Daraus leitete Bohr her, daß man keinerlei Schlüsse über eine unbeobachtete objektive Realität ziehen dürfe – was ausreicht, um das Paradoxon zu vermeiden, wie wir bereits gesehen haben. Auch in der neueren Formulierung des letzten Abschnittes ergibt sich kein Paradoxon, wenn man Bohrs Standpunkt akzeptiert.

Wenn wir Zerfälle wie $M \rightarrow S_1 + S_2$ behandeln, liegen im Endzustand zwei Systeme vor, deren Abstand im Laufe der Zeit unbegrenzt zunimmt. Der Raumteil ihrer Wellenfunktion ergibt sich als Überlagerung verschiedener Energie- und Impulszustände, da die endliche Lebensdauer des unstabilen Systems M zusammen mit der Heisenbergschen Unschärferelation sofort zu einer nicht verschwindenden Energieunschärfe im Endzustand führt. Dies bedeutet aber, daß jedes der beiden Systeme S_1 und S_2 praktisch nur in einem *begrenzten* Raum-Zeit-Bereich mit endlicher Wahrscheinlichkeit aufzufinden sein wird. Daraus geht aber wieder hervor, daß die beiden Systeme von einem bestimmten Zeitpunkt an physisch getrennt sind, da sich ihre Wahrscheinlichkeitsverteilungen in der Folge nicht mehr überschneiden. Bohrs Standpunkt ist aber auch hier, daß wir S_1 und S_2 nicht als in Raum und Zeit unabhängig voneinander existierend annehmen sollten. Dabei kann die räumliche Trennung der beiden Systeme beliebig groß sein – sogar Lichtjahre betragen, wenn man nur lange genug wartet, bevor man eine Messung an S_1 ausführt.

Wir haben bereits festgestellt, daß die Bohrsche Lösung des EPR-Paradoxons mehr philosophisch als physikalisch ist. Der wichtigste Unterschied zwischen Einstein und Bohr bezieht sich tatsächlich auf die objektive Existenz des Systems S_2. Im wesentlichen würde Bohr sagen, daß S_2 nur dann existiert, wenn es beobachtet wird, und daß kein Paradoxon entsteht, wenn man diese Definition der Realität anerkennt. Einstein würde dagegen argumentieren, daß S_2 auch ohne Beobachtung existiert. Zwar ist dann seine wirkliche Natur nicht bekannt – es ist aber vernünftig, ihm ein Element der Realität zuzuordnen, wenn sichere Vorhersagen über sein weiteres Verhalten möglich sind.

Im zweiten Kapitel haben wir bei der Diskussion des de Broglieschen Paradoxons gesehen, daß der Begriff der wirklichen Existenz des Elektrons in Raum und Zeit auch bei sehr großzügiger Auslegung (man brauchte nur zwischen Tokio und Paris zu unterscheiden!) auf ein Paradoxon führt. Wir haben nun eine ähnliche Schlußfolgerung aus dem Studium zweier korrelierter Quantensysteme gezogen. Tatsächlich ist die oben gegebene *neuere Formulierung des EPR-Paradoxon viel zwingender als die ursprüngliche Version* oder auch als de Broglies Paradoxon, *da das Problem der Vollständigkeit der Quantenmechanik hier nicht mehr entsteht.* Es ist deshalb klar, daß das Paradoxon nicht auf das Problem der Vollständigkeit zurückgeführt werden kann. Vielmehr ist der begriffliche und formale Apparat der Quantenmechanik selbst mit der raumzeitlichen Existenz atomarer Objekte unverträglich, falls man nicht die in der Folge diskutierten Fernwirkungen zuläßt.

Wir haben im vorigen Abschnitt gesehen, daß die folgende Feststellung unverträglich mit der Quantenmechanik ist: Zur Zeit der Messung, $t = t_0$, geschieht nichts mit dem Teilchen S_2, das beliebig weit von S_1 entfernt sein kann. Diese Feststellung – und damit das Paradoxon – kann auf zwei Arten vermieden werden: Folgt man zunächst Bohr, so ist die obige Feststellung unzulässig, da sie ein unbeobachtetes System betrifft. Andererseits kann man auch argumentieren, daß S_2 existiert, aber durch die an S_1 durchgeführte Messung beeinflußt und verändert wird. Dem zweiten Standpunkt gemäß sollte das auf S_1 wirkende Meßinstrument die physikalischen Eigenschaften von S_2 augenblicklich und auf eine Art verändern, die unabhängig von dem Abstand zwischen S_1 und S_2 ist. Diese Veränderung wird sich, wie das nächste Kapitel zeigt, sogar als recht bedeutend erweisen.

In den letzten Jahren haben viele Forscher die Möglichkeit derartiger Fernwirkungen zwischen korrelierten Quantensystemen betrachtet. Vigier[8] hat bemerkt, daß die Gültigkeit quantenmechanischer Vorhersagen für korrelierte Teilchen eine „Zerstörung des Einsteinschen Begriffs einer materiellen Kausalität in der Evolution der Natur" bedingt.

Vigiers Theorie enthält drei grundlegende Elemente:
a) Ausgedehnte „starre" Teilchen, die sich stets mit Unterlichtgeschwindigkeit bewegen, aber in ihrem Inneren Signale mit Überlichtgeschwindigkeit übermitteln können.
b) Ein physikalisches Vakuum, das als Reservoir derartiger starrer Teilchen dient und im Geiste der älteren Bohm-Vigier[9]-Vorschläge die Grundlage der Wahrscheinlichkeitsdeutungen der Quantenerscheinungen bildet.
c) Wellen, die sich als physikalisch wirkliche kollektive Anregungen (Dichtewellen) in diesem Reservoir ausbreiten.

Dieser Deutung gemäß breitet sich ein Einfluß auf die Randbedingungen der ψ-Welle (wie beispielsweise die Öffnung oder Schließung eines Schlitzes im Doppelspaltversuch) mit Überlichtgeschwindigkeit auf dem Wege über das Quantenpotential aus. Dadurch werden die Teilchen beeinflußt, die sich mit der Gruppengeschwindigkeit (die kleiner als die Lichtgeschwindigkeit ist) entlang der Stromlinien der quantenmechanischen ψ-Wellen bewegen.

Falls diese Theorie mit der speziellen Relativitätstheorie verträglich ist, könnte sie augenblickliche Wechselwirkungen zwischen voneinander entfernten Teilchen bewirken, wie dies von den quantenmechanischen Korrelationen erfordert wird. Mir erscheint es jedoch unwahrscheinlich, daß dies die Lösung aller Probleme sein kann, da es physikalisch kaum möglich erscheint, daß derartige Wellen mit Überlichtgeschwindigkeit zu beobachtbaren Effekten führen, die auch in beliebig großen Abständen ihre Wirksamkeit nicht verlieren, wie dies von der Quantenmechanik gefordert wird.

Diese Schwierigkeit ist Vigier wohlbekannt, der eine experimentelle Überprüfung der Reichweite derartiger kollektiver Überlichtgeschwindigkeits-Wechselwirkungen vorschlägt.

Ein anderer interessanter Standpunkt ist Bohms Idee[10] der „unteilbaren Ganzheit", die zwei korrelierte quantenmechanische Systeme darstellen. Er betrachtet das interessante Beispiel eines Hologramms und betont, daß die verschiedenen Teile des Hologramms nicht verschiedenen Teilen des Objekts entsprechen, sondern daß jeder Teil gewissermaßen das gesamte Objekt enthält. Wenn man daher einen Teil eines Hologramms beleuchtet, so erhält man Information über das gesamte Bild, die allerdings weniger Details enthält. In ähnlicher Weise könnten zwei uns als getrennt erscheinende quantenmechanische Objekte tatsächlich nur Manifestationen eines in Wirklichkeit verknüpften Ganzes sein. Das Hologramm zweier verschiedener Kugeln enthält Informationen über jede Kugel im gesamten Hologramm. Man kann daher sagen, daß im Hologramm die beiden Kugeln gewissermaßen miteinander verschmolzen sind und unmöglich getrennt werden können. Bohm betrachtet dies als ein Beispiel für die wahre Situation beim EPR-Paradoxon. Im Raum soll es demnach dabei nur eine „ungeteilte Einheit" geben, die manchmal zu Folgerungen führt, die als zwei getrennte Objekte *erscheinen*. Als weiteres Beispiel betrachtet Bohm auch ein Gerät, in dem eine zähe Flüssigkeit (wie beispielsweise Glycerin) zwischen zwei konzentrischen Glaszylindern enthalten ist, die langsam gedreht werden können, so daß keine Turbulenz in der zähen Flüssigkeit entsteht. Bringt man einen Tropfen einer unlöslichen Tinte in diese zähe Flüssigkeit ein und dreht den Zylinder dann langsam, so wird die Tinte zu einem allmählich unsichtbar werdenden Faden ausgezogen. Dreht man das Glas wieder zurück, so wird die Tinte plötzlich wieder sichtbar. Bringt man nun einen zweiten Tintentropfen ein, so ergibt sich eine ähnliche Situation, wobei sich aber bei der Drehung die beiden Fäden völlig ineinander verstricken. Die beiden Tropfen waren zwar ursprünglich in zwei verschiedenen Positionen, sind aber nun scheinbar untrennbar miteinander vermischt. Dreht man den Glaszylinder aber zurück, so trennen sich die beiden Fäden und formen wieder zwei unterscheidbare Tröpfchen. Diese überraschende Tatsache bezeichnet Bohm als „verhüllte Ordnung", um sie von der „enthüllten Ordnung" unserer gewöhnlichen Beschreibung der Wirklichkeit zu unterscheiden.

In einer derartigen Situation einer ganzheitlichen Durchdringung muß man das Ganze, das ein Teilchen hier produziert, von dem unterscheiden, das ein Teilchen an einer anderen Stelle erzeugt oder von einem, das zwei verschiedene Teilchen hervorbringt. Dies entspricht verschiedenen Zuständen des Vakuums. Vielleicht gibt es Situationen, in denen nur ein kleiner Teil der verhüllten Ordnung sichtbar wird, und in denen man daher eine Unterscheidung zwischen dem Offensichtlichen und dem Verborgenen trifft. Dabei kann sich die Ordnung verhüllen oder auch enthüllen und dann wieder verhüllen. Während bei Descartes die Bewegung im Raume grundlegend ist, meint Bohm, daß dieses Wechselspiel von Verhüllung und Enthüllung der Ordnung die Grundlage seiner Bewegungstheorie bildet. In dieser Theorie ist offensichtlich eine Wechselwirkung zwischen zwei Ganzheiten möglich, die sich als voneinander getrennte Objekte darstellen.

Im Prinzip könnte diese Bohmsche Theorie das EPR-Paradoxon lösen. Es ist jedoch zu betonen, daß die Ideen von Bohm – genau wie die von Vigier – noch nicht völlig entwickelt sind. Sie könnten das Paradoxon zwar im Prinzip lösen, versagen aber derzeit noch in der Praxis. Ferner ist das Problem der Verträglichkeit derartiger nichtlokaler Effekte mit der Relativitätstheorie noch ungelöst. Auch hier gelten die Worte, die Dirac 1972 über die Quantentheorie schrieb: „Die Nichtlokalität ist gegen den Geist der Relativitätstheorie, aber sie ist das Beste, was wir derzeit haben ... sicherlich ist man nicht mit einer derartigen Theorie zufrieden. So erscheint mir das Problem der Verträglichkeit von Quantentheorie und Relativitätstheorie auch heute noch ungelöst."[11]

Einen sehr interessanten Vorschlag hat beispielsweise Rayski[12] gemacht, der den altbekannten Zustandsbegriff als „inadäquat und irreführend" betrachtet. Seiner Meinung nach dient eine Messung zwei Zwecken: Zunächst soll sie Information über das System liefern, die mit jeder vorangehenden Information verträglich ist. Zweitens soll sie aber auch den Anfangszustand für die Zukunft vorbereiten. Wenn eine Messung von A zur Zeit t auf den Eigenwert A_1 und den Eigenzustand ψ_1 führte und eine Messung von B zu einer späteren Zeit t_2 die Werte B_m bzw. ϕ_m ergab, schlägt Rayski vor, *beide* Funktionen ψ_1 und ϕ_m für die Zeit zwischen den beiden Messungen zu verwenden. Dadurch wird die volle Invarianz der Theorie unter Zeitumkehr manifest eingebaut. Diese formalen Annahmen bauen auf Rayskis physikalischer Idee auf, wonach eine Messung über *zuvor* existierende Werte der gemessenen Quantitäten informiert und zugleich Störungen verursacht, die neue, unbekannte, aber dennoch real existierende Werte anderer Observabler hervorrufen. Quantenmechnaik und Realismus werden in dieser Weise als vereint betrachtet, da diese neue Interpretation dem Formalismus der Quantenmechanik nicht widersprechen soll und auch nicht in Widerspruch zu den experimentell überprüfbaren Vorhersagen der Quantenmechanik steht.

Tatsächlich führt diese Theorie auf eine ähnliche Situation wie das EPR-Paradoxon – die Bellsche Ungleichung muß daher auch hier gelten.

Bei den meisten Lösungsversuchen des Paradoxons wurde in den letzten Jahren versucht, Modelle zu entwickeln, in denen die Separabilitätshypothese nicht gilt. Dies trifft vor allem auf Vigiers und Bohms Modelle zu, die im vorangehenden Kapitel diskutiert wurden. Andere Vorschläge versuchen die Separabilität zu eliminieren – durch Signale in die Vergangenheit.

Rietdijk[13] argumentierte, daß die volle Annahme einer realistischen Beschreibung atomarer Objekte und der Quantenmechanik auf die Schlußfolgerung führt, daß die vom Menschen getroffenen Wahl der Observablen, die beispielsweise an einem Teilchenstrahl bestimmt werden soll, retroaktiv in der Zeit auf die Produktion des Strahls wirkt und diese Prozesse so beeinflußt, daß sie Teilchen in Eigenzuständen der zu messenden Oberservablen erzeugen. Eine ähnliche Lösung wurde von Stapp[14] vorgeschlagen. Seiner Meinung nach zeigt „Bells Theorem, daß keine Theorie der Realität, die mit der Quantentheorie verträglich ist, räumlich getrennte Teile der Realität als unabhängig anerkennen kann. Diese Teile müssen vielmehr in irgendeiner Weise in Beziehung gesetzt werden, die über die bekannte Idee hinausgeht, wonach kausale Verbindungen sich nur in den Vorwärtslichtkegel ausbreiten".

Ausgehend von dieser Billigung der Nichtlokalität versucht Stapp eine sehr ambitiöse „Theorie der Wirklichkeit" aufzubauen, die in einigen Aspekten der Philosophie Whiteheads folgt. Grundlegend für Stapps Theorie ist die Idee, daß Information von einem Ereignis sowohl in die Zukunft auf seine möglichen Nachfolger wirkt, als auch in der Vergangenheit auf seine Vorgänger. Es bleibt jedoch unklar, wie diese Information sich ausbreitet und in dieser Beziehung ist Stapps Theorie unvollständiger als diejenige, die von Costa de Beauregard vorgeschlagen wurde, in der die Ausbreitung von Signalen in die Vergangenheit sich physikalisch durch Fortpflanzung von Wellen und Teilchen ereignet.[15]

Ausgangspunkt seiner Analyse sind einige grundlegende Probleme der statistischen Thermodynamik, speziell Loschmidts Umkehreinwand und Zermelos Wiederkehreinwand gegen die Boltzmannsche statistische Mechanik. Diese Paradoxien zeigen die Existenz einer gesetzartigen

Zeitsymmetrie in den Grundgesetzen der Physik, im Gegensatz zu einer De-facto-Zeitsymmetrie. Eine andere gesetzartige Symmetrie erscheint mit spezieller Klarheit in der Äquivalenz, die die Kybernetik zwischen dem Begriff der Informationen und der Negentropie etabliert hat, die sich in der gleichen mathematischen Formel ausdrücken. Nach Costa de Beauregards Meinung ist eine der wesentlichsten Entdeckungen der Kybernetik in Gabors Feststellung enthalten, wonach „man nichts aus nichts erhält, nicht einmal eine Beobachtung", da deshalb der Beobachter und speziell sein Bewußtsein „als Zuschauer zumindest seine Karte kaufen muß. Dies allein reicht aber aus, um ihn zum Darsteller werden zu lassen".

Costa de Beauregards zeitsymmetrische Theorie erlaubt eine zumindest formale Lösung des EPR-Paradoxons, die mit der Quantenmechanik und der speziellen Relativitätstheorie verträglich ist, da der quantenmechanische Formalismus darin ohne Einschränkungen akzeptiert wird und sich alle Signale innerhalb des Lichtkegels ausbreiten – allerdings manchmal in die Vergangenheit.

Diese „Lösung" besteht in einer vollen Hinnahme des Paradoxons als einer wahren Naturtatsache und in seiner Formalisierung in der relativistischen Quantentheorie der Jordan-Pauli-Propagatoren. In dieser Theorie erfordert die Vollständigkeit der Basisfunktionen für eine Entwicklung der Wellenfunktion in beliebigen Raum-Zeitpunkten die Existenz sowohl retardierter als auch avancierter Wellen. Costa de Beauregard zeigt, daß deshalb bei einem Kollaps des Wellenpaketes in einer bestimmten Raum-Zeitregion Folgen sowohl für die Zukunft als auch für die Vergangenheit entstehen, wobei im letzteren Fall die Ausbreitung dieser Folgen mit negativer Energie geschieht. In dieser Beziehung ist die Theorie also der Feynmanschen Positronentheorie ähnlich, in der sich negative Energiezustände in die Vergangenheit ausbreiten sollen.

V Die Separabilität führt zu Ungleichungen

Zwei Objekte seien so weit getrennt, daß sie auf keinen Fall einen wechselseitigen Einfluß aufeinander ausüben können. In diesem Fall sollte eine meßbare Größe existieren, die sich um 40% von dem Wert unterscheidet, den die Quantenmechanik dafür vorhersagt. Diese Schlußfolgerung ist Gegenstand der Bellschen Ungleichungen. Sie erlaubt eine experimentelle Unterscheidung zwischen der physikalischen Separabilität und den Aussagen der Quantenmechanik.

1 Die Korrelationsfunktion

Der Widerspruch zwischen der von Einstein formulierten Lokalitätsforderung und der mathematischen Struktur der Quantenmechanik manifestiert sich nicht nur in allgemeinen philosophischen Feststellungen, sondern im Prinzip sogar auf empirischem Niveau, wo er in den berühmten „Bellschen Ungleichungen" ihren Ausdruck findet.

Die Formulierung dieser Ungleichungen, die erfüllt sein müssen, wenn die Einsteinsche Lokalitätsforderung gilt, die aber durch die Quantenmechanik verletzt werden, verdanken wir dem irischen Physiker J. S. Bell.[1] Um seine Ideen nachzuvollziehen, müssen wir zunächst den Begriff der „Korrelationsfunktion" einführen, der dann im nächsten Abschnitt zum Beweis der Ungleichungen herangezogen werden soll.

Wir betrachten wieder eine große Zahl N von Zerfällen $M \to S_1 + S_2$ und nehmen an, daß ein Beobachter O_1 eine zweiwertige Observable $A(a)$ an S_1 beobachtet, während in einem entfernten Raumbereich ein zweiter Beobachter O_2 an S_2 eine andere zweiwertige Observable $B(b)$ mißt. Die Zweiwertigkeit dieser Observablen bedeutet, daß sie nur zwei mögliche Meßwerte annehmen können, die wir der Einfachheit halber als ± 1 annehmen. Die Observablen A und B sollen dabei von Argumenten a und b abhängen, die experimentelle Parameter darstellen mögen, deren Werte bei einem gegebenen Experiment festgehalten werden, sich aber von

Experiment zu Experiment unterscheiden können. Ein Beispiel für derartige zweiwertige Observable sind die Spin-Matrizen $\vec{\sigma} \cdot \hat{a}$ und $\vec{\tau} \cdot \hat{b}$, wobei die experimentellen Parameter hier die Einheitsvektoren $\hat{a}$ und $\hat{b}$ sind. Wie üblich haben wir hier die Pauli Matrizen der beiden Systeme S_1 und S_2 mit $\vec{\sigma}$ und $\vec{\tau}$ bezeichnet. Praktisch kann jede Observable als zweiwertige Observable dienen, da man beispielsweise festlegen kann, daß $A = -1$ gelten soll, falls die Energie eines Atoms unter einer Schwelle E_0 liegt, und $A = +1$ gelten soll, falls die Energie höher ist.

Bild 19 Die Gegenstände (Bücher, Karten...) auf Tisch und Straße passen nicht in ein einheitliches Bild der realen Welt. Das gleiche trifft für die Prinzipien der Realität und Separabilität der Quantentheorie zu.

Werden derartige Messungen an allen N Paaren des betrachteten Ensembles ausgeführt, so erhält der Beobachter O_1 einen Satz experimenteller Ergebnisse $\{A_1, A_2, ..., A_N\}$, während O_2 einen ähnlichen Satz $\{B_1, B_2, ..., B_N\}$ erhält, die sich jeweils auf den gleichen Wert der Parameter a und b beziehen. Die in diesen beiden Sätzen von Meßwerten enthaltenen Ergebnisse sind in dem Sinn korreliert, daß A_1 und B_1 von Teilchen S_1 und S_2 stammen, die aus dem ersten Zerfall von M resultieren, während A_2 und B_2 aus dem zweiten Zerfall folgen usw. Natürlich werden alle diese Werte stets gleich ± 1 sein.

Die Korrelationsfunktion dieser Messungen ist als Mittelwert des Produkts der Ergebnisse definiert, die von O_1 und O_2 an denselben Zerfällen erhalten wurden. Die formale Definition lautet

$$P(a, b) = \frac{1}{N} \sum_{i=1}^{N} A_i B_i. \tag{22}$$

Da jedes Produkt $A_i B_i$ entweder $+1$ oder -1 ist, folgt

$$-1 \leq P(a, b) \leq +1. \tag{23}$$

Als erste Anwendung dieser Definition werden wir die quantenmechanische Korrelationsfunktion zweier Spin-$\frac{1}{2}$-Teilchen für die Observablen $\vec{\sigma} \cdot \hat{a}$ und $\vec{\tau} \cdot \hat{b}$ im Singulettzustand berechnen.

In der Quantenmechanik erhält man die dem Produkt zweier anderer Observablen entsprechende Observable als Matrix, die aus den beiden Einzelmatrizen durch direkte Produktbildung

$$\vec{\sigma} \cdot \boldsymbol{a} \otimes \vec{\tau} \cdot \boldsymbol{b}$$

entsteht, wobei das Symbol $\otimes$ eine formale Produktbildung angibt, bei der jede Matrix auf die Spinoren der zugehörigen Teilchen wirkt. (Es ist also hier nicht das übliche Matrixprodukt „Zeile mal Spalte" gemeint.) Der quantenmechanische Mittelwert ergibt sich daraus durch Multiplikation der Matrix von rechts mit dem Zustandsvektor und von links mit dem hermitesch konjugierten Zustandsvektor (der durch Verwandlung aller Spalten in Zeilen und komplexe Konjugation entsteht). Im Falle des Singulettzustands gilt deshalb

$$P(a, b) = \eta_s^+ \vec{\sigma} \cdot \hat{\boldsymbol{a}} \otimes \vec{\tau} \cdot \hat{\boldsymbol{b}} \eta_s.$$

Setzt man hier die Gleichung (18) ein, so ergibt sich

$$P(a,b) = \frac{1}{2} \{ (\vec{\sigma} \cdot \hat{a})_{++} (\vec{\tau} \cdot \hat{b})_{--} + (\vec{\sigma} \cdot \hat{a})_{--} (\vec{\tau} \cdot \hat{b})_{++}$$
$$- (\vec{\sigma} \cdot \hat{a})_{+-} (\vec{\tau} \cdot \hat{b})_{-+} - (\vec{\sigma} \cdot \hat{a})_{-+} (\vec{\tau} \cdot \hat{b})_{+-} \},$$

wobei

$$(\vec{\sigma} \cdot \hat{a})_{++} (1\ 0) \begin{pmatrix} a_3 & a_1 - ia_2 \\ a_1 + ia_2 & -a_3 \end{pmatrix} \begin{pmatrix} 1 \\ 0 \end{pmatrix} = a_3$$

usw. Ähnlich können auch die anderen Matrixelemente berechnet werden – und eine einfache Rechnung führt auf

$$P(a,b) = -\hat{a} \cdot \hat{b}. \tag{24}$$

Dieses einfache und schöne Ergebnis führt jedoch zu experimentellen Folgerungen, die in Widerspruch mit Einsteins noch einfacherer und schönerer Idee stehen, daß nämlich eine *separierbare Realität* in dem Sinne existiert, daß S_1 und S_2 in Raum und Zeit auch dann existieren, wenn sie nicht beobachtet werden, wobei ihre Wechselwirkung gegen Null gehen soll, wenn ihr Abstand gegen unendlich strebt.

Eine mathematische Eigenschaft der quantenmechanischen Korrelationsfunktion (24), die sich später als nützlich erweisen wird, ist

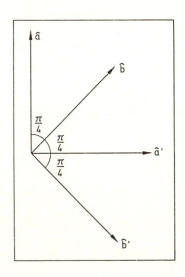

Bild 20
Die maximale Verletzung der Bellschen Ungleichungen im Singulettzustand ergibt sich für eine Wahl der Einheitsvektoren, bei der jeweils â und â′ sowie b̂ und b̂′ orthogonal sind.

folgende: Betrachten wir zwei orthogonale Einheitsvektoren $\hat{a}$ und $\hat{a}'$ für das Teilchen S_1 und zwei orthogonale Vektoren $\hat{b}$ und $\hat{b}'$ für das Teilchen S_2, deren relative Orientierung Bild 20 zeigt. In diesem Falle gilt für eine Kombination von Korrelationsfunktionen

$$\Delta \equiv |P(a,b) - P(a,b')| + |P(a',b) + P(a',b')| \tag{25}$$

das Ergebnis

$$\Delta = |\hat{a} \cdot \hat{b} - \hat{a} \cdot \hat{b}'| + |\hat{a}' \cdot \hat{b} + \hat{a}' \cdot \hat{b}'|$$

$$= \left|\frac{1}{\sqrt{2}} - \left(-\frac{1}{\sqrt{2}}\right)\right| + \left|\frac{1}{\sqrt{2}} + \frac{1}{\sqrt{2}}\right| = 2\sqrt{2}.$$

Man kann auch zeigen, daß $2\sqrt{2}$ der maximale Wert ist, den die kombinierte Korrelationsfunktion Δ bei sämtlichen möglichen Orientierungen der Vektoren $\hat{a}, \hat{a}', \hat{b}, \hat{b}'$ annehmen kann.

Dieses Ergebnis ist von großer Bedeutung, da wir im nächsten Abschnitt sehen werden, daß die Annahme einer unabhängig vom Beobachter existierenden Wirklichkeit und der Separabilität entfernter Ereignisse zu dem Maximalwert $\Delta = 2$ führt. Die Ungleichung $\Delta \leq 2$ wird auch als *Bellsche Ungleichung* bezeichnet.

2 Die Bellsche Ungleichung und das EPR-Paradoxon

In diesem Abschnitt werden wir das ursprüngliche EPR-Argument auf den Singulettzustand zweier Spin-$\frac{1}{2}$-Teilchen anwenden und zeigen, daß sich dabei eine Korrelationsfunktion ergibt, die der Vorhersage der Quantentheorie in beobachtbarer Weise widerspricht.[2]

Unser Ansatzpunkt ist die Rotationsinvarianz des Singulett-Zustandsvektors (19) des vorigen Kapitels:

$$\eta_s = \frac{1}{\sqrt{2}} \{u_+^n v_-^n - u_-^n v_+^n\}.$$

Dabei war die Form von η_s unabhängig von der Wahl des Einheitsvektors $\hat{n}$.

Betrachten wir nun ein sehr großes Ensemble E, das aus N Zerfällen $M \rightarrow S_1 + S_2$ eines Moleküls M in zwei Spin-$\frac{1}{2}$-Systeme S_1 und S_2 bestehen möge, und nehmen an, daß der Endzustand quantenmechanisch durch η_s

beschrieben werde. Daraus folgt, daß bei einer Messung von $\vec{\sigma} \cdot \hat{n}$ durch O_1 mit dem Ergebnis $+1$ (-1) eine darauffolgende Messung von $\vec{\tau} \cdot \hat{n}$ durch O_2 mit Sicherheit das Ergebnis -1 $(+1)$ liefert.

Das EPR-Paradoxon kann nun schrittweise folgendermaßen formuliert werden:

(1) Ein Beobachter O_1 mißt an den Systemen S_1 eines Ensembles $E_1 \subset E$ die Observable $\vec{\sigma} \cdot \hat{n}$ und erhält die Ergebnisse $A_1, A_2, ..., A_l$. [Wir haben hier angenommen, daß l die Zahl der Paare im Ensemble E_1 ist. Ferner müssen die A_i stets ± 1 sein.]

(2) Die Resultate darauffolgender Messungen von $\vec{\tau} \cdot \hat{n}$, die ein Beobachter O_2 an den l Systemen S_2 von E_1 vornimmt, können dann *mit Sicherheit* zu $-A_1, -A_2, ..., -A_l$ vorhergesagt werden. [Diese Vorhersage kann beispielsweise an einem Ensemble $E_2 \subset E_1$ überprüft werden. Wenn die Quantenmechanik korrekt ist, was wir hier annehmen, wird jede mögliche Überprüfung stets zufriedenstellende Ergebnisse liefern.]

(3) *Vor* der Überprüfung am Ensemble E_2 ist das Ergebnis jeder einzelnen Messung von O_2 an den Systemen dieses Ensembles bereits bestimmt. Wir nehmen daher an, daß ein Element der Realität jedem System S_2 entspricht, das unabhängig von der tatsächlichen Messung ist, die an S_1 ausgeführt wird. Die Annahme dieser Unabhängigkeit garantiert, daß das Element der Realität den Systemen des Ensembles E_1 zugeordnet wird, und nicht denjenigen von E_2.

(4) Wir nehmen ferner an, daß das Element der Realität, das S_2 entspricht, nicht durch eine augenblickliche Fernwirkung der Messung, die O_1 an S_1 ausführt, entsteht, und schließen, daß das Element der Realität S_2 zuzuordnen ist – unabhängig davon, ob eine Messung an S_1 ausgeführt wurde oder nicht. Dies bedingt offensichtlich, daß allen Systemen S_2 des gesamten Ensembles E ein derartiges Element der Realität zugeordnet wird.

(5) Die vorhergehende Überlegung benützt S_1 als Ausgangspunkt und schreibt jedem S_2 ein Element der Realität zu, das $\vec{\tau} \cdot \hat{n}$ entspricht. Eine völlig symmetrische Überlegung führt auf Elemente der Realität, die $\vec{\sigma} \cdot \hat{n}$ für das System S_1 entsprechen.

(6) Die Überlegungen können nun auch mit verschiedenen Einheitsvektoren $\hat{n}$ ausgeführt werden, und verschiedene Elemente der Realität können gleichzeitig den Systemen S_1 und S_2 des ganzen Ensembles E zugeordnet werden. Speziell kann man S_1 zwei Elementen der

Realität zuordnen, die den beiden Observablen $\vec{\sigma}\cdot\hat{\boldsymbol{a}}$ und $\vec{\sigma}\cdot\hat{\boldsymbol{a}}'$ entsprechen. Ähnlich kann man S_2 zwei Elementen der Realität zuordnen, die $\vec{\tau}\cdot\hat{\boldsymbol{b}}$ und $\vec{\tau}\cdot\hat{\boldsymbol{b}}'$ entsprechen.

(7) Wir bezeichnen die Elemente der Realität, die den Observablen $\vec{\sigma}\cdot\hat{\boldsymbol{a}}$, $\vec{\sigma}\cdot\hat{\boldsymbol{a}}'$, $\vec{\tau}\cdot\hat{\boldsymbol{b}}$, $\vec{\tau}\cdot\hat{\boldsymbol{b}}'$ entsprechen, durch s, s', t und t'. Die symbolische Bezeichnungsweise $s=+1$ (oder -1) bedeutet, daß sich dieser Wert mit Sicherheit ergibt, wenn eine Messung von $\vec{\sigma}\cdot\hat{\boldsymbol{a}}$ am System S_1 ausgeführt wird. Entsprechendes gilt auch für die anderen Elemente der Realität.

(8) Das statistische Ensemble E, das aus N Paaren $S_1 S_2$ besteht, enthalte $n(s, s', t, t')$ Paare mit festen Werten von s, s', t, t'. Offensichtlich gilt

$$\sum n(s, s', t, t') = N, \qquad (26)$$

wobei die Summe Σ hier und in der Folge über alle Werte von s, s', t, t' auszuführen ist. Die Originalformulierung des Paradoxons aus dem Jahre 1935 hätte sich auf die ersten sechs Punkte beschränkt mit dem Schluß, daß die Quantenmechanik unvollständig sein müsse. Dies kann heute als Ausgangspunkt weiterer Überlegungen dienen. Deshalb haben wir die Punkte (7) und (8) hinzugefügt. Damit ist es möglich, die Korrelationsfunktionen $P(a, b)$, $P(a, b')$, $P(a', b)$, $P(a', b')$ zu berechnen. Beispielsweise gilt

$$P(a, b) = \frac{1}{N} \sum \boldsymbol{n}(s, s', t, t')\, s\, t,$$

da das Produkt der zwei Observablen st ist und das statistische Gewicht des Subensembles $n(s, s', t, t')/N$ beträgt. Ähnliche Ausdrücke können auch für die anderen drei Korrelationsfunktionen angeschrieben werden, woraus sich die Ungleichungen

$$|P(a, b) - P(a, b')| \leq \frac{1}{N} \sum n(s, s', t, t') \cdot |t - t'| \cdot |s|.$$

$$|P(a', b) + P(a', b')| \leq \frac{1}{N} \sum n(s, s', t, t') \cdot |t + t'| \cdot |s|.$$

ergeben. Wegen $|t-t'|+|t+t'|=2$ folgt durch Addition

$$P(a, b) - P(a, b')| + |P(a', b) + P(a', b')| \leq 2. \qquad (27)$$

Dies ist die *Bellsche Ungleichung*. Wir haben aber in dem vorigen Abschnitt gezeigt, daß diese Ungleichung in der Quantenmechanik nicht erfüllt ist, da zumindest für eine Wahl von a, a', b, b' der Wert der linken Seite von (27) sogar $2\sqrt{2}$ beträgt. Die Lokalitätsforderung führt also zu Vorhersagen, die von den Ergebnissen der Quantenmechanik um mehr als 40% abweichen.

Dieses von Einstein nicht vorhergesehene Ergebnis bewirkt für die Physik tiefgreifende Konsequenzen. Das EPR-Paradoxon wurde im Grunde aus drei Annahmen hergeleitet: Die Korrektheit der Quantenmechanik, die Vollständigkeit der Quantenmechanik und die Existenz getrennter Elemente der Realität sind darin eingegangen. Um das Paradoxon zu lösen, was logisch absolut notwendig ist, muß man eine dieser drei Annahmen aufgeben. Die Aufgabe voneinander trennbarer Elemente der Realität bedeutet eine Ablehnung eines der wichtigsten Grundsätze der Naturphilosophie mit bedeutenden Folgerungen für das gesamte Weltbild. Eine Ablehnung der Korrektheit der Quantenmechanik würde dagegen eine wissenschaftliche Revolution in der gesamten Grundlage der Physik mit sich ziehen. Deshalb dachte Einstein, daß das Paradoxon lediglich eine Unvollständigkeit der Quantenmechanik andeutet, was zunächst als mildere und vernünftigere Schlußfolgerung erscheint. Tatsächlich haben die Überlegungen dieses Abschnitts gezeigt, daß eine elementare Folgerung aus der Unvollständigkeit auf die Existenz einer Observablen Δ führt, die sich um mehr als 40% von ihrem quantenmechanischen Wert unterscheidet. Eine angenommene Unvollständigkeit der Quantenmechanik vermag das Paradoxon also nicht zu lösen.[3,4]

Die Untersuchung der Idee, daß die Quantenmechanik unvollständig ist, hat uns daher zur Schlußfolgerung geführt, daß die *Quantenmechanik entweder unrichtig ist oder daß die Welt nicht in separierbare Elemente der Realität zerlegt werden kann*. Mit dieser Alternative muß die moderne Physik fertig werden. Jede der beiden Möglichkeiten bedeutet eine revolutionäre Entwicklung auf dem Gebiet der Naturphilosophie. Ferner kann die Entscheidung experimentell durch eine Messung der Observablen Δ herbeigeführt werden.

3 Ungleichungen für faktorisierbare Spin-Zustände

Die moderne Formulierung des Einstein-Podolsky-Rosen-Paradoxons, die im vorigen Kapitel gegeben wurde, führt auf die Bellschen

Ungleichungen. Dabei haben wir gezeigt, daß diese Form des Paradoxons vom Singulettzustand zu einer Mischung faktorisierbarer Zustände führt. Da diese beiden Beschreibungen der Paare $S_1 S_2$ verschiedenen Mittelwerten des Gesamtspin-Quadrates entsprechen, wurde das Paradoxon damit zumindest im Prinzip auf das Niveau der Empirie gebracht. Praktisch ist aber das Gesamtspin-Quadrat zweier weit entfernter Teilchen sehr schwer zu messen, so daß verschiedene Experimente nur schwer zwischen den beiden Beschreibungen entscheiden können. Um dies zu erkennen, betrachten wir die allgemeinst mögliche Mischung faktorisierbarer Spin-Zustände der Teilchen S_1 und S_2, wobei die Zahl der durch die Zustände u_+v_+, u_+v_-, u_-v_+, u_-v_- gegebenen Paare mit n_1, n_2, n_3, n_4 bezeichnet werde. Dabei gilt $n_1+n_2+n_3+n_4=N$. Der im vorigen Abschnitt entwickelte Formalismus führt nunmehr zum Ergebnis, daß die Korrelationsfunktion $P(a,b)$ den Wert annimmt

$$P(a,b) = \frac{n_1 - n_2 - n_3 + n_4}{N} a_3 b_3,$$

wobei a_3 und b_3 die z-Komponenten der Einheitsvektoren $\hat{a}$ und $\hat{b}$ sind. Wenn wir die Größe Δ wie in (24) definieren, können wir nunmehr eine entsprechende Ungleichung formulieren, wobei der oben berechnete Wert von $P(a,b)$ und analoge Formeln für die anderen Korrelationsfunktionen einzusetzen sind. Man erhält dabei

$$\Delta \leq \frac{|n_1 - n_2 - n_3 + n_4|}{N} \{|b_3 - b'_3| + |b_3 + b'_3|\} \leq 2,$$

da $|a_3| \leq 1, |a'_3| \leq 1, |b_3| \leq 1, |b'_3| \leq 1, |n_1 - n_2 - n_3 + n_4| \leq N$. Auch in diesem Fall gilt also die Bellsche Ungleichung. Die konkrete Situation, die in der modernen Version des Paradoxons betrachtet wird, geht vom Singulettzustand aus und repräsentiert eine 50%ige Mischung der beiden Zustände u_+v_+ und u_-v_+. Dieses Ergebnis erhält man aus dem allgemeinen Fall durch die Wahl $n_2 = n_3 = N/2$ und $n_1 = n_4 = 0$.

Tatsächlich ist die Gültigkeit der Bellschen Ungleichung eine allgemeine Eigenschaft aller möglichen Mischungen faktorisierbarer Zustände und nicht nur von faktorisierbaren Spin-Zuständen. Dies führt auf eine sonderbare Zweiteilung der Natur, bei der faktorisierbare Zustände sich vom Gesichtspunkte der Separabilität her korrekt verhalten, während nicht faktorisierbare Zustände auf Paradoxa führen und Verletzungen der Bellschen Ungleichungen hervorrufen.

Die erste Erkenntnis der beiden verschiedenen Beschreibungen voneinander entfernter Systeme in der Quantenmechanik verdanken wir Furry. Sie ist in einer Arbeit aus dem Jahre 1936 enthalten[5], in der das EPR-Paradoxon diskutiert wird. Allerdings schlugen Bohm und Aharonov[6] als erste vor, daß nicht faktorisierbare Zustandsvektoren (die auch als Zustandsvektoren zweiter Art bezeichnet werden) durch einen unbekannten physikalischen Mechanismus spontan in Mischungen faktorisierbarer Zustandsvektoren zerfallen könnten. Sie haben auch beobachtbare Konsequenzen dieser Hypothese hergeleitet und ihre Verträglichkeit mit den bestehenden Experimenten diskutiert. Die Bohm-Aharonov-Hypothese wurde in den vergangenen Jahren von einer zunehmenden Anzahl von Forschern studiert. Beispielsweise schrieb Jauch: „Wir können daher sagen, daß das die Hauptaussage unserer neuen Auffassung von Zuständen ist: Mischungen der zweiten Art existieren nicht."[7]

In der letzten Zeit hat die Bohm-Aharonov-Hypothese viel von ihrem ursprünglichen Interesse verloren. Nicht nur erste Experimente haben zu einem klaren Widerspruch zu ihren Vorhersagen geführt,[8] sondern auch theoretische Überlegungen: Nach diesen Überlegungen ist eine Welt, die sich im Einklang mit der Bohm-Aharonov-Hypothese befindet, so eingeschränkt, daß sogar verschiedene Ergebnisse der klassischen Physik darin keinen Platz haben.[9]

4 Zusätzliche Annahmen – Starke Ungleichungen

Eine Versuchsanordnung zur experimentellen Überprüfung der Bellschen Ungleichung könnte folgendermaßen aufgebaut sein: Eine Quelle emittiert Paare von Objekten S_1 und S_2 in entgegengesetzte Richtungen, wobei S_1 nach rechts fliegend auf einen Filter trifft, der es entsprechend einer physikalischen Eigenschaft des Objekts entweder durchläßt oder absorbiert; für nach links fliegende Objekte S_2 ist ein entsprechender Filter vorhanden. Die damit den Objekten S_1 und S_2 aufgezwungene Ja/Nein-Entscheidung erlaubt, Bellsche Observable zu definieren, indem wir $A(a) = \pm 1 (B(b) = \pm 1)$ für Transmission bzw. Absorption von S_1 (S_2) festlegen.

Im Jahr 1969 schlugen Clauser, Horne, Shimony und Holt[10] (CHSH) die Verwendung von paarweise in Kaskaden emittierten optischen Photonen vor, die in einem *Polarisator* absorbiert oder durch diesen durchgelassen werden. Entsprechend den Orientierungen a und b der Polarisatoren führten sie vier Wahrscheinlichkeiten $T(a_\pm, b_\pm)$ ein, wobei z. B. $T(a_+, b_-)$ die Wahrscheinlichkeit ist, daß der Beobachter O_1 $A(a) = +1$ findet (Photon S_1 wird durch den Polarisator mit der Achsenrichtung a durchgelassen) und der Beobachter O_2 $B(b) = -1$ findet (Photon S_2 wird durch den Polarisator mit der Achsenrichtung b absorbiert). Die in Gleichung (22) definierte Korrelationsfunktion $P(a, b)$, ergibt sich dadurch zu

$$P(a, b) = T(a_+, b_+) - T(a_+, b_-) - T(a_-, b_+) + T(a_-, b_-), \quad (28)$$

da die zum ersten und vierten (zweiten und dritten) Term gehörigen Wahrscheinlichkeiten auf der rechten Seite von Gleichung (28) dem Wert $+1$ (-1) des Produkts $A(a) B(b)$ entsprechen. Ferner gilt:
(1) Die Summe der vier Wahrscheinlichkeiten $T(a_\pm, b_\pm)$ muß 1 ergeben.
(2) Wenn der erste Polarisator entfernt wird (diesen Fall kennzeichnen wir mit ∞), muß die kombinierte Wahrscheinlichkeit, daß S_1 durch den leeren Raum durchgelassen wird (dies erfolgt mit Gewißheit) und S_2 durch einen Polarisator der Achseneinstellung b durchgelassen wird, $T(\infty, b_+)$, gleich der Summe von $T(a_+, b_+)$ und $T(a_-, b_+)$ sein.
(3) Ebenso gilt: $T(a_+, \infty) = T(a_+, b_+) + T(a_+, b_-)$

Man erhält durch einfache Umformung

$$P(a, b) = 4 T(a_+, b_+) - 2 T(a_+, \infty) - 2 T(\infty, b_+) + 1. \quad (29)$$

In diesem Ausdruck treten nur Wahrscheinlichkeiten für Transmission durch beide Polarisatoren auf, was zweckmäßig ist, da die Absorption eines Photons in einem Polarisator nicht nachgewiesen werden kann. Trotzdem kann man die einzelnen Beiträge der rechten Seite der Gleichung (29) nicht messen, da man zur Beantwortung der Frage, ob ein Photon durchgelassen wurde, dieses nachweisen muß. Photodetektoren haben jedoch nur eine Nachweiswahrscheinlichkeit von 10 ... 20%, so daß man statt der reinen Durchlaßwahrscheinlichkeit *nur die kombinierte Wahrscheinlichkeit für Durchlaß und Nachweis* mißt. Damit wird Gleichung (29) in ihrer gegenwärtigen Form nutzlos.

Dieses Problem wird seit langem durch *ad-hoc-Annahmen* über die

Natur des Meßprozesses „gelöst". Die Zusatzannahme von CHSH lautet:
Gegeben sei ein Paar von Photonen, die aus zwei Raumbereichen stammen, in denen sich je ein Polarisator befindet. Die Wahrscheinlichkeit, jedes der Photonen in je einem Photodetektor nachzuweisen, ist unabhängig von der Existenz und Orientierung der Polarisatoren.

Bezeichnen wir mit D_0 die Wahrscheinlichkeit, beide Photonen nachweisen zu können, mit D die Wahrscheinlichkeit, daß beide Photonen durchgelassen und nachgewiesen werden, und mit R die entsprechenden Raten für diese Prozesse, so gilt:

$$
\begin{aligned}
D(a,b) &= D_0\, T(a_+,b_+) = R(a,b)/N_0, \\
D(a,\infty) &= D_0\, T(a_+,\infty) = R(a,\infty)/N_0, \\
D(\infty,b) &= D_0\, T(\infty,b_+) = R(\infty,b)/N_0, \\
D(\infty,\infty) &= D_0\, T(\infty,\infty) = R(\infty,\infty)/N_0.
\end{aligned}
\qquad (30)
$$

In den obigen Gleichungen stellt $D(a,b)$ die kombinierte Wahrscheinlichkeit für Polarisatoren mit den Achsenrichtungen a und b dar, $D(a,\infty)$ dieselbe Größe, wenn der zweite Polarisator entfernt wurde, usw. N_0 bezeichnet den von der Quelle ausgehenden Teilchenfluß. Die Raten R sind natürlich zu N_0 und den Wahrscheinlichkeiten D proportional. Indem wir die Wahrscheinlichkeiten T für doppelten Durchlaß, die wir in (30) erhalten haben, in (29) einsetzen, erhalten wir einen Ausdruck für $P(a,b)$, der nur von Raten abhängt. Wir wollen dies hier nicht tun, sondern nur betonen, daß dadurch die Bellsche Ungleichung (27) eine Form erhält, in der *nur Raten* auftreten. Raten sind jedoch meßbar, und damit kann die Ungleichung experimentell überprüft werden. Um dies zu erreichen, wird die Zusatzannahme von CHS gebraucht!

Es stellt sich sofort die Frage, ob die neue Ungleichung äquivalent zur ursprünglichen Ungleichung ist; dies wird sich weiter unten als unzutreffend herausstellen. Doch zuvor betrachten wir noch eine weitere nützliche Vereinfachung, die wir erhalten, wenn wir zwei Vorhersagen der Quantentheorie akzeptieren, die nichts Paradoxes beinhalten. Diese lauten:

(1) $R_1 \equiv R(a',\infty)$ ($R_2 \equiv R(\infty,b)$) hängt nicht von der Achsenrichtung a' (b) ab.
(2) Jede Rate R hängt nur vom relativen Winkel zwischen den Achsenrichtungen a, b ab, nicht von a und b direkt.

Wählen wir ferner zur Vereinfachung gleiche Winkel ϕ zwischen a, b, a', b':

$$a-b=a'-b=a'-b'=\phi; \quad a-b'=3\phi,$$

so lautet die neue Ungleichung

$$-1 \leq 3R(\phi)/R_0 - R(3\phi)/R_0 - (R_1+R_2)/R_0 \leq 0. \tag{31}$$

Für $\phi=22{,}5°$ und $\phi=67{,}5°$ (maximale Verletzung der Voraussagen der Quantenmechanik) ergibt sich damit die Freedmansche Ungleichung

$$|R(22{,}5°)/R_0 - R(67{,}5°)/R_0| - 1/4 \leq 0. \tag{32}$$

Abschließend sollte nochmals darauf hingewiesen werden, daß die neuen Resultate *nur aufgrund der Zusatzannahme von CHSH möglich geworden sind*. Man darf sie daher nicht mit der ursprünglichen Bellschen Ungleichung verwechseln, die wesentlich schwächere Vorhersagen trifft. Daher wollen wir folgende Definitionen[11] einführen:

Schwache Ungleichung: Eine Ungleichung, die nur aus dem Prinzip der lokalen Realität abgeleitet ist und im Rahmen der Quantenmechanik für nahezu perfekte Beobachtungen verletzt ist.

Starke Ungleichung: Eine Ungleichung, die aus dem Prinzip der lokalen Realität und aus Zusatzannahmen abgeleitet ist und im Rahmen der Quantenmechanik für reelle Beobachtungen verletzt ist.

Wir haben soeben den Begriff *Prinzip der lokalen Realität* verwendet, der zwei grundlegende Ideen verknüpft: *Realismus* und *Separabilität*. Die Vorstellung einer unabhängig vom Menschen und seinen Beobachtungen existierenden Realität (*Realismus*) wird mittels äußerst allgemeinen „Realitätskriterien", z. B. der am Ende dieses Kapitels beschriebenen „Wahrscheinlichkeitsformulierung des Realitätskriteriums", eingeführt. Ihre Akzeptierung bedeutet nicht ein Hängen an einem naiven Realismus oder einem mechanistischen Weltbild. Ihre Ablehnung bedeutet hingegen die Bereitschaft, die Vorstellung einer menschenunabhängigen Realität aufzugeben. Wenn man zusätzlich annimmt, daß die gegenseitige Wechselwirkung zwischen zwei beliebigen Objekten mit zunehmendem gegenseitigem Abstand verschwindet (*Separabilität*), kann man die allgemeine Gültigkeit der Bellschen Ungleichungen ableiten. Da diese prinzipiell falsifiziert werden können, erweist sich der *lokale Realismus* als nichtmetaphysische Philosophie. Im folgenden werden wir die Begriffe *lokaler Realismus* und *Einstein-Lokalität* als im wesentlichen äquivalente Synonyma verwenden.

5 Beweis der starken Ungleichungen durch Clauser und Horne

Im Jahr 1974 veröffentlichten Clauser und Horne[12] einen Beweis der starken Ungleichungen, den wir im folgenden diskutieren wollen. Sie charakterisierten den physikalischen Zustand von Paaren korrelierter Quantenobjekte durch eine Variable λ und führten Wahrscheinlichkeiten zur Beschreibung der Wechselwirkung eines Quantenobjekts mit einem Analysator und dem darauf folgenden Detektor ein:

$p(a, \lambda)$ ist die Wahrscheinlichkeit, daß S_1 den Analysator mit der Einstellung a passiert und anschließend beobachtet wird.
$q(b, \lambda)$ ist die entsprechende Wahrscheinlichkeit für S_2.
$D(a, b, \lambda)$ ist die Wahrscheinlichkeit, daß sowohl S_1, als auch S_2 die entsprechenden Analysatoren mit den Einstellungen a, bzw. b, passieren und anschließend registriert werden.

Weiterhin nahmen Clauser und Horne an, daß Lokalität durch folgende Bedingungen ausgedrückt werden kann:

(CH1) Faktorisierbarkeit: $D(a, b, \lambda) = p(a, \lambda)\, q(b, \lambda)$, und
(CH2) Unabhängigkeit der Wahrscheinlichkeitsdichte $\varrho(\lambda)$ und der Menge Λ, des Wertebereichs der λ, von a und b.

Es ist weder offensichtlich, noch trifft es zu, daß mit diesen Definitionen alle möglichen lokalen Situationen erschöpft sind. (Mehr darüber am Ende dieses Abschnitts.)

Die Ensemblewahrscheinlichkeiten lassen sich als gewichtete Mittelwerte über Einzelwahrscheinlichkeiten ausdrücken:

$p(a) = \int d\lambda\, \varrho(\lambda)\, p(a, \lambda)$
$q(b) = \int d\lambda\, \varrho(\lambda)\, q(b, \lambda)$
$D(a,b) = \int d\lambda\, \varrho(\lambda)\, p(a, \lambda)\, q(b, \lambda)$

Zur Ableitung der Ungleichungen betrachteten Clauser und Horne das folgende Theorem: Für sechs reelle Zahlen x, x', X, y, y', Y mit der Eigenschaft

$$0 \leq x, x' \leq X;\ 0 \leq y, y' \leq Y$$

gilt stets

$$-XY \leq xy - xy' + x'y + x'y' - x'Y - Xy \leq 0. \tag{33}$$

Der Beweis der Ungleichung (33) ist einfach, da der mittlere Ausdruck in (33) linear in den Variablen x, x', y, y' ist, so daß nur seine Extremwerte am Rand des Variablenbereichs untersucht werden müssen. Mit

$$x = p(a, \lambda); \quad x' = p(a', \lambda); \quad y = q(b, \lambda); \quad y' = q(b', \lambda) \quad (34)$$

ergibt sich nach Multiplikation mit $p(\lambda)$ und Integration über λ

$$\begin{aligned}-XY &\leq D(a, b) - D(a, b') + D(a', b) + D(a', b') \\ &\quad - p(a') Y - q(b) X \\ &\leq 0.\end{aligned} \quad (35)$$

Offensichtlich haben wir $X = Y = 1$ zu setzen, da die Wahrscheinlichkeiten in (34) diesen Wert für gewisse λ-Werte annehmen können. Dies führt – ohne weitere Zusatzannahmen – zu schwachen Ungleichungen:

$$-1 \leq D(a, b) - D(a, b') + D(a', b) + D(a', b') - p(a') - q(b) \leq 0, \quad (36)$$

die auch direkt aus der Bellschen Ungleichung abgeleitet werden können. Ungleichungen dieser Art werden oft als „inhomogene Ungleichungen" bezeichnet[13], da sie Wahrscheinlichkeiten sowohl für einfache als auch für paarweise Beobachtung beinhalten. „Homogene Ungleichungen", die nur Wahrscheinlichkeiten für paarweisen Nachweis enthalten, werden als nächstes abgeleitet.

Die Ungleichungen (36) werden für reelle Detektoren auch durch die Vorhersagen der Quantenmechanik erfüllt. Daher schlugen Clauser und Horne die folgende Zusatzannahme vor (S_1 und S_2 seien wie früher Photonen):

Für jedes Photon im Zustand λ ist die Nachweiswahrscheinlichkeit bei Anwesenheit eines Polarisators im Strahlengang nicht größer als bei Fehlen des Polarisators.

Daraus folgen sofort vier Ungleichungen

$$p(a, \lambda) \leq p(\infty, \lambda); \quad p(a', \lambda) \leq p(\infty, \lambda);$$
$$\varrho(b, \lambda) \leq q(\infty, \lambda); \quad q(b', \lambda) \leq q(\infty, \lambda),$$

wobei das Zeichen ∞ das Fehlen des Polarisators andeutet. Mit Hilfe der Gln. (34) und durch die Wahl von

$$X = p(\infty, \lambda); \quad Y = q(\infty, \lambda)$$

können wir nun Gl. (33) in die Form

$$\begin{aligned}-D_0 &\leq D(a, b) - D(a, b') + D(a', b) + D(a', b') - D(a', \infty) \\ &\quad - D(\infty, b) \\ &\leq 0\end{aligned} \quad (37)$$

umschreiben, wobei D_0 dieselbe Bedeutung wie im vorigen Abschnitt (siehe Gl. (30)) hat und die Bedeutung der neuen Symbole aus dem Zusammenhang folgt.

Dies ist eine starke Ungleichung; wegen der Zusatzannahmen ist sie wesentlich stärker als Ungleichung (36). Sie enthält nur Wahrscheinlichkeiten für paarweisen Nachweis, und man kann zeigen, daß sie für bestimmte Polarisatorrichtungen die quantenmechanischen Vorhersagen verletzt. Da das Verhältnis der paarweisen Nachweiswahrscheinlichkeiten mit dem entsprechenden Verhältnis der Nachweisraten übereinstimmt, führt (37) sofort auf (31). (31) und (32) gelten also unter den Voraussetzungen dieses Abschnitts.

Ein numerisches Beispiel soll den Unterschied zwischen schwachen und starken Ungleichungen verdeutlichen. Mit der Definition

$$\Gamma = D(a,b) - D(a,b') + D(a',b) + D(a',b') \tag{38}$$

kann die schwache Ungleichung (36) in der Form

$$-0{,}9 \leq \Gamma \leq 0{,}1 \tag{39}$$

und die starke Ungleichung (37) in der Form

$$0 \leq \Gamma \leq 0{,}01 \tag{40}$$

geschrieben werden, wobei

(i) die quantenmechanischen Wahrscheinlichkeiten für die nicht-paradoxen Größen $p(a')$, $q(b)$, $D(a',\infty)$, $D(\infty,b)$, D_0 eingesetzt werden, und

(ii) für die experimentellen Parameter, nämlich die Durchlässigkeit der Analysatoren und die Quantenausbeute der Detektoren, repräsentative Werte von 97% bzw. 10% eingesetzt wurden. (Die genauen Werte für verschiedene durchgeführte Experimente sind in der Tabelle in Kapitel VI, Abschnitt 4, zu finden.)

Dieselben numerischen Werte können zur Berechnung der quantenmechanischen Vorhersagen verwendet werden. Das folgende Resultat gestattet den direkten Vergleich:

$$-0{,}00138 \leq \Gamma \leq 0{,}01138 \quad \text{(Quantenmechanik)}.$$

Die starke Ungleichung ist also einschränkender als die quantenmechanische, während die schwache Ungleichung den Bereich der quantenmechanischen Vorhersagen überdeckt.

Wie man sieht, führt das Prinzip der lokalen Realität auf eine obere Schranke von 0,1 für die möglichen Werte von Γ, die durch die Zusatzannahmen auf 0,01 gesenkt wird, nur wenig unter die quantenmechanische Schranke von 0,01138. Die Zusatzannahmen bedeuten also die schärfste Einschränkung.

Da das EPR-Paradoxon ein wichtiger Teil der modernen theoretischen Physik ist, sollte es nur auf der Basis allgemein anerkannter Vorstellungen formuliert werden. Unter diesem Gesichtspunkt ist der auf den „objektiv lokalen Theorien" von Clauser und Horne beruhende Ansatz nicht befriedigend, da physikalische Modelle konstruiert werden konnten, die die zwei Clauser-Horne-Annahmen nicht erfüllen, wenn Wahrscheinlichkeiten als Häufigkeiten in einem statistischen Ensemble definiert werden. Diese Schwierigkeiten konnten jüngst durch eine neue Definition von Realität und Separabilität mittels Wahrscheinlichkeiten überwunden werden.[14] Dadurch konnten nicht nur alle Ungleichungen zur Einsteinschen Lokalität mit einer allgemeineren Methode als der von Clauser und Horne abgeleitet werden, sondern zusätzlich konnten die Schwierigkeiten ihrer „objektiv lokalen Theorien" verstanden werden. Als Ergebnis dieser Untersuchungen zeigt sich, daß nicht die Faktorisierungsbedingung (CH1) versagt, sondern die Annahme (CH2), wonach die Dichtefunktion der verborgenen Variablen λ nicht von den Werten der betrachteten Observablen abhängt. Eine solche Abhängigkeit muß es im allgemeinen geben, doch bedeutet sie kein Versagen von Lokalität.

6 Experimente mit Zwei-Wege-Polarisatoren

Im Jahr 1981 analysierten Garuccio und Rapisarda[15] (GR) ein Experiment, in dem ein Paar von Calcitkristallen als Analysatoren für die Photonen S_1 und S_2 diente und je ein Detektor in den Gang des ordentlichen und des außerordentlichen Strahls gestellt wurde. Sie wandten die Methode von Clauser und Horne auf vier simultan meßbare Koinzidenzraten an (je zwei Detektoren für S_1 und S_2). Sie führten vier kombinierte Wahrscheinlichkeiten $D(a_\pm, b_\pm)$ ein, wobei beispielsweise $D(a_+, b_-)$ die kombinierte Wahrscheinlichkeit für Nachweis von S_1 im ordentlichen Strahl nach Durchgang durch den Polarisator mit Einstellung a und Nachweis von S_2 im außerordentlichen Strahl nach Durchgang durch den Polarisator mit Einstellung b bedeutet. Für die mittels der

$D(a, b)$ definierte neue Korrelationsfunktion $E(a, b)$ leiteten GR Ungleichungen ab. Für tatsächlich durchführbare Experimente ließ sich keine Ungleichung finden, die im Widerspruch zur Quantenmechanik stand. Daher führten sie eine Zusatzhypothese ein:

Für jedes Photon im Zustand λ hängt die Summe der Nachweiswahrscheinlichkeiten im ordentlichen und im außerordentlichen Strahl eines Zwei-Wege-Polarisators nicht von der Orientierung des Polarisators ab.

Damit konnten sie eine starke Ungleichung ableiten, die für reale Experimente im Rahmen der Quantenmechanik um etwa 50% verletzt ist. Ihre Ungleichung ist formal identisch mit der Bellschen Ungleichung.

Alle Experimente, die mit von Atomen emittierten Photonenpaaren durchgeführt wurden, haben – mit einer einzigen Ausnahme – eine sehr gute Übereinstimmung mit den Vorhersagen der Quantenmechanik gefunden, während starke Ungleichungen um mehrere Standardabweichungen verletzt waren. Es erscheint daher wahrscheinlich, daß starke Ungleichungen in der Natur nicht gelten. Daraus folgt, daß die zu ihrer Ableitung eingeführten Annahmen ungültig sind. Man muß sich entscheiden, entweder ein fundamentales physikalisches Prinzip, nämlich das Prinzip der lokalen Realität, aufzugeben oder auf willkürliche und experimentell nicht verifizierbare Zusatzannahmen zu verzichten. Die zweite Alternative ist die bei weitem vernünftigere. Daher ist bis heute noch keine allgemein anerkannte Lösung des EPR-Paradoxons gefunden worden. Die Diskussion der vorhandenen experimentellen Fakten zum EPR-Paradoxon soll im nächsten Kapitel erfolgen, dessen 4. Abschnitt gänzlich dieser Frage gewidmet ist.

Gegen die ursprüngliche Formulierung des EPR-Paradoxons läßt sich ein sehr allgemeiner Einwand vorbringen. Das Paradoxon hat die EPR-Realitätsbedingung zur Grundlage, die wir zu Beginn des Kapitels IV zitiert haben. Nach diesem Kriterium, das als hinreichende und keineswegs erschöpfende Definition von objektiver Realität formuliert ist, hat man eine bestimmte Eigenschaft eines physikalischen Systems als real anzusehen, wenn es *mit Gewißheit* und ohne Störung des Systems, zu dem sie gehört, möglich ist, ihren Meßwert vorherzusagen.

Eine zweite Annahme in der Ableitung des Paradoxons ist die Separabilitätshypothese, die Einstein für unsere Systeme S_1 und S_2

folgendermaßen definiert hätte: „Die reale und tatsächliche Situation von System S_1 ist unabhängig davon, was mit dem System S_2 geschieht, das von S_1 *räumlich getrennt* ist."

Während höchstens philosophische Einwände gegen die Separabilität möglich sind, zeigt das EPR-Realitätskriterium eine empfindliche Schwäche. Tatsächlich bedingt die „Vorhersagbarkeit mit Gewißheit" eine starke Idealisierung hinsichtlich der reellen physikalischen Situationen, in denen es nicht möglich ist, *absolut gewisse Vorhersagen* über das Resultat einer Messung einer physikalischen Größe zu treffen.

Zur Vermeidung dieser Schwierigkeiten kann man ein schwächeres Kriterium heranziehen, in dem die Gewißheit durch Vorhersagbarkeit mit einem vorgegebenen Grad an induktiver Wahrscheinlichkeit ersetzt wird. Dies führt zu folgender Verallgemeinerung des Realitätskriteriums[16]:

Wenn ohne jegliche Störung eines physikalischen Systems S die Vorhersage getroffen werden kann, daß die verschiedenen möglichen Resultate (r_1, r_2,...r_n) der Messung einer physikalischen Größe R mit gewissen Wahrscheinlichkeiten p_1, p_2, ..., p_n gefunden werden, dann existieren Elemente der physikalischen Realität, die zum System S gehören, mit der Eigenschaft, daß die Wahrscheinlichkeiten die vorhergesagten Werte annehmen.

Auch mit dieser Formulierung läßt sich die Argumentation von EPR durchführen, sie führt für die Einsteinsche Lokalisierung auf dieselben Ungleichungen (einschließlich der Bellschen Ungleichung), die auch aus der Standardformulierung abgeleitet werden.

Die Notwendigkeit der Neuformulierung entspricht nicht nur der Tatsache, daß man bei realen Experimenten kein Ergebnis mit absoluter Gewißheit erhalten kann, da Fehler niemals vollständig eliminiert werden können, sie folgt auch aus dem Beweis von Wigner, daß die Standardquantenmechanik die Erhaltungsgesetze additiver physikalischer Größen verletzt.[17] Eine Neuformulierung der Theorie ist daher notwendig und hat zur Folge, daß jede Messung mit einem kleinen Fehler behaftet ist. Die Wahrscheinlichkeitsformulierung des Realitätskriteriums muß dann verwendet werden, wenn man nicht einen fundamentalen physikalischen Widerspruch, das EPR-Paradoxon, aus einem theoretischen Gebäude ableiten möchte, das nicht vollständig konsistent ist.

VI Experimentelle Philosophie

Die Quantenmechanik ist nicht „philosophisch neutral", da ihre innere mathematische Struktur zu empirischen Vorhersagen führt, die in beobachtbarer Art einigen einfachen und allgemeinen Erwartungen philosophischer Natur widersprechen. Dies führt fast selbstverständlich zur Frage nach der Bedeutung der Gesellschaft, Kultur und Philosophie bei der Entstehung einer neuen Theorie. Auch die Möglichkeit unterschiedlicher experimenteller Situationen ergibt sich, in denen verschiedene philosophische Standpunkte zu andersartigen Vorhersagen führen würden. Einige Physiker glauben sogar, daß diese Fragen mit parapsychologischen Problemen oder sogar mit mystischen Vorgängen zusammenhängen.

1 Die Einheit der Physik

Der Kampf um die Hauptprobleme der Quantenphysik, wie den Dualismus Teilchen – Welle, die Vollständigkeit der Theorie und die separierbaren Elemente der Realität – hat immer mehr gezeigt, daß die wirklichen Meinungsverschiedenheiten zwischen berühmten Quantentheoretikern philosophischer Natur waren. Diese Meinung hatte anscheinend auch Heisenberg, wenn er schreibt:

„Alle Gegner der Quantentheorie sind sich aber über einen Punkt einig. Es wäre nach ihrer Ansicht wünschenswert, zu der Realitätsvorstellung der klassischen Physik, oder allgemeiner gesprochen, zur Ontologie des Materialismus zurückzukehren, also zur Vorstellung einer objektiven, realen Welt, deren kleinste Teile in der gleichen Weise objektiv existieren wie Steine und Bäume, gleichgültig, ob wir sie beobachten oder nicht."[1]

Persönlich wandte sich Heisenberg entschieden gegen diese Vorstellung der Realität. Er schrieb beispielsweise:

„Die Elementarteilchen in Platons Dialog ‚Timaios' sind ja letzten Endes nicht Stoff, sondern mathematische Form. ‚Alle Dinge sind Zahlen' ist ein Satz, der dem Pythagoras zugeschrieben wird. Die einzigen mathematischen Formen, die man in jener Zeit kannte, waren solche geometrischen oder stereometrischen Formen, wie eben die regulären Körper und die Dreiecke, aus denen ihre Oberfläche gebildet ist. In der heutigen Quantentheorie können wir kaum daran zweifeln, daß die Elementarteilchen letzten Endes auch mathematische Formen sind, aber solche einer sehr viel komplizierteren und abstrakteren Art."[2]

In dieser Beziehung ähnelten Heisenbergs Ideen sehr denjenigen Bohrs, obwohl es auch wichtige Unterschiede zwischen ihnen gab. So meinte Heisenberg, „daß der Begriff der Komplementarität, der von Bohr in die Deutung der Quantentheorie eingeführt worden ist, die Physiker dazu ermutigt hat, lieber eine zweideutige, statt eine eindeutige Sprache zu benützen; also die klassischen Begriffe in einer etwas ungenauen Art zu gebrauchen, die zu den Unbestimmtheitsrelationen paßt, abwechselnd verschiedene klassische Begriffe zu verwenden, die zu Widersprüchen führen würden, wenn man sie gleichzeitig anwenden wollte."[3]

Diese Ablehnung der Komplementarität durch den älteren Heisenberg bedeutet keine wirkliche Meinungsverschiedenheit bezüglich des Realitätsproblems. Wie wir im vierten Kapitel gesehen haben, hing Bohrs Lösung des Einstein-Podolsky-Rosen-Paradoxons wesentlich von der Annahme ab, daß nur Beobachtungen Realität zukommt und daß deshalb Einsteins Annahme über die „Elemente der Realität" abzulehnen war.

Wie das erste Kapitel gezeigt hat, wurde diese antirealistische Haltung Bohrs und Heisenbergs durch Born, Jordan und Pauli geteilt. Diese Meinung wurde auch von verschiedenen Philosophen und Wissenschaftstheoretikern diskutiert und weiterentwickelt. Beispielsweise schrieb Reichenbach im Jahre 1960: „Sie behaupten, daß Ihr Haus unverändert an seinem Platz steht, während Sie im Büro sind. Woher wissen Sie das? ... Falls Sie nicht eine bessere Antwort auf diese Frage finden, als sie der Hausverstand gibt, werden Sie nicht in der Lage sein, das Problem zu lösen, ob Licht und Materie aus Teilchen oder Wellen bestehen."[4]

Auch populäre Bücher wurden über diese Themen geschrieben und ein breites Publikum über die neuen philosophischen Trends der Grundlagenphysik informiert. Eine ziemlich extreme Schlußfolgerung wurde von A. Eddington im Jahre 1928 gezogen: „Um unsere Schlußfolgerung drastisch zu formulieren – das Baumaterial der Welt ist geistiges Material ... dieses geistige Material der Welt ist selbstverständlich etwas Allgemeineres als unser individuelles Bewußtsein; aber wir können seine Natur als nicht allzu unterschiedlich von den Gefühlen in unserem Bewußtsein betrachten."[5]

Die objektivistische Haltung der Kopenhagener und Göttinger Schulen, die auf den Akten der Beobachtung als philosophischen Grundlagen der Quantentheorie beharrten, hatte mit dem logischen Empirismus (Positivismus) wichtige Aspekte gemein. Es ist deshalb nicht verwunderlich, daß die Gegner des neu entstandenen Paradigmas sich entschieden gegen diese Philosophie wandten. Beispielsweise schrieb Planck:

„Wie sehr auch der Positivismus vermeinte, ohne alle Vorurteile vorzugehen, ist er dennoch einer fundamentalen Annahme verpflichtet, wenn er nicht in einen sinnlosen Solipsismus degenerieren will. Diese Annahme ist, daß jede physikalische Messung reproduziert werden kann. ... Dies bedeutet aber einfach, daß die für die Ergebnisse einer Messung entscheidenden Faktoren jenseits des Beobachtbaren liegen."[6]

Ähnlich hat Einstein argumentiert: „Ich sehe Machs Größe in seiner unveräußerlichen Skepsis und Unabhängigkeit. In meinen jüngeren Jahren hat mich aber Machs erkenntnistheoretische Position wesentlich beeinflußt, eine Position, die mir heute im wesentlichen als unhaltbar erscheint."[7]

Noch radikaler war Schrödingers Haltung. Für ihn rief die positivistische Philosophie das „Gefühl der Ablehnung, diese kalte Umklammerung schrecklicher Leere hervor, die jedermann überkommt, wie ich annehme, wenn er erstmals von Kirchhoffs und Machs Beschreibung der Aufgaben der Physik (oder der Wissenschaft im allgemeinen) hört ..."[8]

Wir werden hier die Probleme der Verständlichkeit und der Kausalität nicht diskutieren, die auch zu Meinungsverschiedenheiten zwischen den Gründern der Quantenphysik führten, da dies hinreichend ausführlich im ersten Kapitel geschah. Diese Zitate könnten vielleicht zur Schlußfolgerung führen, daß die Meinungsverschiedenheiten sich auf rein philosophische Fragen bezogen und deshalb nicht wesentlich für die praktische Anwendung der Quantenmechanik waren. Diese Schlußfolgerung wurde durch die Situation bezüglich der quantenmechanischen

Paradoxa verstärkt, die vor 1960 existierte: Einstein, de Broglie und Schrödinger sahen Paradoxa, wohingegen Bohr, Heisenberg und Pauli jede Inkonsistenz leugneten. Die detaillierte Untersuchung von de Broglies Paradoxon und des Einstein-Podolsky-Rosen-Paradoxons in seiner ursprünglichen Fassung hat gezeigt, daß die Unterschiede zwischen diesen Schlußfolgerungen ausschließlich auf philosophischen Meinungsverschiedenheiten bezüglich der physikalischen Realität beruhen, da die Überlegungen, auf denen die gegensätzlichen Schlußfolgerungen aufbauten, logisch fehlerfrei waren.

Diese Situation hat sich mit der Entdeckung der Bellschen Ungleichungen drastisch geändert. Die dadurch bewirkte Verschärfung des Einstein-Podolsky-Rosen-Paradoxons führte zur Möglichkeit einer experimentellen Unterscheidung zwischen der Quantenmechanik und der Einsteinschen Idee separierbarer Elemente der Realität. Wenn nämlich die Quantenmechanik vollständig ist, dann ist ihre unbegrenzte Gültigkeit mit der Existenz separater Elemente der Realität unverträglich. Wenn die Quantenmechanik andererseits unvollständig ist, kann man die Bellsche Ungleichung als unmittelbare Folgerung aus den Überlegungen von Einstein, Podolsky und Rosen herleiten. Auch in diesem Fall ergibt sich also eine Unverträglichkeit zwischen der Existenz räumlich separierbarer Elemente der Wirklichkeit und der Quantenmechanik. Dies bedeutet aber, daß die Vollständigkeit der Theorie eine falsche Problemstellung darstellt, und daß die Quantenmechanik auf alle Fälle mit einer separierbaren Realität unverträglich ist! Dies ist die Wahl, der die moderne Physik gegenübersteht, und wenn sich die Quantenmechanik auch für die von Einstein, Podolsky und Rosen betrachteten Korrelationen als korrekt erweist – wie vorläufige Experimente andeuten – muß man entweder die Realität atomarer Systeme oder ihre Separierbarkeit aufgeben.

Alle Physiker stimmen überein, daß wissenschaftliche Erkenntnis wesentlich auf Experimenten aufbaut. Sie stimmen auch überein, daß bei einer logisch korrekten Überlegung nur die Korrektheiten der zugrundeliegenden Annahmen oder die Bedeutung der Ergebnisse strittig sein kann.

Experimente und Logik sind deshalb die Bastionen, auf denen die Einheit der Physik aufbaut. Sie bilden den minimal-methodischen Apparat, den jedermann akzeptiert. Meinungsverschiedenheiten entstehen aber, sobald man die Frage stellt, ob noch weitere Prinzipien relevant sind oder nicht. Der logische Empirismus baut auf der grundlegenden Annahme auf, daß nichts anderes als Logik und Experimente relevant sind, was aber von sehr bedeutenden Physikern wie Planck, Einstein, Schrödinger, Ehrenfest und de Broglie geleugnet wurde. Es ist ferner klar, daß diese großen Meister der Physik stellvertretend für eine unausgesprochene Haltung der modernen Forschung stehen, die eine Ermittlung der objektiven (also beobachterunabhängigen) Eigenschaften atomarer und subatomarer Systeme sowohl für wichtig als auch für möglich hält.

2 Die Neutralität der Physik?

Es ist heute populär, die Physik als eine rein technische Aktivität zu betrachten, die von Physikern in ihren Laboratorien ausgeführt wird und nach wohldefinierten Regeln erfolgt, die sowohl für Experimente als auch für Theorien gelten. Die Physik soll kulturellen Tendenzen, philosophischen Ansichten, sozialen Problemen usw. neutral gegenüberstehen. Tatsächlich bietet die Geschichte der Wissenschaft viele Gegenbeispiele zu dieser Ansicht – und wir werden hier kurz ein spezielles Beispiel betrachten, nämlich die Natur des Lebens, um zu zeigen, daß eine Theorie, die sich im Einklang mit speziellen philosophischen Ansichten entwickelt, von selbst dazu tendiert, ihre „Wahrheit" auch in andere Disziplinen hineinzutragen.

Das grundlegende Buch von Charles Darwin über den Ursprung der Arten, das erstmals im Jahre 1859 veröffentlicht wurde, hatte tiefgreifende kulturelle Folgen. Die Feststellung, daß der Mensch in einem evolutionären Vorgang zusammen mit anderen lebenden Kreaturen entstanden ist, stand in Gegensatz zu allen anthropozentrischen Ansichten, die seit den Zeiten des Aristoteles die menschliche Kultur dominiert hatten.

Unter denjenigen, die Darwins Ideen nicht akzeptierten, war Christian Bohr – der Vater von Niels Bohr –, der Professor der Physiologie an der Universität Kopenhagen war. Seine Meinung wurde von Rosenfeld vor kurzem folgendermaßen zusammengefaßt: „In der Folge einer Reaktion gegen den mechanistischen Materialismus hat Christian Bohr zu Beginn dieses Jahrhunderts die Bedeutung teleologischer Gesichtspunkte beim Studium der Physiologie entschieden vertreten. Er argumentierte, daß ohne vorhergehende Kenntnis der Funktion eines Organs keine Aussicht auf ein Verständnis seiner Struktur oder der physiologischen Vorgänge besteht, die darin ablaufen."[9]

Es besteht eine auffallende Ähnlichkeit zwischen Christian Bohrs teleologischen Ansichten und den Folgerungen, die Niels Bohr Jahrzehnte später aus der Quantenmechanik für die Biologie zog.

Tatsächlich hat Niels Bohr das Prinzip der Komplementarität auf die Biologie angewendet und betont, daß wir sowohl die „physikochemischen Seiten der Lebensvorgänge akzeptieren sollten, die von jener Art von Kausalität beherrscht werden, die wir üblicherweise als die einzig wissenschaftliche verstehen, als auch die eigentlich funktionellen Aspekte dieser Prozesse, die von einer teleologischen oder finalistischen Kausalität beherrscht werden."[10]

Bohr argumentierte, daß ein vollständiges Verständnis der Physik und Chemie eines lebenden Organismus derart detaillierte Experimente erfordert, daß der Organismus dadurch getötet würde. Daraus leitet er eine Komplementaritätsbeziehung (strenge Kontradiktion) zwischen dem Leben und seiner wissenschaftlichen Beschreibung ab. Beide Aspekte sind wichtig und sollten betrachtet werden, sie widersprechen einander jedoch – und dieser Widerspruch kann im Prinzip nicht eliminiert werden. Bohr schloß daher: „Dieser Sachverhalt [die Komplementarität] bringt es ja auch mit sich, daß der Begriff der Zweckmäßigkeit, der in der mechanischen Analyse keinen Platz hat, einen gewissen Anwendungsbereich bei Problemen findet, wo Rücksicht auf die Kennzeichen des Lebens genommen werden muß. In dieser Hinsicht erinnert die Rolle der teleologischen Argumente in der Biologie an die im Korrespondenzprinzip formulierten Bestrebungen, das Wirkungsquantum in der Atomphysik auf rationale Weise in Betracht zu ziehen."[11]

Dadurch wurden die von Bohrs Vater bevorzugten teleologischen Begriffsbildungen mit der Hilfe des Komplementaritätsprinzips gerechtfertigt. Eine ähnliche Anwendung der Komplementarität auf unsere geistigen Aktivitäten erlaubte eine Rechtfertigung des freien Willens: „Von unserem Standpunkt [eines verallgemeinerten psychophysischen Parallelismus] aus ist ja das Gefühl der Willensfreiheit als ein dem bewußten Leben eigentümlicher Zug zu betrachten, dessen materielle Parallele in organischen Funktionen gesucht werden muß, die weder einer mechanischen Kausalbeschreibung zugänglich sind, noch irgendeine für die wohldefinierte Anwendung der statistischen Gesetze der Atommechanik hinreichend weitgetriebene physikalische Untersuchung zulassen.

Ohne in metaphysische Spekulationen zu verfallen, darf ich hier vielleicht noch sagen, daß jede Analyse des Begriffes ‚Erklärung' ihrem Wesen nach wohl immer anfangen und aufhören muß mit einer Resignation hinsichtlich des Verständnisses unserer eigenen bewußten Gedankentätigkeit."[12]

Diese Ansichten wurden von Bohr wiederholt auf dänischen und internationalen Kongressen vertreten. So im Jahre 1932 in seiner Ansprache beim internationalen Kongreß über Lichttherapie in Kopenhagen, 1937 in seiner Ansprache an den physikalischen und biologischen Kongreß zur Erinnerung an Galvani in Bologna und 1949 in einer Steno-Vorlesung der Dänischen Medizinischen Gesellschaft.[13]

Während Bohr die Theorie der natürlichen Evolution nur indirekt angreift (Darwin wird nie erwähnt), findet sich eine direktere Bezugnahme bei Heisenberg in seinem Buch „Physik und Philosophie". In dem Kapitel über „Die Beziehung der Quantentheorie zu anderen Gebieten der Naturwissenschaft" diskutiert Heisenberg die Darwinsche Theorie der Evolution, wobei er zugibt, daß diese Theorie zweifellos ein wichtiges Element der Wahrheit enthält. Bei der Analyse der Behauptung vieler Biologen, daß eine Hinzufügung der Ideen der Geschichte und Evolution zu Physik und Chemie alle biologischen Phänomene werde erklären können, schreibt er jedoch: „Eines der Argumente, die häufig zugunsten dieser Theorie ins Feld geführt werden, betont, daß überall dort, wo man die Gesetze von Physik und Chemie habe prüfen können, sie auch in den lebendigen Organismen sich immer als richtig herausgestellt hätten. Es scheint keine Stelle zu geben, an der eine besondere Lebenskraft eingreifen könnte, die von den bekannten Kräften der Physik verschieden wäre. Andererseits hat gerade dieses Argument durch die Quantentheorie viel von seinem Gewicht verloren."[14]

Auf den folgenden Seiten sympathisiert Heisenberg mit denjenigen Biologen, die nicht einsehen, wie Quantentheorie plus Geschichte jemals Begriffe wie Empfindung, Funktionieren eines Organs oder Zuneigung erklären könnten und schließt: „Wenn diese Auffassung richtig ist, so würde die Verbindung von Darwins Theorie mit Physik und Chemie nicht ausreichen, um das organische Leben zu erklären. Aber es würde immer noch richtig bleiben, daß die lebendigen Organismen in einem weiten Umfang als physikalisch-chemische Systeme angesehen werden können – als Maschinen, wie Descartes und Laplace es formuliert haben –, und daß sie, wenn man sie als Maschinen behandelt, sich auch wie Maschinen verhalten würden. Man könnte zur gleichen Zeit annehmen, wie Bohr vorgeschlagen hat, daß unser Wissen darum, daß eine Zelle lebt, vielleicht zu einer vollständigen Kenntnis ihrer molekularen Struktur komplementär ist."[15]

Damit wird für Heisenberg das Leben zu einem Geheimnis, das keine Physik vollständig erklären kann. Auch Pauli erwähnt die „interessante Anwendung" anerkennend, „die Bohr von seinen gnosiologischen Ansichten über Komplementarität auf den Gebieten der Biologie und Psychologie gemacht hatte."[16]

Bezüglich der Bedeutung der quantenmechanischen Naturphilosophie für die Integration idealistischer Begriffsbildungen in andere Wissenschaften schloß sich Born den Ansichten Bohrs und Heisenbergs an. Er schrieb:

„Wenn der Physiker sogar in der unbelebten Natur auf absolute Grenzen stößt, bei denen strenge kausale Verknüpfungen enden und durch Statistik ersetzt werden müssen, müssen wir auch im Bereich des Lebens und noch vielmehr des Bewußtseins und des Willens, damit rechnen, auf unüberwindbare Barrieren zu stoßen, wo die mechanistische Erklärung, das Ziel der älteren Naturphilosophie, völlig sinnlos wird."[17]

Endlich hat auch Jordan sein Buch „Die Physik und das Geheimnis des organischen Lebens" einer Diskussion biologischer Probleme gewidmet.[18] Er betont, daß die akausale Natur der Quantenmechanik es gestattet, das Leben und das Bewußtsein als primäre Gegebenheiten zu betrachten, die durch wissenschaftliche Gesetze nicht erklärt werden können. Aus dieser Schlußfolgerung heraus rechtfertigt Jordan dann Teleologie und Religion.

Die vorangehenden Beispiele einer Ausstrahlung von wissenschaftlichen Aktivitäten auf andere Bereiche der Kultur könnten leicht durch zahlreiche weitere Fälle ergänzt werden, in denen sich die Physik teilweise mit Erfolg bemühte, die Chemie, Biologie, Soziologie, Politik, Philosophie usw. zu beeinflussen. Hier entsteht das Problem, warum und wie Physiker glauben können, daß ihre spezielle Aktivität außerhalb ihres eigentlichen Anwendungsbereiches von Bedeutung ist. Dies könnte offensichtlich auf die Überzeugung zurückzuführen sein, daß eine allgemeine Wahrheit entdeckt wurde. Die Frage allgemeiner Wahrheiten ist ein klassisches Problem der Philosophie, das auf die Beziehung zwischen Physik und Philosophie führt.

In einem sehr interessanten Kapitel behandelt Max Jammer den Einfluß der Philosophie auf die Entstehung der Quantenmechanik. Er stellt fest, daß „philosophische Überlegungen den Geist der Physiker eher durch unterbewußte Haltungen als durch offenkundige Richtlinien beeinflussen. Es liegt in der Natur der Wissenschaft, ihre philosophischen Vorurteile zu verbergen, aber es ist Aufgabe des Historikers und Wissenschaftstheoretikers, diese Vorurteile unter dem wissenschaftlichen Überbau sichtbar zu machen. Für diesen Zweck sind Biographien, Briefwechsel und autobiographische Bemerkungen im allgemeinen wesentlicher als die wissenschaftlichen Veröffentlichungen selbst."[19]

Die Überlegungen der vorangehenden Kapitel haben gezeigt, daß die Paradoxien der Quantenmechanik auf das Problem der tatsächlichen Existenz physikalischer Objekte in Raum und Zeit führen, die unabhängig von der Gegenwart des Menschen und seiner Beobachtungen sind. Diese Problematik ist aber auch für die klassische Philosophie grundlegend und hat die philosophische Tradition in idealistische, materialistische, dualistische und andere Richtungen gespalten.

Idealistische Philosophien stimmen darin überein, daß sie eine Begründung des menschlichen Geistes aus der Materie ablehnen und den Vorrang der Gedanken gegenüber der Materie im Universum betonen. Einige extrem idealistische Philosophen haben sogar die autonome Existenz der Materie abgelehnt. Beispielsweise war Bischof Berkeley der Meinung, das Universum bestehe aus Gott, dem unendlichen Geist, aus ähnlichen, aktiven Geistern, die die Menschen einschließen, aus ewigen Ideen, die nur „im Bewußtsein" dieser Geister existieren und aus den Beziehungen zwischen Gott, den Geistern und den Ideen. Sonst sollte es nichts geben. Auch die von Leibniz vertretene Monadologie stellt eine Spielform des extremen Idealismus dar. Die Philosophie von Berkeley und Leibniz, aber auch von Plato und Hegel wird als *objektiver Idealismus* bezeichnet, da sie die Existenz einer „objektiven" geistigen Grundlage betont, die sich vom menschlichen Bewußtsein unterscheidet und davon unabhängig ist. Diese objektive geistige Grundlage war entweder die Absolute Idee Hegels, oder noch einfacher Gott. Unter der Bezeichnung eines *subjektiven Idealismus* werden diejenigen Philosophen zusammengefaßt, die als einzigen Hinweis auf eine externe Welt unsere Empfindungen wie Farbe, Größe, Geschmack oder Form zulassen und behaupten, daß die äußere Wirklichkeit *nur* aus unseren Empfindungen besteht. Da unsere Empfindungen mit geistigen Aktivitäten identifiziert werden, baut sich das Universum demnach ausschließlich aus einer geistigen „Substanz" auf. Der subjektive Idealismus führt zum *Solipsismus,* wonach nur das eigene Ich existiert und alle anderen Dinge, einschließlich aller anderen Leute, nur Schöpfungen meiner Gedanken sind.

Die entgegengesetzte Ansicht ist der *Materialismus.* Diese Philosophie behauptet das Primat der Materie über die geistige Welt. Die Materie soll demnach bereits existiert haben, bevor die natürliche Evolution das menschliche Bewußtsein hervorbrachte, und soll auch unabhängig davon existieren, ob wir sie beobachten oder nicht. Eine derartige Philosophie paßt naturgemäß in unsere wissenschaftliche Weltansicht. Die Naturgesetze führten auf dem Weg über komplizierte Aggregate von Molekülen zu einfachsten Lebensformen. Diese einfachsten Formen entwickelten sich zu komplexeren Organismen bis hin zum Menschen. Die Entstehung des menschlichen Bewußtseins war das Endprodukt dieser Evolution. Kein göttlicher Eingriff ist erforderlich, um das menschliche Denken so zu erklären. Gedanken sind demnach nur eine Eigenschaft eines sehr kompliziert aufgebauten Materiestücks, nämlich des menschlichen Gehirns. Eine Behinderung der Gehirnaktivität durch Schlaf oder Drogen stoppt tatsächlich den Denkprozeß. Einige frühe Materialisten gaben sehr naive Beschreibungen der „geistigen" Aktivität des Menschen. Demokrit nahm beispielsweise an, daß die Seele aus speziell leichten Atomen besteht und mit dem Körper stirbt. Im 19. Jahrhundert definierte Karl Vogt in seiner materialistischen Philosophie die Gedanken als spezielle Substanz, die vom Gehirn abgesondert wird, ebenso wie Speichel von unseren Speicheldrüsen abgesondert wird. Kein moderner Materialist schließt sich derartigen Theorien an.

Es gibt aber auch philosophische Lehren, die weder das Primat der Materie noch dasjenige des Geistes anerkennen. Sie nehmen an, daß das Universum aus zwei primären, voneinander unabhängigen Elementen besteht, nämlich aus Materie und Geist, die sich grundlegend unterscheiden. Descartes kann als derartiger *Dualist* bezeichnet werden. Diese Philosophie führt sofort auf Schwierigkeiten, wenn sie zu erklären versucht, wie das Bewußtsein jemals in Verbindung mit dem Materiestück „Mensch" getreten ist. Außerdem ist es nicht klar, wie Geist und Materie in Wechselwirkungen treten, wenn sie sich so grundlegend unterscheiden. Wir wissen aber, daß Empfindungen unser Bewußtsein verändern können und daß Entscheidungen zu körperlicher Aktivität führen.

Die Philosophie des *Positivismus* lehnt eine Behandlung des Problems von Materie und Geist ab. Sie betrachtet dieses Problem als metaphysisch und als unwesentlich für die Entwicklung der Naturwissenschaft. Der Positivismus lehnt es daher ab, Fragen zu beantworten wie: Gibt es eine externe Außenwelt, die unsere Empfindungen hervorruft? Oder sind unsere Empfindungen ausschließlich Produkte unserer geistigen Aktivität? Er nimmt unsere Empfindungen als gegeben an und versucht, sie logisch in ein theoretisches Schema zu bringen. Ein bedeutender Vertreter dieser Richtung war Ernst Mach. Seiner Meinung nach waren nur experimentell überprüfbare Behauptungen sinnvoll. Deshalb lehnte er abstrakte Begriffe wie den Äther, absoluten Raum und absolute Zeit, aber auch Atome und Moleküle ab.

Man könnte hier zwischen einem philosophischen und einem *methodischen Positivismus* unterscheiden. Letzterer behauptet nicht notwendigerweise, daß metaphysische Fragen sinnlos sind, baut aber physikalische Theorien auf experimentellen Tatsachen auf. Eine erfolgreiche Theorie dieser Art kann mit allen philosophischen Richtungen verträglich sein. Deshalb wäre die Philosophie für den Physiker völlig irrelevant. Eine nach den Prinzipien des methodischen Positivismus konstruierte Theorie sollte von experimentell überprüfbaren Axiomen ausgehen und ausschließlich auf experimentell überprüfbare Folgerungen führen. Für eine derartige Theorie wäre es irrelevant, ob unsere Beobachtungen nur das Ergebnis geistiger Aktivitäten sind oder eine objektive Realität darstellen – oder auch als Synthese zweier verschiedener Welten zustande kommen, nämlich einer physischen und einer geistigen Welt. Tatsächlich könnte jeder seine bevorzugte Philosophie auswählen und die physikalische Theorie daran anpassen.

Die Quantenmechanik genügt einer derartigen Beschreibung einer physikalischen Theorie nicht. Um dies zu zeigen, genügt es daran zu erinnern, daß eines ihrer Postulate eine Entsprechung zwischen observablen und linearen hermiteschen Operatoren annimmt. Bereits deshalb können nicht alle quantenmechanischen Axiome eine experimentelle Grundlage aufweisen. Die meisten Physiker würden hier sagen, daß es keine Rolle spielt, wie eine Theorie konstruiert wird, solange sie nur funktioniert und zu erfolgreichen Vorhersagen führt. Dies bringt uns zur Philosophie des *Pragmatismus,* die von Ch. S. Peirce und W. James aufgestellt wurde. Die grundlegende Idee des Pragmatismus ist es, daß der Mensch in einer Welt handeln muß, über die er keine gültige Kenntnis aufweist. Das Universum besteht aus einem Chaos von Empfindungen und Emotionen, die jeder inneren Einheit und rationalen Erkenntnis ermangeln. James schrieb im Jahre 1909: „Wir sind vielleicht im Universum so wie Hunde oder Katzen in unseren Bibliotheken, die die Bücher zwar sehen und die Konversation hören, aber keine Ahnung von der Bedeutung haben."[20]

Diesem Standpunkt gemäß führt das Denken nicht auf Kenntnisse, sondern lediglich auf die Fähigkeit, Lösungen von Schwierigkeiten zu entdecken und Erfolg zu haben. Das Denken ist deshalb ein Werkzeug oder Instrument, das ein spezielles Problem in einer bestimmten Situation löst. Wenn eine Idee oder Theorie „funktioniert" und erfolgreich ist, dann ist sie gut, also wahr. Andernfalls ist sie schlecht, also falsch. Anstelle von Kenntnissen setzt James instinktive, irrationale Meinungen, wie den Glauben und die Religion. Der Pragmatismus widerspricht daher dem Idealismus nicht. Dies zeigt sich auch an der Tatsache, daß die Pragmatiker den Einfluß des menschlichen Willens auf eine Welt überbetonen, die sich dem menschlichen Zwang willig fügen sollte.

Wie bereits erwähnt (Kapitel III, Abschnitt 5), wurde eine *idealistische* Interpretation des Dualismus Teilchen-Welle von einigen bedeutenden Physikern entwickelt. Ihre Grundidee ist, daß die Wellenfunktion $\psi(x)$ die Kenntnis darstellt, die der Physiker von der atomaren Welt hat, und kein objektiv existierendes Weltphänomen. Die Veränderung der Wellenfunktion bei einer Messung spiegelt daher die Entwicklung des menschlichen Bewußtseins bei seinem Studium der physikalischen Realität wider. Diese Ansicht ist im technischen Sinn nicht notwendigerweise idealistisch, da sie eine Überlegenheit der geistigen Aktivitäten nicht zwingend zu erfordern scheint. Daß dies tatsächlich aber doch der Fall ist, werden wir im folgenden Abschnitt zeigen, in dem wir die Beziehung zwischen menschlicher Kenntnis, der Wellenfunktion und der physikalischen Realität näher analysieren.

3 Eine Rolle für das Bewußtsein?

Ein elementares Theorem der Quantenmechanik besagt, daß die Wellenfunktion $\psi(x)$ eines Quantensystems a in der Form geschrieben werden kann

$$\psi(x) = \sum_i c_i \psi_i(x),$$

wobei $\{\psi_i(x)\}$ die Menge der Eigenfunktionen einer Observablen A des Systems ist. Eine Messung von A am System a gibt dem Beobachter *sichere* Kenntnisse, da eine Wiederholung der Messung wieder zum gleichen Wert von A führt, falls das System nicht gestört wurde. Wenn die Messung daher auf $A = a_1$ führte, so wird die Wellenfunktion von a nach dieser Messung gegeben sein durch $\psi_1(x)$, da diese Wellenfunktion garantiert, daß jede erneute Messung von A den Wert a_1 mit Sicherheit ergibt. Während der ersten Messung erfolgt deshalb ein diskontinuierlicher Sprung in der Wellenfunktion, die sich plötzlich von $\psi(x)$ auf $\psi_1(x)$ verändert, der üblicherweise als *„Reduktion des Wellenpaketes"* bezeichnet wird.

Oft wird behauptet, daß die Reduktion des Wellenpaketes auf die Veränderung der *Kenntnis* des Beobachters über die Eigenschaften des Systems a zurückzuführen ist, die bei der Messung entstand. Um das Problem des Meßprozesses soweit wie möglich zu erklären, werden wir hier die Beziehung zwischen dem menschlichen Beobachter und dem physikalischen Objekt in drei Teile gliedern:

(A) Die Kenntnis, die der Beobachter vom zu untersuchenden Objekt (zumindest seiner Meinung nach) hat.
(B) Die Wellenfunktion ψ, die das Objekt der Quantenmechanik gemäß beschreibt.
(C) Die wirkliche Struktur und physikalische Entwicklung des Objekts.

Die optimistischste Haltung, die man einnehmen kann, ist die Annahme einer ein-eindeutigen Beziehung zwischen (A) und (B), wobei zwei verschiedene Grade der Kenntnis des Objekts zwei verschiedenen ψ entsprechen und umgekehrt, und zwischen (B) und (C), wobei zwei verschiedene ψ zwei ähnlichen physikalischen Prozessen entsprechen, bei denen aber zumindest eine objektiv unterschiedliche Eigenheit auftritt. Demgemäß hätte der Beobachter bei gegebenem ψ eine perfekte Kenntnis des Objekts.

Tatsächlich ist es sehr schwierig, die Beschreibung eines Objekts durch die Wellenfunktion als absolut vollständige Beschreibung zu betrachten, und es ist deshalb vernünftig anzunehmen, daß zwei verschiedene Wellenfunktionen zwei verschiedenen physikalischen Situationen entsprechen, ohne daß auch das Gegenteil notwendigerweise zutreffen muß. In ähnlicher Weise kann man auch von der Idee absehen, daß zwei verschiedene Wellenfunktionen notwendigerweise zwei verschiedenen Graden der Kenntnis des Systems entsprechen, da die mathematische Struktur von ψ sich als reichhaltiger erweisen könnte, als zu Beschreibung unserer Kenntnis absolut notwendig ist. Jedoch ist die Annahme absolut notwendig, daß zwei verschiedene Grade der Kenntnis des Systems durch verschiedene Wellenfunktionen dargestellt werden.

Die beiden folgenden Hypothesen sind demnach die allgemeinsten, die mit dem Formalismus der Quantenmechanik verträglich sind:
(i) zwei verschiedene Grade der Kenntnis eines Objekts durch den Beobachter entsprechen zwei verschiedenen Wellenfunktionen
(ii) zwei verschiedene Wellenfunktionen entsprechen zwei objektiv verschiedenen physikalischen Objekten.

Von diesem Standpunkt aus führt die Ansicht, wonach eine Änderung der Kenntnis des Beobachters die Reduktion des Wellenpakets verursacht, auf die Schlußfolgerung, daß wegen (i) eine Änderung des menschlichen Wissens die physikalische Struktur des untersuchten Systems verändern kann.

Somit wird offensichtlich, daß der Beobachter nicht dadurch lernt, daß eine Wechselwirkung mit dem physikalischen System eine Veränderung seines Bewußtseins hervorruft. Im Gegenteil, das Bewußtsein prägt der Wirklichkeit neue Eigenschaften auf, die es in irgendeiner Weise hervorbringen wollte.

Man kann deshalb noch immer von einer „Kenntnis" des Objekts sprechen – aber nur aufgrund eines explizit idealistischen Beschreibung, die auf einer Überlegenheit des menschlichen Geistes über der Materie beruht. Diese Beschreibung steht auch der Parapsychologie nahe, da sie eine direkte Wirkung der Gedanken auf die materielle Welt vorsieht.

Um diese Schlußfolgerungen zu vermeiden, muß man versuchen, die Hypothesen (i) und (ii) weiter zu schwächen. Wäre (i) aufzugeben, so könnte man daraus folgern, daß die Quantentheorie falsch ist, da es keine Entsprechung mehr zwischen der Kenntnis eines Systems und seiner theoretischen Beschreibung gäbe. Deshalb muß man (i) als gültig annehmen, wenn man die Quantenmechanik beizubehalten wünscht.

Es bleibt also nur (ii) aufzugeben. In diesem Fall werden parapsychologische Effekte ausgeschlossen, da zwei verschiedene Wellenfunktionen identischen realen Systemen entsprechen können. Wegen (i) beschreibt hier die Wellenfunktion nur den Geisteszustand des Beobachters, und ihre Entwicklung beschreibt die Entwicklung seiner Ideen.

Deshalb würde sich der Zustand des menschlichen Bewußtseins streng kausal entwickeln, wenn keine „Beobachtungen" gemacht werden.

Diese „Beobachtungen" würden aber das menschliche Bewußtsein plötzlich und akausal verändern, woraus sich die Reduktion der Wellenfunktion ergäbe. Offensichtlich wäre auch das „Ergebnis eines Experiments" – das nach dem quantenmechanischen Formalismus dem Endzustand der Wellenfunktion entspricht – eine rein intellektuelle Schöpfung und man könnte aus Messungen nichts über „die wirkliche Welt" lernen.

Somit würde die „wirkliche Welt" eine Art von Geist hinter einer unüberwindlichen Wand werden, ein Geist, der auf keine Art erkannt werden kann – und die Physik würde dadurch zu einem Studium der geistigen Aktivitäten des Menschen werden.

Die vorangehende Diskussion des Meßprozesses folgt zum Teil Wigners Beschreibung: „Ferner ist die modifizierte Wellenfunktion im allgemeinen unvorhersehbar, bevor die bei der Wechselwirkung gewonnenen Eindrücke in unser Bewußtsein eintreten: es ist der Eintritt dieser Eindrücke in das Bewußtsein, der die Wellenfunktion verändert, da er unsere Einschätzung der Wahrscheinlichkeiten verschiedener Eindrücke modifiziert, die wir in der Zukunft erwarten[21]." Aus diesen Prämissen zieht Wigner die Schlußfolgerung, daß „es stets bemerkenswert bleiben wird, wie auch immer sich unsere Begriffe in Zukunft entwickeln mögen, daß gerade das Studium der äußeren Welt auf die Schlußfolgerung führte, daß der Inhalt unseres Bewußtseins die zugrundeliegende Realität ist"[22]. Ferner schließt Wigner, daß „wir herausgefordert sind, eine ‚psychoelektrische Zelle' zu konstruieren, um hier ein Schlagwort zu schaffen"[23].

Diese idealistische Deutung der quantenmechanischen Messung ist so alt wie die Quantenmechanik selbst. Große Physiker wie Pauli, Heisenberg oder Jordan glaubten, daß durch die Formulierung der Quantenmechanik Raum für Spiritismus und Parapsychologie geschaffen wurde und haben dies auch wiederholt festgestellt. Beispielsweise schrieb Heisenberg:

„Wenn man an diese in ihrem Wesen begründete Stabilität der Begriffe der gewöhnlichen Sprache im Prozeß der wissenschaftlichen Erfahrung denkt, so erkennt man, daß aufgrund der Erfahrung der modernen Physik unsere Haltung gegenüber solchen allgemeinen Begriffen wie Geist, menschliche Seele, Leben, Gott verschieden sein muß von jener des 19. Jahrhunderts, da diese Begriffe eben zur natürlichen Sprache gehören und deshalb mit der Wirklichkeit unmittelbar verbunden sind. Allerdings müssen wir uns auch darüber klar sein, daß diese Begriffe nicht im wissenschaftlichen Sinne wohldefiniert sein können und daß ihre Anwendung zu mancherlei inneren Widersprüchen führen wird; trotzdem müssen wir diese Begriffe einstweilen so nehmen, wie sie sind, unanalysiert und ohne präzise Definition. Denn wir wissen, daß sie die Wirklichkeit berühren.[24]"

Auch Eddington schloß aus ähnlichen Überlegungen: „Man könnte vielleicht sagen, daß die Argumente der modernen Naturwissenschaft es für einen vernünftigen Wissenschaftler erst im Jahre 1927 möglich machten, die Religion zu akzeptieren."[25]

Diese idealistische Deutung der Quantenmechanik war den Gegnern der ausgereiften Formulierung der Theorie wohlbekannt. Schrödinger schrieb beispielsweise: „Es muß für de Broglie den gleichen Schock und die gleiche Enttäuschung bedeutet haben wie für mich, zu lernen, daß eine Art transzendentaler, fast psychischer Deutung der Wellenphänomene gegeben wurde, die von einigen führenden Theoretikern bald als die einzige mit dem Experiment verträgliche Deutung verkündet wurde und die nunmehr den orthodoxen Glauben darstellt ..."[26]

Ähnlich kommentierte Einstein: „Ich schließe diese ... Ausführungen über die Deutung der Quantentheorie mit der Reproduktion eines kurzen Gesprächs, das ich mit einem bedeutenden theoretischen Physiker geführt habe. Er: ‚Ich neige dazu, an Telepathie zu glauben.' Ich: ‚Dies hat ja wohl mehr mit Physik als mit Psychologie zu schaffen.' Er: ‚Ja'."[27]

Es ist interessant zu bemerken, daß die Paradoxien der Quantenmechanik nicht mehr existieren, wenn man diesen idealistischen Gesichtspunkt ernst nimmt. Beispielsweise würde im Fall des EPR-Paradoxons die Erzeugung einer Komponente mit dem Drehimpuls $l=1$ auf die Einwirkung des Bewußtseins des Experimentators zurückgeführt, die dem S_1S_2-Paar die notwendigen neuen Eigenschaften auferlegt.

Die Hypothese, wonach die Reduktion des Wellenpakets durch die Wechselwirkung des physikalischen Apparates mit der Psyche des Beobachters zustandekommt, wurde von Hall, Kim, McElroy und Shimony experimentell untersucht.[28] Die negativen Ergebnisse dieses Experimentes deuten darauf hin, daß keine psychischen Wirkungen während der Messung auftraten.

Diese Autoren versuchten die Idee experimentell zu untersuchen, daß die Reduktion des Wellenpakets ein physikalisches Ereignis ist, das nur durch den Einfluß des Geistes des Beobachters hervorgerufen wird. Eine derartige Idee setzt eine dualistische Ontologie voraus, wonach es sowohl physikalische als auch geistige Objekte in der Natur geben soll und diese nicht nur nebeneinander existieren, sondern auch in Wechselwirkung treten. Mit Hilfe eines Apparats, bei dem zwei Zeiger die Zerfälle einer radioaktiven Quelle (der γ-Strahler ^{22}Na wurde verwendet) registrierten, versuchte ein Beobachter in der Nähe eines der Meßgeräte dem anderen Beobachter eine Botschaft zukommen zu lassen, indem er sein Gerät entweder beobachtete oder nicht beobachtete. Die Ergebnisse zeigten, daß auf diese Art keine Botschaften übertragen werden konnten. In diesem Experiment wurden keine Hinweise auf irgendeine Wirkung des Geistes des Beobachters gefunden, wie die meisten Physiker auch erwartet hatten.

Wir schließen diesen Abschnitt mit der Bemerkung, daß einige Autoren die Bewußtseins-Deutung der Quantenmechanik zu extremen Konsequenzen geführt haben.

So schreibt beispielsweise Cochran: „Die bekannten Tatsachen der modernen Quantenphysik und der Biologie lassen den folgenden Satz von Hypothesen vernünftig erscheinen; Atome und Elementarteilchen haben rudimentäres Bewußtsein, Willen oder Eigenaktivität; die grundlegenden Eigenschaften der Quantenmechanik sind ein Ergebnis dieser Tatsache; die quantenmechanischen Welleneigenschaften der Materie sind eigentlich die Bewußtseinseigenschaften der Materie, und lebende Organismen sind eine direkte Folge dieser Eigenschaften der Materie."[29]

4 Experimente zum EPR-Paradoxon

Das EPR-Paradoxon und seine Konsequenzen wurden in den vorigen Kapiteln anhand zweier Quantenobjekte S_1 und S_2 besprochen. Experimente zur Gültigkeit der Ungleichungen wie der Bellschen wurden mit Photonen ausgeführt, deren zwei Polarisationszustände als zweiwertige Variable genutzt wurden. Die quantenmechanische Behandlung der Polarisation der Photonen ist in einer Hinsicht sehr ähnlich der Behandlung von Spin-$\frac{1}{2}$-Teilchen: Beide Variable können nur zwei Werte annehmen. Bei Photonen ist diese Eigenschaft eine Folge ihrer Masselosigkeit, wodurch longitudinal polarisierte Photonen nicht existieren. Es gibt wie bei den klassischen elektromagnetischen Wellen nur Polarisationszustände, die transversal zur Ausbreitungsrichtung der Photonen sind.

Damit kann die Bellsche Ungleichung auch für korrelierte Photonen formuliert werden. Auch für Photonen gibt es Situationen, in denen die Polarisationszustände der korrelierten Photonen analog zu den Singulett-Zuständen von Spin-$\frac{1}{2}$-Teilchen beschrieben werden, und die daher zu Verletzungen der Ungleichung führen. Ein Beispiel ist die $(J=0) \to (J=1) \to (J=0)$-Kaskade des Calcium; es werden dabei zwei Photonen mit den Wellenlängen 551,3 nm bzw. 422,7 nm emittiert. (J steht für den Gesamtdrehimpuls des Calciumatoms. Die genannte Kaskade bezeichnen wir im folgenden kurz als (0, 1, 0)-Kaskade.)

Der Zustandsvektor der in der Kaskade ermittierten Photonen lautet

$$(x_1 x_2 + y_1 y_2)/\sqrt{2}, \tag{41}$$

wobei x_1, y_1 (x_2, y_2) Zustände linearer Polarisation des ersten (zweiten) Photons parallel zur x- bzw. y-Achse sind. Zwei wichtige Eigenschaften kennzeichnen diesen Zustandsvektor: Er stellt Photonen mit Gesamtdrehimpuls Null und positiver Parität dar, und er verletzt im Fall idealer Instrumente die Bellsche Ungleichung. Wie bereits im vorigen Kapitel betont wurde, sind Photodetektoren leider keineswegs perfekt, und dies bewirkt eine *Übereinstimmung* der quantenmechanischen Vorhersagen mit Bells schwacher Ungleichung. Die Einführung zusätzlicher Annahmen ermöglichte die Ableitung stärkerer Ungleichungen, die auch für die heute verfügbaren Meßinstrumente durch die quantenmechanischen Vorhersagen verletzt werden.

Beispiele schwacher und starker Ungleichungen [s. Gln. (39) und (40)] sind in Tabelle 1 angegeben.

Tabelle 1

Autoren	schwache Ungleichung	starke Ungleichung	η (schwache Ungleichung)
Freedman, Clauser[30]	$-0.794 \leq \Gamma \leq 0,206$	$0,000 \leq \Gamma \leq 0,037$	$\eta \leq 6,87$
Holt, Pipkin[31]	$-0,845 \leq \Gamma \leq 0,155$	$-0,002 \leq \Gamma \leq 0,019$	$\eta \leq 11,57$
Clauser[33]	$-0,838 \leq \Gamma \leq 0,162$	$0,000 \leq \Gamma \leq 0,018$	$\eta \leq 13,74$
Aspect et al.[40]	$-0,845 \leq \Gamma \leq 0,155$	$0,000 \leq \Gamma \leq 0,015$	$\eta \leq 16,67$
Perrie et al.[45]	$-0,812 \leq \Gamma \leq 0,188$	$-0,002 \leq \Gamma \leq 0,038$	$\eta \leq 6,25$

Für weitere Experimente sind die relevanten experimentellen Parameter nicht publiziert worden, die Situation ist aber zweifellos ähnlich zu den dokumentierten Fällen. Die starken Ungleichungen schränken den Bereich der erlaubten Γ-Werte auf ein Intervall ein, das im günstigsten Fall 4% des von den schwachen Ungleichungen gestatteten Bereiches einschließt. Infolge dessen hat kein publiziertes Experiment jemals die (lediglich aus den Prinzipien Realität und Lokalität abgeleiteten) schwachen Ungleichungen verletzt, während die große Mehrheit der Experimente deutliche Verletzungen der starken Ungleichungen zeigte, die mit Zusatzannahmen abgeleitet werden. Was wir trotzdem aus den bisherigen Experimenten lernen können, soll unser nächstes Thema sein.

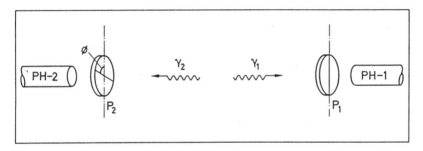

Bild 21 Das Photon-Koinzidenzexperiment. Zwei Photonen (γ_1 und γ_2) werden von zwei Polarisatoren (P_1 und P_2), die einen Winkel ϕ bilden, durchgelassen oder absorbiert. Die hindurchtretenden Photonen werden mit zwei Photovervielfachern (PH-1 und PH-2) nachgewiesen.

Im ersten Experiment, 1972 von Freedman und Clauser[30] veröffentlicht, wurde durch Bestrahlung eines Strahls aus Calciumatomen mit einer Deuterium-Bogenlampe ein $J=1$-Zustand angeregt. Etwa 10% der Atome gehen in einen $J=0$-Zustand über, den Anfangszustand der (0,1,0)-Kaskade, die Photonen mit Wellenlängen von 551,3 nm und 422,7 nm emittiert. (Das in diesem Experiment verwendete Calcium war ein fast reines Isotop mit verschwindendem Kernspin.) Auf beiden Seiten der Quelle wurden die Photonen durch eine Linse gebündelt und dann zunächst durch einen Filter und den Polarisator zu einem Photodetektor geschickt. Freedman und Clauser verwendeten Polarisatoren nach dem Prinzip der vielfachen Totalreflexion; ihre Polarisatoren bestanden aus zehn Glasplatten von etwa 1 m Länge, die fast exakt unter dem Brewsterschen Winkel gegen den Photonenstrahl geneigt waren.

Tabelle 2 Überprüfung der starken Ungleichungen in Experimenten mit atomaren Kaskaden

Autoren	Atom	Kaskade	λ_1 (nm)	λ_2 (nm)
Freedman, Clauser (1972)	^{40}Ca	$(J=0) \to (J=1) \to (J=0)$	551,3	422,7
Holt, Pipkin (1973)	^{198}Hg	$(J=1) \to (J=1) \to (J=0)$	567,6	404,7
Clauser (1976a)	^{202}Hg	$(J=1) \to (J=1) \to (J=0)$	567,6	404,6
Clauser (1976b)	^{202}Hg	$(J=1) \to (J=1) \to (J=0)$	567,6	404,6
Fry, Thompson (1976)	^{200}Hg	$(J=0) \to (J=1) \to (J=0)$	435,8	253,7
Aspect et al. (1981)	^{40}Ca	$(J=0) \to (J=1) \to (J=0)$	551,3	422,7
Aspect et al. (1982a)	^{40}Ca	$(J=0) \to (J=1) \to (J=0)$	551,3	422,7
Aspect et al. (1982b)	^{40}Ca	$(J=0) \to (J=1) \to (J=0)$	551,3	422,7
Falciglia et al. (1987)	^{40}Ca	$(J=0) \to (J=1) \to (J=0)$	551,3	422,7

Die Photodetektorpulse wurden in Koinzidenz registriert. Die Polarisatoren wurden alle 100 Sekunden aus dem Strahlengang genommen bzw. wieder in den Strahlengang gebracht. Die relative Orientierung der Achsen der Polarisatoren wurde variiert, die Ergebnisse zeigten gute Übereinstimmung mit den quantenmechanischen Vorhersagen (Bild 22). Die starke Ungleichung (32), die „Freedmansche Ungleichung", kann in der Form

$$\eta \leq 0{,}250 \qquad (42)$$

geschrieben werden mit

$$\eta = |R(22{,}5°)/R_0 - R(67{,}5°)/R_0. \qquad (43)$$

Die Resultate für $R(22{,}5°)$ und $R(67{,}5°)$ zusammen mit jenen ohne Polarisatoren (R_0) ergeben $\eta = 0{,}300 \pm 0{,}008$ in deutlicher Verletzung der starken Ungleichung von Freedman und in Übereinstimmung mit der quantenmechanischen Vorhersage $\eta_{qm} = 0{,}301 \pm 0{,}007$. *Wie aus der letzten Spalte von Tabelle 2 ersichtlich ist, ist die schwache Ungleichung für η durchaus erfüllt.*

Das Experiment von Holt und Pipkin[31] wurde niemals veröffentlicht. Es wurden die Photonen mit Wellenlängen von 567,6 nm und 404,7 nm beobachtet, die in der (1,1,0)-Kaskade des Quecksilberisotops

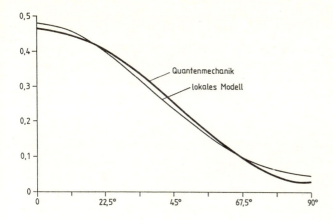

Bild 22 Theoretische Vorhersagen für ein EPR-Experiment. Verglichen wird eine typische Quantenmechnik-Vorhersage mit einer aus einem lokalrealistischen Modell ohne Zusatzannahmen folgenden Vorhersage.

^{198}Hg, eines Isotops mit verschwindendem Kernspin, emittiert werden. Da die letzte Stufe der Kaskade nicht der Grundzustand des Atoms ist, brauchten keine Vorkehrungen gegen Resonanzeinfang getroffen zu werden. In diesem Experiment wurde der Quecksilberdampf durch einen 100-eV-Elektronenstrahl angeregt, wobei Quecksilberdampf und Elektronenstrahl zusammen mit der Quelle in einem Pyrexbehälter eingeschlossen waren. Als Polarisatoren wurden Calcitkristalle verwendet, die die falsche Polarisation stärker unterdrücken als Freedmans Glasplättchen, während die Durchlässigkeit etwas geringer ist.

Experimentell ergab sich $\eta = 0{,}216 \pm 0{,}013$ in Widerspruch zur quantenmechanischen Vorhersage $\eta_{qm} = 0{,}266$, jedoch ohne Verletzung der starken Ungleichung. Diese Diskrepanz wurde nie vollständig aufgeklärt. Anhänger der lokalen realistischen Theorien äußerten die Vermutung[32], daß sie mit der Verwendung von Calcitpolarisatoren zusammenhängt.

Clauser[33] wiederholte das Experiment von Holt und Pipkin mit der einzigen Modifikation, daß er das Quecksilberisotop ^{202}Hg verwendete und statt Calcitpolarisatoren die im Zusammenhang mit dem Freedman-Clauser-Experiment beschriebene Anordnung. Dieses Experiment ergab $\eta = 0{,}2885 \pm 0{,}0093$ im Widerspruch zu Freedmans starker Ungleichung und in guter Übereinstimmung zur quantenmechanischen Vorhersage von $\eta_{qm} = 0{,}2841$.

In einer erweiterten Form dieses Experiments maß Clauser[34] die zirkulare Polarisation, nachdem er je ein $\lambda/4$-Plättchen aus Quarz in den Strahlengang zwischen Quelle und die einzelnen Polarisatoren gebracht hatte. Für ideale $\lambda/4$-Plättchen sagt die Quantenmechanik, daß der Zustandsvektor (41) für verschwindenden Drehimpuls nach dem Durchgang der Photonen durch die Plättchen unverändert geblieben ist. Freedmans starke Ungleichung (42) bleibt daher weiterhin gültig. Aus den experimentellen Werten fand Clauser $\eta = 0{,}235 \pm 0{,}025$, während er unter Berücksichtigung der Durchlässigkeiten der Polarisatoren und vermuteten Instabilität der $\lambda/4$-Plättchen $\eta_{qm} = 0{,}252$ erhielt, was die Ungleichung (42) nur knapp verletzt. Innerhalb der experimentellen Fehler waren diese Ergebnisse in Übereinstimmung mit der Quantenmechanik, wenn auch die Übereinstimmung nicht sehr befriedigend war.

Fry und Thompson[35] verwendeten die Photonen mit Wellenlängen 435,8 nm und 253,7 nm, die in der (1,1,0)-Kaskade des Quecksilberisotops ^{200}Hg emittiert werden. In einem zweistufigen Verfahren wurde der 7^3S_1-Zustand hergestellt: Zunächst wurde in einem Atomstrahl durch Elektronenbeschuß der metastabile 6^3P_2-Zustand erzeugt, der nach Zerfall aller unerwünschten kurzlebigen Zustände durch Resonanzabsorption von Strahlung eines abstimmbaren Farbstofflasers zum gewünschten Endzustand führte. Die Bandbreite des Lasers war schmal genug, daß das ^{200}Hg-Isotop selektiv angeregt wurde. Die Polarisatoren waren wieder vom Glasplattentyp, und das Magnetfeld in der Wechselwirkungsregion war schwächer als 5 Milligauß.

Da der Anfangszustand der Kaskade $J = 1$ hat, mußte eine eventuell ungleichmäßige Besetzung der anfänglichen Zeeman-Niveaus berücksichtigt werden, was Fry und Thompson durch Messung der Polarisation der Strahlungskomponente mit der Wellenlänge von 435,8 nm taten. Unter Berücksichtigung aller experimenteller Randbedingungen ergab sich die Vorhersage $\eta_{qm} = 0{,}294 \pm 0{,}007$ in Übereinstimmung mit dem experimentellen Wert $\eta = 0{,}296 \pm 0{,}014$ und im Widerspruch zu Freedmans starker Ungleichung.

Aspect, Grangier und Roger[36] (AGR) benutzten die Photonen mit den Wellenlängen von 551,3 nm und 422,7 nm der (0,1,0)-Kaskade des Calcium. Die Calciumatome wurden durch nichtresonante Absorption zweier Photonen in den $J = 0$-Zustand angeregt, wobei die Strahlen eines

Kryptonionenlasers (Wellenlänge 406 nm) und eines Farbstofflasers (Wellenlänge 581 nm) senkrecht auf einen Strahl von Calciumatomen fielen. Durch die Fokussierung der Laserstrahlen auf die Wechselwirkungsregion entstand eine Quelle für angeregte Calciumatome von etwa 60 μm Durchmesser und 1 mm Länge. Die Dichte lag zwischen $3 \cdot 10^{10}$ cm^{-3} und 10^{11} cm^{-3}, die Kaskadenraten betrugen mindestens $4 \cdot 10^7$ s^{-1}. Selektive Anregung des ^{40}Ca-Isotops verhinderte, daß die Polarisationskorrelation durch Hyperfeinstruktureffekte verringert wurde. Als Polarisatoren dienten die schon beschriebenen Glasplattenpolarisatoren.

Die hohe Dichte der Quelle führte zu Koinzidenzraten von etwa 100 Registrierungen pro Sekunde, wodurch mit einer Beobachtungszeit von nur 100 Sekunden ein statistischer Fehler von 1% möglich wurde. Durch Messung von $R(22,5°)$, $R(67,5°)$ und R_0 erhielten AGR $\eta = 0{,}3072 \pm 0{,}0043$ in Übereinstimmung mit der quantenmechanischen Vorhersage $\eta_{qm} = 0{,}308 \pm 0{,}002$; das Resultat verletzt jedoch Freedmans starke Ungleichung um mehr als 13 Standardabweichungen. Eine noch stärkere Verletzung um 40 Standardabweichungen wurde von Aspect[37] anläßlich der Konferenz in Perugia berichtet.

1982 führten AGR[38] ein ursprünglich von Garuccio und Rapisarda[39] vorgeschlagenes Experiment unter Verwendung von Zwei-Wege-Polarisatoren aus. Jeder Polarisator war ein polarisierender Würfel, bei dem Eigenschaften dünner dielektrischer Schichten und optischer Vergütung ausgenützt wurden; die Polarisatoren waren um die Beobachtungsachse drehbar. Damit konnte die im vorigen Kapitel eingeführte Korrelation $E(a, b)$ in einem einzigen Versuch gemessen werden, indem Vierfachkoinzidenzen für alle relativen Orientierungen der Polarisatoren (a, b), (a, b'), (a', b) und $a', b')$, registriert wurden. AGR fanden völlige Übereinstimmung mit den Vorhersagen der Quantenmechanik.

In allen bisher beschriebenen Experimenten wurden die Durchlaßrichtungen der Polarisatoren während der einzelnen Meßperioden festgehalten. Dadurch bestand die Möglichkeit, daß zwischen den beiden Polarisatoren Information mit einer die Lichtgeschwindigkeit nicht übersteigenden Signalgeschwindigkeit ausgetauscht würde. Eine solche, angesichts der bekannten Form der Wechselwirkungen äußerst unwahrscheinliche Möglichkeit kann ausgeschlossen werden, wenn die Einstellungen der Polarisatoren während einer Zeit verändert werden, gegen die die Flugzeit der Photonen von der Quelle zu den Polarisatoren kurz ist. Im

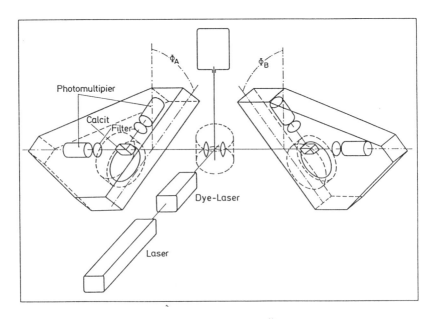

Bild 23 Aufbau des Catania-Experiments zur Überprüfung der Bellschen Ungleichung.

Experiment von Aspect, Dalibard und Roger[40] (ADR) lenkte ein optischer Schalter das von der Quelle einfallende Licht auf einen der beiden Polarisatoren auf jeder Seite der Quelle um. Im Gegensatz zum vorigen Experiment wurden nur die Durchlaßkanäle der Polarisatoren benutzt. Die Umschaltung des Lichts wurde durch Braggreflexion an einer stehenden Ultraschallwelle in Wasser hervorgerufen. Licht wurde durch die Zelle vollständig durchgelassen, wenn die Amplitude der Schallwelle Null war, und bei maximaler Schallintensität nahezu vollständig um 10 mrad abgelenkt. Die Umschaltung zwischen den Kanälen erfolgte etwa alle 10 ns. Da diese Zeit ebenso wie die Lebensdauer des Zwischenniveaus der Kaskade von 5 ns kleiner als die Signallaufzeit von 40 ns war, die sich aus der gegenseitigen Entfernung der optischen Schalter von 12 m ergeben würde, waren die Registrierung auf der einen Seite und die Orientierungsänderung auf der anderen Seite raumartig getrennt.

Im ADR-Experiment wurden zwar nur einige Koinzidenzen pro Sekunde registriert, wobei der Untergrund etwa eine Koinzidenz pro Sekunde betrug. Das Experiment ergab Übereinstimmung mit den Vorhersagen der Quantenmechanik.

Obwohl die Umschaltung periodisch und nicht zufällig erfolgte, wurde angenommen, daß die Schalter unkorreliert wären, da sie von verschiedenen Generatoren mit verschiedenen Frequenzen gesteuert wurden. Zeilinger[41] hat jedoch darauf hingewiesen, daß diese Situation eine begriffliche Schwierigkeit verdecken könnte.

Kritik[42,43] an den Experimenten von AGR und ADR wurde auch wegen der Möglichkeit geäußert, daß die hohe Dichte der Calciumquelle zu nicht unwesentlichem Resonanzeinfang geführt haben könnte. (Siehe auch die Entgegnung darauf durch Aspect und Grangier.[44])

Perrie, Duncan, Beyer und Kleinpopen[45] (PDBK) haben als erste die Polarisationskorrelation der von metastabilem atomarem Deuterium in einem Übergang zweiter Ordnung gleichzeitig emittierten Photonen gemessen. Der Ein-Photon-Übergang des $2S_{1/2}$-Zustands des Deuteriums ist verboten, und der wichtigste Kanal für die Abregung ist die gleichzeitige Emission von zwei Photonen, deren Frequenzen nur durch die Energieerhaltung eingeschränkt, sonst aber beliebig sind. Wegen Absorption in Sauerstoff ergab sich allerdings ein Beobachtungsfenster zwischen 185 nm und 355 nm.

Im Experiment von PDBK wurde durch Ladungsaustausch mittels Cäsiumdampf aus einem Deuteronenstrahl ein Atomstrahl der Energie 1 keV und einer räumlichen Dichte von 10^4 cm^{-3} produziert. Die $2S_{1/2}$-Komponente wurde in elektrischen Feldern durch Starkeffektmischung des $2S_{1/2}$- und $2P_{1/2}$-Zustands hergestellt. Die Lyman-α-Linie diente zur Normierung des Zwei-Photon-Koinzidenzsignals. Die Polarisatoren waren vom Glasplattentyp.

Durch Messung von $R(22{,}5°)$, $R(67{,}5°)$ und R_0 erhielten PDBK $\eta = 0{,}268 \pm 0{,}010$ in Übereinstimmung mit der quantenmechanischen Vorhersage $\eta_{qm} = 0{,}272 \pm 0{,}008$, doch die Abweichung von Freedmans starker Ungleichung betrug 2 Standardabweichungen.

In einer Erweiterung des vorigen Experiments[46] wurde die zirkulare Polarisation gemessen, nachdem achromatische $\lambda/4$-Plättchen in den Strahlengang vor jeden Polarisator gesetzt worden waren. Die Resultate verletzten Freedmans Ungleichung nicht und hätten im Widerspruch zur Quantenmechanik gestanden, wenn die $\lambda/4$-Plättchen als perfekt achromatisch angenommen worden wären. Mit einer beträchtlichen Achromatizität und mit einer unvollständigen Parallelität der einfallenden Photonen konnten PDBK ihre Beobachtungen in Einklang mit der Theorie bringen. Es überrascht jedoch, daß die zwei einzigen Messungen der Zirkularpolarisation in EPR-Experimenten durch Clauser[34] und PDBK zu Resultaten führten, deren Deutung schwierig ist.

Hassan, Duncan, Perrie, Beyer und Kleinpoppen[47] führten in der experimentellen Anordnung von PDBK ein $\lambda/2$-Plättchen zwischen Polarisator und Detektor eines Strahlengangs ein. Damit ließ sich gewährleisten, daß unmittelbar vor dem Nachweis in den Photodetektoren die Polarisationsebenen stets parallel waren. Als Resultat fanden die Autoren $\eta = 0{,}271 \pm 0{,}021$, in bester Übereinstimmung mit der quantenmechanischen Vorhersage $\eta_{qm} = 0{,}272 \pm 0{,}008$, aber im Widerspruch zu Freedmans starker Ungleichung.

Garuccio und Selleri[48] hatten zuvor mit der Idee einer polarisationsabhängigen Verstärkung der Nachweiswahrscheinlichkeit von Photonenpaaren eine Erklärung vorgeschlagen, warum die CSHS-Zusatzhypothese in der Natur verletzt ist. Die Resultate dieses Experiments stehen im Widerspruch zu dem Vorschlag von Garuccio und Selleri, der damit widerlegt ist. Deterministische lokale Modelle, die sich für nicht zu hohe Detektorausbeuten in vollständiger Übereinstimmung mit den Vorhersagen der Quantenmechanik befinden, werden als weitere mögliche Erklärungen im letzten Abschnitt dieser Übersicht vorgestellt werden.

In einem weiteren Experiment wurde ein zusätzlicher linearer Polarisator in einen Arm des Systems gestellt[49]: Das erste Photon passierte zwei Polarisatoren (a, a'), während das zweite nur einen (b) passierte. Die Orientierung des Polarisators a wurde festgehalten, der Polarisator b um den Winkel $a - b$ im Uhrzeigersinn und der Polarisator a' um $a' - a$ gegen den Uhrzeigersinn gedreht. Es wurde das Verhältnis $R(a - b; a' - a)/R(a - b; \infty)$ gemessen, wobei $R(a - b; a' - a)$ die Koinzidenzrate bei Einbau aller Polarisatoren und $R(a - b; \infty)$ bei Entfernung des Polarisators a' ist. Die Resultate stehen in guter Übereinstimmung mit der Quantenmechanik und zeigen wiederum, daß eine polarisationsabhängige Verstärkung der Nachweiswahrscheinlichkeit von Photonen nicht für die beobachtete Verletzung der starken Ungleichungen verantwortlich sein kann.

Vor kurzem wurden wichtige Verbesserungen der Experimente mit Photonpaaren vorgeschlagen. Falciglia, Garuccio, Iaci und Pappalardo[50] regten an, die Quelle der von Atomen emittierten Photonenpaare in ein Magnetfeld von 100 ... 1000 Gauß zu legen. Bei einer (0,1,0)-Kaskade wird der $J=1$-Zwischenzustand in drei Niveaus mit $m_J=0, \pm 1$ aufgespalten, die sich energetisch um den Betrag $\mu_B B$ unterscheiden (B ist die Stärke des Magnetfelds, μ_B das Bohrsche Magneton). Bekanntlich gibt es keine Emission aus dem $m_J=0$-Zustand, wenn sich die erzeugten Photonen parallel zum Magnetfeld ausbreiten. Zwei mögliche atomare Übergänge tragen daher zur Emission des Photonpaares bei:

(1) $(J=0, m_J=0) \rightarrow (J=1, m_J=+1) \rightarrow (J=0, m_J=0)$. Dies führt zu einem Paar von Photonen im Polarisationszustand $|R_\alpha\rangle, |R_\beta\rangle$, wobei R rechtszirkulare Polarisation bedeutet.

(2) $(J=0, m_J=0) \rightarrow (J=1, m_J=-1) \rightarrow (J=0, m_J=0)$. Dies führt zu einem Paar von Photonen im Polarisationszustand $|L_\alpha\rangle, |L_\beta\rangle$, wobei L linkszirkulare Polarisation bedeutet.

Wenn die Ausbreitung der Photonen parallel zum Magnetfeld erfolgt und wenn die Energiedifferenz der $m_J = \pm 1$-Zustände ausreicht, daß wenigstens im Prinzip der Unterschied zwischen (1) und (2) festgestellt werden könnte, sieht man, daß der (paradoxe) Zustandsvektor (41) sich in eine (nichtparadoxe) Mischung der Vektoren $|R_\alpha\rangle, |R_\beta\rangle$ und $|L_\alpha\rangle, |L_\beta\rangle$ transformiert. Daher sollte sich die Korrelationsfunktion beim Einschalten des Magnetfelds unstetig ändern, da der Zustandsvektor (41) im Gegensatz zur genannten Mischung die Bellsche Ungleichung verletzt. Die berühmte „Reduktion des Wellenpakets", einer der wichtigsten Züge der Quantentheorie, kann daher erstmals im Zusammenhang mit dem EPR-Paradoxon einer experimentellen Überprüfung unterzogen werden.

Der Zustand (41) mit verschwindendem Drehimpuls erfüllt eine bemerkenswerte Invarianzbeziehung: Wenn $\lambda/4$-Plättchen mit parallelen optischen Achsen in die Flugbahn der beiden Photonen gebracht werden, bleibt der Zustandsvektor (41) – wenigstens für ideale Plättchen – unverändert. Diese Behauptung kann leicht in einem EPR-Experiment überprüft werden, indem $\lambda/4$-Plättchen vor die Polarisatoren gestellt werden. Die Zählrate für Koinzidenz sollte für alle Orientierungen der Achsen der Polarisatoren unverändert bleiben. Wie oben ausgeführt, wurden zwei Experimente dieser Art durchgeführt, die beide beträchtliche Modifikationen der Korrelationsfunktion nach Einführen der $\lambda/4$-Plättchen zeigten. Dieser Effekt wurde in beiden Fällen der Unvollkommenheit der Platten zugeschrieben, doch überzeugt diese Erklärung angesichts der Größe der Diskrepanz kaum. Diese Experimente sollten natürlich wiederholt werden.

In letzter Zeit wurden einige Experimente vorgeschlagen, die im Prinzip die Trennung in „schwache" und „starke" Ungleichungen überflüssig machen sollten; mit anderen Worten, es sollte eine physikalische Situation geschaffen werden, in der der Widerspruch zwischen lokalem Realismus und quantenmechanischen Vorhersagen mit den verfügbaren Instrumenten beobachtbar ist und nicht durch Zusatzhypothesen erzwungen werden muß. Ein interessantes Experiment in dieser Richtung schlugen Lo und Shimony[51] vor: die Messung der Spinkorrelation zweier Natriumatome, die durch Dissoziation eines Natriummoleküls im Singulett-Zustand entstehen. Zum Nachweis von Natriumatomen stehen bessere Instrumente zur Verfügung als für optische Photonen. (Siehe auch die Kritik von Santos[52].) Eine weitere Idee wurde von Drummond[53] geäußert, der die kooperative Emission von Photonen aus angeregten Atomen untersuchte und zeigen konnte, daß man quantenmechanische Korrelationen für zwei Wellenpakete aus je N Photonen erhalten kann, die Bells Ungleichung verletzen. Die Effizienz eines Photodetektors zum Nachweis wenigstens eines von N Photonen ist natürlich größer als für ein einziges, und man kann sich dem Bereich hoher Nachweiswahrscheinlichkeiten nähern, in dem der Unterschied zwischen starken und schwachen Ungleichungen unwesentlich wird. Eine teilweise ähnliche Situation wurde von Reid und Walls[54] untersucht.

Chubarov und Nikolayev[55] analysierten die Standardanordnung für den Hanbury-Brown-Twiss-Effekt: Strahlung wird durch einen halbdurchlässigen Spiegel in zwei Strahlen geteilt und in zwei Photodetektoren registriert. Vor den Detektoren befinden sich wie in den üblichen EPR-Experimenten Polarisatoren. Die Zählrate für Koinzidenz muß nach Chubarov und Nikolayev starke Ungleichungen erfüllen, die mittels der üblichen Zusatzhypothesen abgeleitet wurden. (Siehe auch die Erweiterung dieser Idee durch Ou, Hong und Mandel[56].)

5 Weitere experimentelle Philosophie

Bei der Diskussion des Dualismus Welle-Teilchen im vierten Kapitel hat sich unter anderem gezeigt, daß Einstein und Bohr bezüglich der

Existenz einer Welle übereinstimmten, die weder Energie noch Impuls überträgt, aber induzierte (stimulierte) Übergänge auslösen soll.

Einsteins *objektiver Dualismus* assoziierte Wellen und Teilchen derart, daß die Teilcheneigenschaften Energie und Impuls (E und p) und die Wellenfrequenz v bzw. der Wellenvektor k gemäß

$E = hv;\quad p = hk$

verknüpft wurden. Bekanntlich hat de Broglie diese Beziehungen auch auf materielle Teilchen, wie Elektronen oder Neutronen, ausgedehnt, so daß sie als grundlegende Eigenschaften der Natur erscheinen.

Bei der Betrachtung von Einsteins Ansichten stößt man auf folgendes Problem: in welchem Sinne ist die Welle real, wenn doch das lokalisierte Teilchen den gesamten Impuls und die Energie trägt? Dieses Problem war für Einstein so akut, daß er die Wellen als *Gespensterfelder*[57] bezeichnete. Denn ein Objekt ohne Energie und Impuls übt keinen Druck auf Körper aus, die es trifft, es entspricht also nicht unseren üblichen Vorstellungen von einem Körper. Dennoch beschreiben die Gleichungen der Quantenmechanik die Ausbreitung dieser Welle in Raum und Zeit auch ohne zugeordnetes Teilchen. Dies geschieht beispielsweise bei Neutroneninterferometer-Experimenten, wenn sich die Neutronenwelle in zwei verschiedene Anteile aufspaltet, während das Teilchen nach Einsteins Ansicht nur einer dieser Wellen zugeordnet sein sollte.

Eine Welle ohne Energie und Impuls war auch die Grundlage des Vorschlags von Bohr, Kramers und Slater aus dem Jahre 1924.[58] Sie war Bohrs letzter Versuch, eine Quantentheorie ohne Korpuskularaspekte des Lichts zu formulieren. Die von Bohr als „virtuell" bezeichnete Welle sollte lediglich (nicht Energie-erhaltende) atomare Übergänge mit einer Wahrscheinlichkeit auslösen, die proportional zum Quadrat der Amplitude des elektromagnetischen Feldes am Ort des Atoms war. Es ist bekannt, daß die Idee der stimulierten Emission aus Einsteins Arbeit von 1917 stammt, die den ersten quantenmechanischen Beweis der Planckschen Formel enthält. Später war Bohr durch die experimentelle Evidenz gezwungen, die duale Auffassung des Lichtes anzuerkennen, die er dann in seinem Komplementaritätsprinzip ausdrückte, was aber seine Beschreibung der stimulierten Emission nur teilweise veränderte. Tatsächlich braucht man einem angeregten Atom keine Energie zuzuführen, um es zum Zerfall zu veranlassen, da die Energie ja vom angeregten Atom selbst bereitgestellt wird. Deshalb berechneten Einstein und Bohr die induzierte Wahrscheinlichkeit für diesen Zerfall mit Hilfe eines anfänglichen elektromagnetischen Feldes, dessen Energie entweder nicht benötigt wurde (bei Einstein) oder nicht existierte (bei Bohr).

Das virtuelle elektromagnetische Feld von Bohr, Kramers und Slater wurde von Heisenberg mit Aristoteles' Idee der „Potentia" verglichen, die er als „zwischen der Idee eines Ereignisses und dem tatsächlichen Ereignis" vermittelnd betrachtete. Wiederum zeigt sich die sonderbare Definition dieses Feldes, das von Heisenberg als erste Version der quantenmechanischen Wellenfunktion betrachtet worden war. Der Urheber der Wahrscheinlichkeitsdeutung der Wellenfunktion, Max Born, betrachtete es nicht als etwas völlig Konkretes, sondern schrieb: „Wir haben das Ende unserer Forschungsreise in die Tiefe der Materie erreicht. Wir suchten nach einem ruhenden Grund und fanden keinen. Je tiefer wir vordringen, um so ruheloser wird das Weltall und um so unbestimmter und nebliger."[59] Diese Skizze der frühen Ideen über die Natur von Quantenwellen zeigt, daß sogar eine Welle ohne Energie und Impuls sich durch ihren Einfluß auf die Übergangsraten instabiler Systeme bemerkbar machen könnte.

Der erste derartige Vorschlag wurde vom Autor dieses Buches 1969 gemacht[60] und später von Szczepanski[61] weiter entwickelt. Folgendes ist die grundlegende Idee: Ein Photonenstrahl mit so geringer Intensität, daß der Strahl jeweils nur ein einziges Photon enthält, wurde bereits in dem nunmehr klassischen Experiment von Janossy und Naray[62] verwendet. Ein derartiger Strahl soll von einem halbdurchlässigen Spiegel M in zwei verschiedene Strahlen aufgespalten werden. Photomultiplier, die in diese Strahlengänge gebracht werden, zeigen keine Koinzidenzen[63] und beweisen damit, daß Energie und Impuls wie bei der Neutronen-Interferometrie nur in einem der zwei möglichen Strahlen enthalten sind.[64] Nach der Wiedervereinigung der beiden Strahlen findet man aber, daß die Interferenzphänomene auch bei diesen niedrigen Intensitäten die üblichen Eigenschaften aufweisen, obwohl zu jedem beliebigen Zeitpunkt im Durchschnitt weniger als ein Photon im gesamten Apparat anwesend war. Dies gilt sogar dann, wenn die Dimensionen des Apparats die Kohärenzlänge des verwendeten Lichts weit übersteigen. Irgend etwas muß sich daher in beiden Strahlen ausbreiten und Information über die Phasenverschiebungen der Strahlen enthalten. Wir könnten die Möglichkeit untersuchen, daß dies gerade Einsteins „Gespensterfeld" oder Bohrs virtuelle Welle ist.

Wie könnte sich aber eine Welle bemerkbar machen, die weder Energie noch Impuls überträgt? Dieses Problem könnte sich dadurch lösen, daß wir nicht nur energieverändernde Prozesse beobachten, sondern auch Wahrscheinlichkeiten. Eine energielose Welle könnte ihre Anwesenheit durch eine Modifikation der Zerfallswahrscheinlichkeit unstabiler Systeme verraten.

Mit Hilfe bereits bekannter Techniken kann ein derartiges Experiment ausgeführt werden. Dazu benutzt man eine Cäsiumquelle, die einen Strahl definierter Wellenlänge und entsprechend geringer Intensität emittiert. Dieser Strahl wird dann durch einen halbdurchlässigen Spiegel – wie angegeben – in einen durchgelassenen und einen reflektierten Anteil aufgespalten. Wir betrachten nur diejenigen Fälle, in denen ein Photomultiplier P_1 im reflektierten Teil anspricht. Der durchgelassene Strahl enthält dann nur eine virtuelle Welle.

Dieser Strahl wird auf einen organischen Laser gerichtet, wo das energie- und impulslose Wellenpaket seine Anwesenheit bemerkbar machen könnte, indem es stimulierte Übergänge hervorruft. Tatsächlich werden die Moleküle im Laser in einem angeregten Energieband gespeichert, das die Wellenlänge der Cäsiumquelle einschließt. Die emittierten Photonen könnten dann mit einem zweiten Photomultiplier P_2 hinter dem Laser nachgewiesen werden. Koinzidenzen zwischen P_1 und P_2 würden damit die Ausbreitung einer energielosen Wellenerscheinung nachzuweisen erlauben. Ihre raumzeitliche Ausbreitung kann durch Einbringung eines undurchlässigen Hindernisses vor den Laser untersucht werden.

Ein positiver Ausgang dieses Experiments würde definitiv die Existenz neuartiger Wellenphänomene nachweisen, die weder Energie noch Impuls tragen, aber doch Übergänge auslösen können. Dies würde die Entdeckung einer neuen Schicht der Realität bedeuten und die alte Kontroverse bezüglich der Natur des Dualismus Teilchen-Welle erneut aufwerfen.

Nach de Broglie und Einstein besteht also ein Quantenobjekt aus einem kleinen Teilchen, das dauernd im Raum lokalisiert ist, und einer objektiv realen Welle $\phi(x, y, z, t)$, die sich als physikalischer Prozeß in Raum und Zeit fortpflanzt und eine bestimmte Bewegungsgleichung erfüllt, z. B. die nichtrelativistische Schrödingergleichung. Die übliche quantenmechanische Wellenfunktion $\psi(x, y, z, t)$ ist zur physikalischen Welle $\phi(x, y, z, t)$ proportional:

$$\psi(x, y, z, t) = c\phi(x, y, z, t), \tag{44}$$

wobei die Konstante c durch die Bedingung

$$\int |\psi(x, z, y, t)|^2 \, dx \, dz \, dy = 1$$

festgelegt wird. Dies wird von der Wahrscheinlichkeitsdeutung von ψ gefordert, während ϕ als reelles Feld nicht willkürlich gewählt werden kann. Wie in der klassischen Physik verändert eine Beobachtung die vorhergesagten Wahrscheinlichkeiten, und dies hat zur Folge, daß in gewissen Raumbereichen ψ, und damit c, nicht jedoch ϕ, den Wert Null annehmen muß: Die Reduktion des Wellenpakets betrifft ψ, aber *nicht ϕ*!

De Broglie scheint die Tatsache übersehen zu haben, daß ein nichtverschwindender Wert von ϕ in Bereichen mit $\psi = 0$ zur Vorhersage von Erscheinungen führt, die in der üblichen „Kopenhagener" Deutung der Quantentheorie nicht auftreten. Aufbauend auf einer Darstellung von Croca[65] wollen wir hier einige dieser Phänomene darstellen (s. a.[66]).

In Abschnitt 6 des zweiten Kapitels diskutierten wir das Doppelspaltexperiment nach Philippidis, Dewdney und Hiley. Dabei sahen wir die doppelte Bedeutung von R, dem Betrag von ϕ: R ist proportional zur Amplitude der physikalischen Welle und das Quadrat ergibt die Teilchendichte im statistischen Ensemble vieler Wiederholungen derselben physikalischen Situation.

Anfangs ist das Teilchen Teil einer ebenen Welle mit konstanter Amplitude R: Darum verschwindet das Quantenpotential Q und mit ihm die Quantenkraft, so daß sich das Teilchen geradlinig ausbreitet. Nach dem ersten Schirm ändert sich die Situation, da eine doppelte Beugung stattfindet und zwei Zylinderwellen ϕ_1 und ϕ_2 von den Spalten mit variabler Amplitude ausgehen. Diese Wellen interferieren am zweiten Schirm und führen zu einer Gesamtwelle

$$\phi = \phi_1 + \phi_2 = R \exp(iS/\hbar) \tag{45}$$

wobei R und S aus den Amplituden und Phasen der beiden Zylinderwellen berechnet werden können. Daraus folgen wiederum das Quantenpotential, die Teilchengeschwindigkeit und die Trajektorie für jede beliebig gewählte Anfangsposition im ersten oder im zweiten Spalt.

De Broglies Welle kann direkt nicht nachgewiesen werden, da sie praktisch keine Energie überträgt. Nur Teilchen werden direkt beobachtet und jedes einzelne passiert entweder den ersten oder den zweiten Spalt.

Trotzdem spürt jedes Teilchen an seinem jeweiligen Aufenthaltsort die Wirkung der beiden Wellen ϕ_1 und ϕ_2. Man kann dies auch so ausdrücken, daß jedes Teilchen mit der Gesamtwelle ϕ (45) in Wechselwirkung steht. Folglich ist die Wechselwirkung des Teilchens mit den Wellen sehr ähnlich jener eines klassischen Elektrons, auf das verschiedene elektrische Felder $\vec{E}_1, \vec{E}_2, \ldots \vec{E}_n$ von n verschiedenen Quellen einwirken, die lokal als Wirkung der *vektoriellen Summe* dieser Felder erscheinen.

Zur Verallgemeinerung von Gl. (45) wollen wir annehmen, daß ein Quantenteilchen mit der Gesamtwelle ϕ,

$$\phi = \phi_1 + \phi_2 + \ldots + \phi_n, \qquad (46)$$

in Wechelwirkung steht, wenn es sich in einem Raumbereich befindet, in dem mehrere Wellen $\phi_1, \phi_2, \ldots \phi_n$ vorhanden sind. Diese Annahme soll auch dann getroffen werden, wenn die Wellen von verschiedenen Quellen ausgehen. Im Rahmen der Interpretation der Quantenerscheinungen nach de Broglie gibt es wenigstens für Photonen einen direkten experimentellen Hinweis, daß diese Erweiterung richtig ist. Interferenzeffekte, die durch Superposition von Lichtstrahlen aus zwei unabhängigen Single-Mode-Lasern entstehen, wurden von Pfleegor und Mandel[67] experimentell untersucht. Sie fanden, daß selbst dann, wenn mit hoher Wahrscheinlichkeit ein Photon vor der Emission des nächsten absorbiert wird, Interferenz auftritt (s. Bild 24). Die kausale Deutung dieses Experiments wurde von de Broglie und Andrade e Silva[68] gegeben:

„Ein Photon, das von einem der beiden Laser emittiert wird und in der Wechselwirkungszone ankommt, wird – und dies scheint uns physikalisch gewiß – von der Überlagerung der Wellen geleitet, die von den beiden Lasern ausgehen ..."

Nahezu dieselben Worte gebrauchte de Broglie in einer späteren Arbeit.[69] Für de Broglie stellte diese Idee eine wichtige Modifikation im Vergleich zu früheren Aussagen dar, nach denen „... die Welle eines Teilchens nur mit anderen Teilen seiner selbst und nicht mit Wellen anderer Teilchen interferieren kann."[70] Diese Modifikation war notwendig geworden, wenn alle Beobachtungen, das Pfleegor-Mandel-Resultat eingeschlossen, eine Erklärung finden sollten. Jedenfalls ist de Broglies Auffassung von 1968 physikalischer und, von einem allgemein realistischen Standpunkt betrachtet, natürlicher als seine Vorstellungen von 1960, die der Kopenhagener Vorstellung sehr nahe kamen, nach der zwei

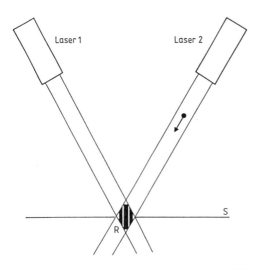

Bild 24 Aufbau des Experiments von Pfleegor und Mandel. Im Bereich R interferieren die beiden Wellen. Wegen ihrer Wechselwirkung mit der Gesamtwelle müssen die Teilchen das Interferenzmuster bilden. Ihre Verteilung kann durch Abzählen der in verschiedenen Punkten des Schirms eintreffenden Teilchen festgestellt werden.

verschiedene Quantenobjekte nicht mit einander interferieren können, weil sie durch ein einziges Wellenfeld $\psi(x_1, x_2)$ beschrieben werden.

Wir nehmen daher die folgende, physikalisch plausible Verallgemeinerung von de Broglies Standpunkt von 1968 als gültig an:

Ein Teilchen, das sich in einem Raumbereich fortpflanzt, in dem mehrere Wellenpakete ϕ_1, ϕ_2,...ϕ_n derselben Beschaffenheit und mit derselben Frequenz vorhanden sind, tritt lokal mit deren algebraischen Summe ϕ durch das Quantenpotential in Wechselwirkung, selbst wenn die Wellen von verschiedenen Quellen stammen. Für das statistische Ensemble bewirkt dies, daß die Teilchendichte zu $|\phi|^2 = R^2$ proportional wird.

Um uns einige der überraschenden Konsequenzen dieser Annahme zu vergegenwärtigen, betrachten wird das Dreifach-Spalt-Experiment von Bild 25. Zwei *inkohärente* Quellen Σ_1 und Σ_2 emittieren gleichartige Quantenobjekte (Photonen, Elektronen, Neutronen,...) mit gleicher

Energie, so daß die von den beiden Quellen emittierten Quantenobjekte die gleiche Frequenz haben. Die Quellen sollen sehr schwach sein, d. h., die Quantenobjekte werden einzeln in weit getrennten Zeitintervallen emittiert. Photonen der oberen Quelle Σ_1 können nur auf die oberen beiden Spalten auftreffen; von diesen Spalten gehen zwei Zylinderwellen ϕ_1 und ϕ_2 nach rechts, und dies wird gelegentlich gleichzeitig mit einem Teilchen erfolgen, das einen der beiden Spalte passiert hat. Nur Fälle, in denen dieses Teilchen im Detektor D_1 auf dem zweiten Schirm registriert wird, interessieren uns.

Photonen der unteren Quelle Σ_2 können auf die zwei unteren Spalte fallen; allerdings ist jedoch einer von ihnen dauernd durch den Teilchendetektor D_2 verschlossen, und es gibt nur drei Spalte, durch die in Bild 25 Quantenobjekte hindurchgehen können. Nur Ereignisse, in denen D_2 ein

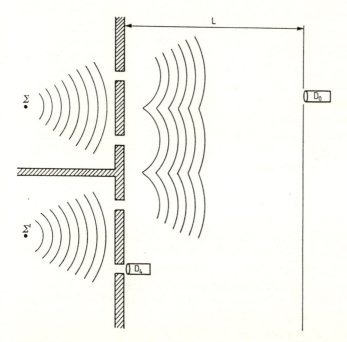

Bild 25 Experiment nach Andrade e Silva zum Nachweis leerer Wellen. Der Nachweis eines Teilchens im Detektor D_4 ist mit dem Durchgang einer leeren Welle durch den dritten Spalt gekoppelt.

Teilchen nachweist, interessieren uns hier; in solchen Fällen dürfen wir annehmen, daß eine leere Quantenwelle ϕ_3 vom dritten Spalt ausgeht.

Das vorgeschlagene Experiment beruht auf dem gleichzeitigen Ansprechen der Detektoren D_1 und D_2, wobei die Koinzidenzzeit passend zu wählen ist. Angenommen, beide Quellen emittieren dispersionsfreie Wellenpakete mit Kohärenzlänge l. (Dies gilt für Photonen, da sowohl Phasen- als auch Gruppengeschwindigkeit gleich der Lichtgeschwindigkeit sind, trifft aber nicht für Elektronen und Neutronen zu. Die Komplikationen aufgrund des Zerfließens des Wellenpakets lassen sich leicht berücksichtigen,[71] wir wollen im folgenden zur Vereinfachung nur dispersionsfreie Wellen betrachten.) Wir nehmen außerdem an, daß wir die Kohärenzlänge l und die Gruppengeschwindigkeit u kennen. Daher brauchen beliebige Wellenpakete die Zeit l/u, um einen vorgegebenen Punkt zu passieren. Dadurch läßt sich eine Koinzidenzzeit definieren: Wenn zum Zeitpunkt t_2 der Photodetektor D_2 anspricht, dann muß D_1 zur Zeit

$$t_1 = t_2 + L/u \pm l/(2u)$$

ansprechen. *Mit dieser Definition von „Koinzidenz" ist gewährleistet, daß die Wellen, von denen die von den Dedektoren D_1 und D_2 registrierten Teilchen begleitet werden, im Bereich vor dem Schirm überlappen.*

Wegen unserer Grundannahme werden die vom ersten oder zweiten Spalt ausgehenden Teilchen die gleichzeitige Wirkung der drei Wellen ϕ_1, ϕ_2 und ϕ_3, also von $\phi_1 + \phi_2 + \phi_3$ fühlen. Die Wahrscheinlichkeitsdichte am Ort des zweiten Schirms wird proportional zu

$$|\phi|^2 = \sum_{i=1}^{3} |\phi_i|^2 + \sum_{i<j} 2 R_i R_j \cos[(S_i - S_j)/\hbar] \tag{47}$$

wobei wir die Form $\phi_i = R_i \exp(iS_i/\hbar)$, $(i = 1, 2, 3)$, benutzt haben.

Wir müssen die Inkohärenz der beiden Quellen berücksichtigen. Offensichtlich nehmen $\cos(S_1 - S_3)/\hbar$ alle möglichen Werte zwischen -1 und 1 in verschiedenen Ergebnissen zufällig verteilt an, so daß im statistischen Ensemble der Mittelwert über die entsprechenden Interferenzterme in Gl. (47) verschwindet.

Damit vereinfacht sich der Ausdruck (47) zu

$$|\phi|^2 = \sum_{i}^{3} R_i^2 + 2 R_1 R_2 \cos[(S_1 - S_2)/\hbar]. \tag{48}$$

Dieser Ausdruck für die Teilchendichte am Ort des zweiten Schirms unterscheidet sich vom Ausdruck, den man im Rahmen der Kopenhagener Deutung der Quantenmechanik erwarten sollte. In letzterer führt die Beobachtung eines Teilchens durch D_2 zum sofortigen Verschwinden der vom dritten Spalt ausgehenden Welle ϕ_3, die in dieser Deutung lediglich ein mathematisches Hilfsmittel zur Berechnung, nicht aber eine physikalische Welle darstellt. Das Verschwinden von ϕ_3 ist natürlich nichts anderes als die vertraute „Reduktion des Wellenpakets".

Um eine Vorstellung vom quantitativen Unterschied zwischen den beiden Vorhersagen zu erhalten, betrachten wir einen Bereich am zweiten Schirm, in dem die drei Wellen gleiche Amplituden besitzen. Aus Gl. (48) wird dann

$$|\phi|^2 = 2\,I_0\,\{3/2 + \cos[(S_1 - S_2)/\hbar]\} \qquad (49)$$

In der Kopenhagener Deutung ist der Summand $3/2$ durch 1 zu ersetzen, was einen beträchtlichen Unterschied ergibt.

Damit ein Experiment Aussagekraft erhält, müssen die Quellen einige Bedingungen erfüllen. Zunächst müssen sie hinsichtlich der Geschwindigkeit der emittierten Systeme identisch sein, so daß Teilchen, die einen der beiden Spalte passiert haben, auch von der Welle geführt werden können, die vom dritten Spalt ausgeht. Perfekte Gleichheit der Geschwindigkeiten wird nicht benötigt, die Frequenzspektren der zwei Wellenpakete sollten sich allerdings weitgehend überlappen, so daß sich ein Teilchen (in de Broglies Sinn) auf allen Wellen zu Hause fühlen kann. Die Kohärenzlänge l der von den Quellen emittierten Wellenpakete sollte außerdem gleich sein, doch ist dies praktisch immer gewährleistet, wenn die vorige Bedingung erfüllt ist. Die Intensitäten der beiden Quellen müssen so niedrig sein, daß man nur äußerst selten mehr als ein Teilchen in dem Bereich zwischen den beiden Schirmen findet.

Es besteht immer eine nichtverschwindende Wahrscheinlichkeit, daß zwei von Σ_2 emittierte Teilchen eine D_1D_2-Koinzidenz auslösen. Um sicherzustellen, daß die in D_1 registrierten Teilchen fast ausschließlich von Σ_1 kommen, ist es *zweckmäßig, die Intensität von Σ_1 gegenüber Σ_2 beträchtlich anzuheben,* dabei darf die Welle, die ein von Σ_2 emittiertes Teilchen begleitet, nicht verändert werden: ein rotierendes Zahnrad in der Teilchenbahn kann diese Aufgabe erfüllen, weil es einige Quantenobjekte vollständig absorbiert, während es andere unverändert durchläßt.

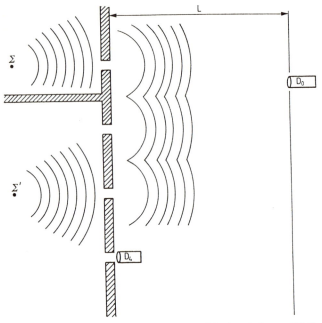

Bild 26 Experiment nach Croca zum Nachweis leerer Wellen. Der Nachweis eines Teilchens im Detektor D_4 ist mit dem Durchgang von zwei leeren Wellen durch den zweiten und den dritten Spalt gekoppelt.

Ein ähnliches Experiment ist in Bild 26 zu sehen. Σ_1 schickt Teilchen nur gegen den ersten Spalt, während die von Σ_2 ausgehenden Teilchen auf den zweiten und dritten Spalt und den durch den Detektor D_2 verschlossenen Spalt fallen. Alles weitere sollte wie im vorigen Experiment sein, die Intensität von Σ_1 sollte hundertmal größer sein als von Σ_2. Dadurch kommen $D_1 D_2$-Koinzidenzen fast immer durch die Aktivierung des Detektors D_1 durch ein Teilchen zustande, das den *ersten Spalt* passiert hat. Im Bereich zwischen den Schirmen wirkt auf dieses Teilchen weiterhin $\phi_1 + \phi_2 + \phi_3$, doch gibt diesmal ϕ_1 im Mittel verschwindende Interferenzen mit den anderen beiden Wellen. Die Teilchendichte am zweiten Schirm wird proportional zu

$$|\phi|^2 = 2I_0 \{3/2 + \cos[(S_2 - S_3/\hbar)]\}. \tag{50}$$

Dieses Ergebnis ist nur formal der Gl. (49) ähnlich, weil *nun der Interferenzterm aus der raum-zeitlichen Überlagerung von zwei leeren Wellen folgt.* Sollten solche Oszillationen tatsächlich beobachtet werden, wäre damit ein außergewöhnliches Phänomen gefunden, da sie eine Konsequenz von Wellen wären, die in der Kopenhagener Deutung nach dem Teilchennachweis durch den Detektor D_2 Null gesetzt werden. Die Kopenhagener Deutung sagt für das Experiment in Bild 26 eine Verteilung proportional zu I_0 und ohne Oszillationen voraus. Der Unterschied zwischen den beiden Vorhersagen könnte nicht größer sein.

Zum Schluß wollen wir einem Einwand entgegnen, der oft gegen die Grundidee des vorliegenden Kapitels vorgebracht wird. Es wird eingewendet, daß bei Existenz von leeren Wellen davon viele im Apparat vorhanden sein müßten und die Beobachtung von Selbstinterferenz nicht möglich wäre. Die Antwort darauf lautet, daß Teilchenabsorber leere Wellen sehr gut abschirmen. In der realistischen Interpretation des Doppelspaltexperiments muß man annehmen, daß Quantenwellen nur von den Spalten des Schirms und nicht von den zwischen den Spalten liegenden Teilen des Schirms ausgehen. Die Experimentatoren müssen ihren Apparat vor unerwünschten Teilchen schützen, die einen beträchtlichen Hintergrund bilden würden. Die gleiche Vorsichtsmaßnahme muß gleichzeitig leere Wellen abschirmen. Leere Wellen können nur in sorgfältig ausgewählten Teilen des Teilchenwegs enstehen, und wenn der Gesamtfluß an Teilchen betrachtet wird, besteht kein Grund zu zweifeln, daß die Teilchenwahrscheinlichkeiten in allen Fällen dem Amplitudenquadrat der Welle proportional sind. Da die Partikel in den Bildern 25 und 26 mit Gewißheit nur von einem der drei Spalte kommen, kann es keine weitere Quelle für leere Wellen geben.

6 Schlußfolgerung

Die mehr als 50 Jahre während Debatte über die Natur des Dualismus Welle-Teilchen und die Separabilität von Quantensystemen wird wahrscheinlich bald durch neue Experimente wesentlich verändert werden. Was zunächst als ausschließlich philosophische Streitfrage begann, wurde vor kurzem auf ein experimentelles und empirisches

Bild 27 Das EPR-Paradoxon führte die Physiker in die Falle einer „unmöglichen" Situation. Jede denkbare Lösung des Paradoxons erfordert eine tiefgreifende Modifikation der physikalischen Weltanschauung.

Niveau übertragen. Zumindest eine wichtige Problematik, nämlich die Bedeutung des von Neumannschen Theorems, hat eine Lösung gefunden. Dieses Theorem steht nun nicht länger der Entwicklung kausaler Theorien entgegen. Noch wesentlicher ist aber vielleicht die Entwicklung bezüglich der Natur des Welle-Teilchen-Dualismus, wozu heute Experimente möglich sind, die vermutlich eine Lösung einiger Aspekte diese Frage ergeben werden, wie die vorangehenden Abschnitte gezeigt haben.

Die Weiterentwicklung des EPR-Paradoxons und seine Anhebung auf ein Niveau, an das Einstein, Podolsky und Rosen nicht dachten, konfrontiert die Physik unserer Zeit mit einer klaren Alternative. *Zumindest eine der folgenden Feststellungen ist notwendigerweise falsch:*
(1) Atomare Objekte existieren unabhängig von menschlichen Beobachtungen.
(2) Der Raum bewirkt eine effektive Trennung von Objekten, so daß alle Wechselwirkungen zwischen zwei Objekten gegen Null streben, wenn der relative Abstand dieser Objekte unbegrenzt zunimmt.
(3) Die Quantenmechanik ist richtig.

Erklärt man (1) als falsch, so trifft man damit eine naturphilosophische Wahl, die zahllosen empirischen Tatsachen aus anderen Disziplinen widerspricht: Geologie, Paläontologie, Molekularbiologie und Astrophysik beruhen auf Paradigmen, in denen die Existenz einer von der menschlichen Beobachtung unabhängigen realen Außenwelt als sicher angenommen wird. Die Möglichkeit, diese Objekte als existierend zu betrachten, obgleich sie aus nicht existierenden atomaren Größen zusammengesetzt sind, erscheint als philosophische Extravaganz. Zwar folgt aus der Existenz des Wirkungsquantums eine endliche und unvermeidbare Wechselwirkung zwischen dem atomaren Objekt und dem Meßapparat, es erscheint aber doch als willkürliche philosophische Wahl, jede Erwähnung einer unbeobachteten Realität für unmöglich zu erklären.

Die zweite der oben angegebenen Möglichkeiten erfordert, daß wir die Separabilität aufgeben. Auch hier deutet unser gesamtes Wissen von der Astrophysik abwärts bis zu menschlichen Dimensionen darauf hin, daß die Separabilität ohne Ausnahme gilt. Gerade die Beiträge Albert Einsteins hatten vor allem den Sinn, Fernwirkungen aus der Physik zu eleminieren und zu zeigen, daß eine sinnvolle Beschreibung physikalischer Vorgänge in Raum und Zeit möglich ist. Es ist eine interessante historische Tatsache, daß das Problem der Separabilität keine Rolle in dem ereignisreichen und turbulenten historischen Prozeß spielte, der im Jahre 1927 zur Formulierung der Quantenmechanik führte. Die wichtigste philosophische Implikation der neuen Theorie, nämlich der Mangel an Separierbarkeit, erschien nur als Nebenprodukt anderer Forschungsarbeiten und wurde erst acht Jahre danach nach der endgültigen Formulierung der Theorie voll anerkannt. Es ist nicht überraschend, daß sich Albert Einstein gerade wegen dieses Problems weigerte, die Quantentheorie als völlig zufriedenstellende Theorie atomarer Phänomene anzuerkennen. In einem Brief an Max Born vom 3. März 1947 gibt Einstein zu, daß die Theorie einen bedeutenden Wahrheitsgehalt aufweist, schreibt aber: „Ich kann aber deshalb nicht ernsthaft daran glauben, weil die Theorie mit dem Grundsatz unvereinbar ist, daß die Physik eine Wirklichkeit in Zeit und Raum darstellen soll, ohne spukhafte Fernwirkungen."[72]

Wenn die Separabilität in der Natur nicht zutrifft, wie die vorläufigen Experimente anzudeuten scheinen, müssen instantane Wechselwirkungen zwischen Punkten mit beliebig großen Abständen eingeführt werden, was heute viele Physiker beschäftigt. Das mindeste, was dagegen eingewendet werden kann, ist, daß dies gegen den Geist der speziellen Relativitätstheorie verstößt. Theoretische Untersuchungen über Überlichtgeschwindigkeitseffekte haben in den letzten Jahren gezeigt, daß ihre Existenz mit dem *Formalismus* der Relativitätstheorie verträglich ist. Es ergibt sich aber dabei eine Umkehr von Ursachen und Effekten, und eine sehr sonderbare Beschreibung der physikalischen Realität müßte anerkannt werden.

Ein Mechanismus, der eine verzögerungslose Übertragung von Signalen ermöglichen sollte, ist die Ausbreitung in die Vergangenheit, die speziell von Costa de Beauregard vorgeschlagen wurde. Dadurch sollte man in der Lage sein, mit Dingen in Wechselwirkung zu treten, die üblicherweise als nicht mehr existierend betrachtet werden, wie beispielsweise bereits zerfallene Atome, tote Menschen usw. Dies würde eine drastische Revision unserer üblichen Beschreibung der physikalischen Realität bedeuten.

So ist heute das Problem der Verträglichkeit nicht lokaler Effekte mit der speziellen Relativitätstheorie ungelöst. In einem Seminar, das P. A. M. Dirac in Rom im Jahre 1974 gab, stellte er fest: „Es erscheint mir offensichtlich, daß wir die grundlegenden Gesetze der Quantenmechanik noch nicht kennen. Die heute verwendeten Gesetze müssen alle noch wesentlich modifiziert werden, bevor wir zu einer relativistischen Theorie vorstoßen werden. Es erscheint wahrscheinlich, daß diese Veränderung, die von der heutigen Quantenmechanik zu einer relativistischen Quantenmechanik der Zukunft führen wird, ebenso drastisch sein wird, wie die Veränderung, die sich zwischen der Bohrschen Theorie und der heutigen Quantenmechanik vollzog. Eine derartige drastische Änderung könnte auch eine Modifikation unserer Ideen bezüglich der statistischen Interpretation der Theorie mit sich bringen."[73]

Falls sich die Separabilität weiterhin als Eigenschaft der Natur erweist, wird die Quantenmechanik modifiziert werden müssen. Eine derartige Idee schien Dirac nicht abstoßend, als er im Jahre 1975 schrieb: „Vielleicht wird sich noch herausstellen, daß Einstein doch schließlich recht hatte und die heutige Form der Quantenmechanik nicht als endgültig betrachtet werden sollte. Es gibt große Schwierigkeiten ... in Zusammenhang mit der gegenwärtigen Quantenmechanik. Sie ist die beste, die wir bisher haben, aber ich glaube nicht, daß sie beliebig lange Bestand haben wird. Meiner Meinung nach ist es wahrscheinlich, daß wir irgendwann in der Zukunft eine verbesserte Quantenmechanik haben werden, die eine Rückkehr zum Determinismus bedeuten wird und damit Einsteins Ansichten rechtfertigen wird."[74]

Falls eine Änderung der Quantentheorie in der Zukunft die Theorie von Nichtlokalitäten befreien wird, wird dies wahrscheinlich eine wesentliche Änderung darstellen. Unsere Überlegungen haben gezeigt, daß Zustandsvektoren der zweiten Art auf nichtlokale Effekte führen. Ihre Eliminierung bedeutet eine drastische Veränderung des Superpositionsprinzips, also der linearen Natur der Quantengesetze. Dies würde wahrscheinlich auch eine Lösung des Meßproblems bedeuten, wobei die Reduktion des Wellenpaketes (also der Übergang von einer Superposition zu einer Mischung von Zuständen) nicht mehr erforderlich wäre. Auch nichtlokale Effekte für einzelne Systeme, wie sie zum Beispiel in de Broglies Paradoxon zum Ausdruck kommen, sollten dadurch vermieden werden, da diese Effekte ebenfalls aus dem Superpositionsprinzip folgen.

Allgemeine Bibliographie

AE	*P. A. Schilpp* (Hrsg.), Albert Einstein als Philosoph und Wissenschaftler, Vieweg, Braunschweig 1979
AME	*N. Bohr*, Atomphysik und menschliche Erkenntnis, Vieweg, Braunschweig 1958
AP	*M. Born*, Atomic Physics, Blackie & Son, London 1961
AQ	*P. Jordan*, Anschauliche Quantentheorie, Springer, Berlin 1936
ASO	*M. Born*, Obituary Article on Arnold Sommerfeld, Obituary Notices of Fellows of the Royal Society, *8*, No. 21, 275 (1952)
ATNB	*N. Bohr*, Atomtheorie und Naturbeschreibung, Springer, Berlin 1931
AVPE	*W. Pauli*, Aufsätze und Vorträge über Physik und Erkenntnistheorie, Vieweg, Braunschweig 1961
BHV	*F. J. Belinfante*, A Survey of Hidden-Variables Theories, Pergamon Press, Oxford 1973
BR	*U. Bonse* und *H. Rauch* (eds.), Neutron Interferometry, Clarendon Press, Oxford 1979
BS	*K. Baumann* und *R. U. Sexl*, Die Deutungen der Quantenmechanik, Vieweg, Braunschweig 1984. 3. Auflage 1987
BWM	*E. Schrödinger, M. Planck, A. Einstein* und *H. A. Lorentz*, Briefe zur Wellenmechanik, hrsg. von K. Przibram, Springer, Wien 1963
D	*P. A. M. Dirac*, Principles of Quantum Mechanics, 4. Auflage, Oxford University Press, Oxford 1958
dB	Louis de Broglie. Physicien et Penseur, Les Savants et le Monde, Collection dirigée par *Andrè George, A. Michel*, Paris 1953
dE	*B. d'Espagnat*, Conceptions de la Physique Contemporaine, Hermann, Paris 1965
DFLS	*S. Diner, D. Fargue, G. Lochak* und *F. Selleri*, The Wave-Particle Dualism, Reidel, Dordrecht 1984
DP	*P. A. M. Dirac*, Directions in Physics, *H. Hora* und *J. R. Shepanski* (eds.), Wiley, Sydney 1976
EB	*A. Einstein – M. Born*, Briefwechsel
EI	*A. Einstein* und *L. Infeld*, Die Evolution der Physik, Rowohlt, Reinbek 1956

EPR	F. Selleri (ed.), Quantum Mechanics versus Local Realism – The Einstein-Podolsky-Rosen Paradox, Plenum Press, New York und London 1988
ES	W. T. Scott, Erwin Schrödinger, Univ. of Massachusetts Press 1967
ESJ	A. Einstein, Aus meinen späten Jahren, DVA, Stuttgart 1979
F	P. Formann et al., Quantenmechanik und Weimarer Republik, K. v. Meyenn (Hrsg.), Vieweg, Braunschweig (in Vorbereitung)
GL	G. Ludwig, Wellenmechanik, Einführung und Originaltexte, Vieweg, Braunschweig 1969
HBSA	W. Heisenberg, M. Born, E. Schrödinger und P. Auger: On Modern Physics, Potter, New York 1959
IPNM	E. Schrödinger, Über Indeterminismus in der Physik; Ist die Naturwissenschaft milieubedingt? Zwei Vorträge, Barth, Leipzig 1932
IWM	L. de Broglie, The Current Interpretation of Wave Mechanics, Elsevier, Amsterdam 1964
J	M. Jammer, The Conceptual Development of Quantum Mechanics, McGraw-Hill, New York 1966
JP	M. Jammer, The Philosophy of Quantum Mechanics, Wiley, New York 1974
K	T. S. Kuhn, Die Struktur wissenschaftlicher Revolutionen, Suhrkamp, Frankfurt 1975
L	A. Landé, New Foundations of Quantum Mechanics, Cambridge at the University Press 1965
LB	F. London und E. Bauer, La Théorie de l'Observation en Mecanique Quantique, Actualités Scientifiques et Industrielles, Hermann, Paris 1939
M	R. A. Millikan, Electron (+ and −), Protons, Photons, Neutrons, Mesotrons and Cosmic Rays, Univ. of Chicago Press 1947
MP	M. Planck, Vorträge und Reden, Vieweg, Braunschweig 1958
MST	A. van der Merwe, F. Selleri und G. Tarozzi (eds.), Microphysical Reality and Quantum Formalism, Volumes I and II, Kluwer, Dordrecht 1988
NB	S. Rozental (ed.), Niels Bohr, North-Holland, Amsterdam 1968
NBDP	W. Pauli (ed.), Niels Bohr and the Development of Physics, Pergamon, London 1955
NBM	R. Moore, Niels Bohr, Knopf, New York 1966
P	Max Planck in Selbstzeugnissen und Bilddokumenten, dargestellt von A. Hermann, Rowohlt 1973
PE	M. J. Klein, Paul Ehrenfest, vol. I, North Holland, Amsterdam 1970

PJ	*P. Jordan,* Die Physik des 20. Jahrhunderts, Vieweg, Braunschweig 1943
PMG	*M. Born,* Physics in my Generation, Springer, New York 1969
PP	*W. Heisenberg,* Physik und Philosophie, Ullstein, Frankfurt 1959
PPQ	*W. Heisenberg,* Physikalische Prinzipien der Quantentheorie, Bibliographisches Institut, Mannheim 1958
PWZ	*M. Born,* Physik im Wandel meiner Zeit, Vieweg, Braunschweig 1959
RDS	*L. de Broglie,* Recherches d'un demi-siecle, Albin Michel, Paris 1976
RF	*R. Feynman,* Lectures on Physics, vol. III, Addison-Wesley, Reading 1963
SAE	*A. S. Eddington,* The Nature of the Physical World, Cambridge Univ. Press 1928
SC	Science et Conscience – Les Deux Lectures de l'Univers, Editions Stock et France-Culture, Paris 1980
SG	*W. Heisenberg,* Schritte über Grenzen, Piper, München 1971
SHQP	*T. S. Kuhn, J. L. Heilbron, P. Forman* und *L. Allen,* Sources for History of Quantum Physics, American Philosophical Society, Philadelphia 1967
SS	*I. J. Good* (ed.), Scientist Speculates, London 1962
STM	*E. Schrödinger,* Science, Theory and Man, Allen and Unwin, London 1935
V	Rendiconti della scuola internazionale di fisica, „Enrico Fermi", IL Corso, Fondamenti di Meccanica Quantistica, Academic Press, New York 1971
VAF	*V. A. Fock,* Fundamentals of Quantum Mechanics, MIR publishers, Moscow 1978
VN	*J. v. Neumann,* Die mathematischen Grundlagen der Quantenmechanik, Springer, Berlin 1932
W	*B. L. van der Waerden* (ed.), Sources of Quantum Mechanics, North-Holland, Amsterdam 1967
WGN	*W. Heisenberg,* Wandlungen in den Grundlagen der Naturwissenschaft, Hirzel, Stuttgart 1959
WIL	*E. Schrödinger,* What is Life? And Other Scientific Essays, Doubleday Anchor Books, Garden City, New York 1956
WP	*W. Pauli,* Collected Scientific Papers, Wiley-Interscience, New York 1964
WPB	*W. Pauli,* Wissenschaftlicher Briefwechsel, Band I, hrsg. von *A. Hermann, K. v. Meyenn* und *V. F. Weisskopf,* Springer, New York 1979

Anmerkungen

Die in den folgenden Anmerkungen benützten Abkürzungen beziehen sich auf die allgemeine Bibliographie.

Vorwort

1 PWZ 173
2 PP 120

Kapitel I

1 WIL, S. 132
2 Siehe K
3 D, S. 10
4 RF, § 1–5
5 Zitiert in L, S. 148
6 Eine elementare Einführung in die Elementarteilchenphysik findet sich beispielsweise in *E. Lohrmann,* Hochenergiephysik, Teubner, Stuttgart 1978.
7 Siehe z. B. *T. Mayer-Kuckuck,* Kernphysik, Teubner, Stuttgart 1980
8 Meine wichtigste Informationsquelle über Max Planck war MP
9 Siehe MP
10 MP, S. 386
11 PE, S. 300
12 MP, S. S. 207
13 MP, S. 374
14 MP, S. 239
15 MP, S. 228
16 Siehe dazu z. B. *M. Planck,* Wege zur physikalischen Erkenntnis, Hirzel, Leipzig 1944
17 Meine Hauptquellen über Sommerfeld waren SHQP und ASO
18 SHQP, S. 146
19 ASO, S. 278

20 ASO, S. 282
21 A. *Sommerfeld,* Atombau und Spektrallinien, Vieweg, Braunschweig 1924
22 ASO, S. 285
23 ASO, S. 286
24 Meine wichtigste Informationsquelle über Ehrenfest war PE
25 PE, S. 27
26 PE, S. 309
27 Zitiert in PE, S. XV
28 Zitiert in PE, S. XV
29 PE, S. 190
30 ESJ, S. 205/6
31 Meine Hauptquellen über Einstein waren AE, PWZ, PE
32 AE, S. 6
33 AE, S. 1
34 EB, S. 29
35 PE, S. 320
36 PWZ, S. 161
37 AE, S. 3
38 AE, S. 19
39 AG, S. 32
40 AE, S. 500
41 EB, S. 162
42 EI, S. 193
43 Meine wichtigste Informationsquelle über Born war *M. Born,* Mein Leben, Nymphenburger Verlagsbuchhandlung, München 1975
44 F, S. 71
45 PWZ, S. 163
46 EB, S. 154
47 AME, S. 218
48 PWZ, S. 247
49 Meine wichtigste Informationsquelle über Schrödinger war ES
50 STM, S. XIV
51 WIL, S. 107
52 HBSA, S. 38
53 HBSA, S. 40
54 STM, S. 50
55 dB, S. 20
56 Meine wichtigsten Informationsquellen über Bohr waren NB und NBM
57 NB, S. 24
58 Siehe dazu J, S. 176

59 Beide Zitate aus NBM, S. 406
60 AE, S. 123
61 AME, S. 77
62 AE, S. 147
63 AE, S. 143
64 Meine wichtigste Informationsquelle über Louis de Broglie war ein unveröffentlichtes Interview im Niels-Bohr-Archiv in Kopenhagen
65 Ich danke dem Direktor des Niels-Bohr-Archivs für die Genehmigung, diese wichtigen Materialien zu studieren.
66 Interview im Niels-Bohr-Archiv
67 IWM, S. 67
68 Interview im Niels-Bohr-Archiv
69 IWM, S. VII
70 IWM, S. VIII
71 IWM, S. 24
72 IWM, S. 22
73 IWM, S. 37
74 IWM, S. 7
75 Meine wichtigsten Informationsquellen über Pauli waren SHQP, NB und F
76 WP, S. X
77 NB, S. 118
78 NB, S. 119
79 F, S. 106
80 AVPE, S. 16
81 AVPE, S. 20
82 AVPE, S. 98
83 Meine wichtigsten Informationsquellen über Heisenberg waren SHQP und NB
84 PP, S. 51
85 WGN, S. 163
86 Zitiert in *A. Landè,* Found. Phys. 1, 191 (1971)
87 WGN, S. 9
88 PQT, S. 44
89 PP, S. 25
90 Meine wichtigsten Informationsquellen über Jordan waren SHQP, NB und J
91 *R. Courant* und *D. Hilbert,* Mathematische Methoden der theoretischen Physik, Springer, Berlin 1968
92 AQ, S. 303
93 AQ, S. VIII

94 PJ, S. 133
95 AQ, S. 309
96 AQ, S. IX
97 AQ, S. 283
98 Meine wichtigste Informationsquelle über Dirac war ein unveröffentlichtes Interview im Niels-Bohr-Archiv in Kopenhagen
99 Dieser Satz findet sich in dem in 98 zitierten Interview
100 D, S. VII
101 D, S. 4
102 D, S. 5
103 EI, S. 310
104 *T. S. Kuhn,* Die kopernikanische Revolution, Vieweg, Braunschweig 1980
105 PP, S. 173
106 PJ, S. X
107 AE, S. 65
108 IPMN, S. 38
109 IPMN, S. 38
110 IPMN, S. 42
111 IPMN, S. 42
112 F, S. 3
113 F, S. 3
114 *O. Spengler,* Der Untergang des Abendlandes, Beck, München 1918
115 F, S. 30
116 Ref. 114, S. 533
117 Ref. 114, S. 164
118 F, S. 11
119 Zitiert in F, S. 106
120 F, S. 80
121 Diese und die folgenden Informationen finden sich bei F

Kapitel II

1 *J. v. Neumann,* Die mathematischen Grundlagen der Quantenmechanik, Springer, Berlin 1934
2 Konferenz über „New Theories in Physics", Warschau 1938, Int. Inst. of Intellectual Cooperation, Paris 1939
3 *M. Born,* Natural Philosophy of Cause and Chance, Dover, New York 1964
4 Die Gründe dafür wurden von Forman diskutiert, siehe F

5 D. Bohm, Phys. Rev. **85,** 166 (1952) und **85,** 180 (1952)
6 L. de Broglie, Non-linear wave mechanics, a causal interpretation, Elsevier, Amsterdam 1960
7 L. de Broglie, Journ. Phys. Rad. **20,** 963 (1959)
8 dB, S. 37
9 W. Pauli, Zeitschr. Phys. **31,** 765 (1925)
10 O. Stern und W. Gerlach, Zeitschr. Phys. **9,** 349 (1922)
11 S. Goudsmit und G. E. Uhlenbeck, Nature **117,** 264 (1926)
12 Das hier dargestellte Modell vermeidet die Nachteile von Bells Modell (J. S. Bell, Rev. Mod. Phys. **38,** 447 (1966)), das zu unphysikalischen Korrelationen zwischen Spinkomponenten führt
13 EB, S. 89
14 Der Ausdruck für das Quantenpotential findet sich beispielsweise in BS, S. 171
15 C. Philippidis, C. Dewdney und B. Hiley, Nuovo Cimento **52B,** 15 (1979)
16 C. Jönsson, Zeitschr. Phys. **161,** 454 (1961)
17 R. D. Prosser, Int. Jour. Theor. Phys. **15,** 181 (1976)

Kapitel III

1 A. Einstein, Ann. d. Phys. **17,** 132 (1905)
2 M, S. 238
3 R. A. Millikan, Phys. Rev. **4,** 73 (1914)
4 E. Meyer und W. Gerlach, Ann. d. Phys. **45,** 177 (1914)
5 A. Einstein, Phys. Zeitschr. 18, 121 (1917)
6 A. H. Compton, Phys. Rev. **21,** 483 (1923)
7 A. H. Compton und A. W. Simon, Phys. Rev. **25,** 305 (1925)
8 A. H. Compton, Nobel Lecture (1927)
9 L. de Broglie, Anm. de Physique **3,** 22 (1925)
10 L. de Broglie, Nobel Lecture (1929)
11 C. J. Davisson und L. H. Germer, Phys. Rev. **30,** 705 (1927)
12 G. P. Thomson, Proc. Roy. Soc. A **117,** 600 (1928)
13 E. Schrödinger, Phys. Zs. **27,** 95 (1926)
14 E. Schrödinger, Ann. Phys. (4) **79,** 372 (1926)
15 BWM, S. 6
16 BWM, S. 21
17 WPB, S. 328
18 M. Born, Zeitschr. Phys. **37,** 863 (1926)
19 M. Born, Zeitschr. Phys. **38,** 803 (1926)
20 N. Bohr, H. A. Kramers und J. C. Slater, Phil. Mag. **47,** 785 (1924)

21 PP, S. 25
22 BWM, S. 17
23 SG, S. 64
24 SG, S. 62
25 SG, S. 62
26 BWM, S. 56
27 *N. Bohr*, Phil. Mag. **26**, 1 (1913)
28 *N. Bohr*, Kgl. Danske Vid. Selsk. 8 Raekke IV, 1 (1918)
29 *J. C. Slater*, Nature **116**, 278 (1925)
30 Zitiert in W, S. 13
31 *W. Bothe* und *H. Geiger*, Z. Phys. **32**, 639 (1925)
32 *A. H. Compton* und *A. W. Simon*, Phys, Rev. **25**, 306 (1925)
33 SG, S. 67
34 Zitiert in L, S. 147
35 Siehe dazu ATNB
36 *W. K. Wootters* und *W. H. Zurek*, Phys. Rev. *D***19**, 473 (1979), *L. S. Bartell*, Phys. Rev. *D***21**, 1698 (1980)
37 *V. A. Fock*, Filosofskie Voprosy Fiziky, Moskau 1958
38 Diese Diskussion findet sich bei *M. E. Omelyanovskij* et al., L'Interpretatione Materialistica della Meccanica Quantistica, Feltrinelli, Mailand 1972
39 *V. A. Fock* stellt diese Idee beispielsweise in VAF dar.
40 PP, S. 150
41 PP, S. 151
42 *E. G. Beltrametti* und *G. Cassinelli*, Nuovo Cimento **6**, 321 (1976)
43 SG, S. 57
44 SG, S. 57
45 *W. Heisenberg*, Zeitschr. Phys. **33**, 879 (1925), abgedruckt in GL
46 SG, S. 65
47 SG, S. 66
48 SG, S. 66
49 *W. Heisenberg*, Zeitschr. Phys. **43**, 172 (1927), abgedruckt in BS
50 PPQ, S. 15
51 *E. P. Wigner* in SS, S. 287
52 *E. P. Wigner* in SS, S. 289
53 *E. P. Wigner* in SS, S. 285
54 VN, S. 223
55 VN, S. 224
56 LB, S. 42
57 LB, S. 42
58 *P. F. Zweifel*, Int. Jour. Theor. Phys. **10**, 67 (1974)

59 A. A. Cochran, Found. Phys. **1**, 235 (1971)
60 Informationen über Neutroneninterferometrie finden sich in BR

Kapitel IV

1 A. Einstein, B. Podolsky und N. Rosen, Phys. Rev. **47**, 777 (1935)
2 N. Bohr, Phys. Rev. **48**, 696 (1935), abgedruckt in BS
3 ATNB, S. 83
4 Siehe ATNB
5 Mit diesen Worten schließt die in 1 erwähnte Arbeit
6 Die Formulierung des EPR-Paradoxons der Spin-Zustände wurde erstmals von D. Bohm in „Quantum Theory", Prentice Hall, New York 1951 versucht.
7 F. Selleri und G. Tarozzi, Riv. Nuovo Cimento **4**, 1 (1981)
8 J. P. Vigier, Lett. Nuovo Cimento **24**, 258 (1979)
9 D. Bohm und J. P. Vigier, Phys. Rev. **96**, 209 (1954)
10 D. Bohm und B. J. Hiley, Found Phys. 5, 93 (1978)
11 Zitiert in B. J. Hiley, Contemp. Phys. **18**, 411 (1977)
12 J. Rayski, Found. Phys. **3**, 89 (1973) and **7**, 151 (1977).
13 C. W. Rietdijk, Found. Phys. **8**, 615 (1978)
14 H. P. Stapp, Found. Phys. **7**, 313 (1977) and **9**, 1 (1979)
15 O. Costa de Beauregard, Found Phys. 6, 539 (1976)

Kapitel V

1 J. S. Bell, Physics **1**, 195 (1965)
2 F. Selleri, „Even local probabilities lead to the paradox", in EPR
3 A. Garuccio und F. Selleri, Found. Phys. **10**, 209 (1980)
4 A. Garuccio, „All the inequalities of Einstein Locality" in EPR
5 W. H. Furry, Phys. Rev. **49**, 393 (1936)
6 D. Bohm und Y. Aharonov, Phys. Rev. **108**, 1070 (1957)
7 J. M. Jauch, „Foundations of quantum mechanics", in V
8 J. F. Clauser, Nuovo Cim. **33**B, 720 (1976)
9 A. Garuccio, G. C. Scalera und F. Selleri, Nuovo Cim. Lett. **18**, 26 (1977)
10 J. F. Clauser, M. A. Horne, A. Shimony and R. A. Holt, Phys. Rev. Lett. **23**, 880 (1969)
11 Siehe z. B.: „History of the EPR paradox", in EPR
12 J. F. Clauser und M. A. Horne, Phys. Rev. D**10**, 526 (1974)
13 E. Santos, „The Search for Hidden Variables in Quantum Mechanics", in EPR

14 Siehe z. B. Ref. 2. dieses Kapitels
15 *A. Garuccio* und *V. Rapisarda,* Nuovo Cim. *A*65, 265 (1981)
16 Siehe z. B. *F. Selleri,* „Even Local Probabilities lead to the Paradox", in EPR
17 *E. P. Wigner,* Zeit. Physik **133**, 101 (1952)

Kapitel VI

1 PP, S. 120
2 PP, S. 56
3 PP, S. 173
4 *M. Reichenbach,* Are there Atoms? in: The Structure of Scientific Thought; *E. H. Madden* (ed.), Routledge & Kegan Paul, London 1960
5 SAE, S. 47
6 MP, S. 171
7 AE, S. 10
8 Zitiert in ES, S. 114
9 NB, S. 132
10 NB, S. 132
11 AME, S. 11
12 AME, S. 12
13 Bohrs Beiträge zu diesen Tagungen finden sich in AME
14 PP, S. 91
15 PP, S. 93
16 FC, S. 47. AVPE, S. 30
17 AP, S. 32
18 Siehe auch *P. Jordan,* Naturwissenschaften 20, 815 (1932)
19 J, S. 166
20 *W. James,* A pluralistic universe, London (1909)
21 *E. P. Wigner* in SS, S. 289
22 *E. P. Wigner* in SS, S. 285
23 SS, S. 301
24 PP, S. 168–9
25 SAE, S. 350
26 dB, S. 16
27 AE, S. 507
28 *J. Hall, C. Kim, B. McElroy and A. Shimony,* Found. Phys. **7**, 759 (1977)
29 *A. A. Cochran,* Found Phys. **1**, 235 (1971)
30 *S. J. Freedmann* und *J. F. Clauser,* Phys. Rev. Lett. **28**, 938 (1972)
31 *R. A. Holt* und *F. M. Pipkin,* Univ. of Harvard, preprint (1974)

32 T. W. Marshall und E. Antos, Phys. Rev. **39A,** 4750 (1989)
33 J. F. Clauser, Phys. Rev. Lett. **37,** 1223 (1976)
34 J. F. Clauser, Nuovo Cimento **B33,** 740 (1976)
35 E. S. Fry und R. C. Thompson, Phys. Rev. Lett. **37,** 465 (1976)
36 A. Aspect, P. Grangier und G. Roger, Phys. Rev. Lett. **47,** 460 (1981)
37 A. Aspect, „Experimental tests of Bell's inequalities", in DFLS.
38 A. Aspect, P. Grangier und G. Roger, Phys. Rev. Lett. **49,** 91 (1982).
39 A. Garuccio und V. Rapisarda, Nuovo Cimento, **A65,** 269 (1981)
40 A. Aspect, J. Dalibard und G. Roger, Phys. Rev. Lett. **49,** 1804 (1982)
41 A. Zeilinger, Phys. Lett. **A118,** 1 (1986)
42 F. Selleri, Nuovo Cimento Lett. **39,** 252 (1984)
43 S. Pascazio, Nuovo Cimento **D5,** 23 (1985)
44 A. Aspect und P. Grangier, Nuovo Cimento Lett. **43,** 345 (1985)
45 W. Perrie, A. J. Duncan, H. J. Beyer und H. Kleinpoppen, Phys. Rev. Lett. **54,** 1790 (1985)
46 A. J. Duncan, in „Book of Invited Papers, Tenth International Conference on Atomic Physics" (H. Narumi und I. Shimamura, eds.), Tokyo, Japan 1986
47 A. J. Duncan, „Tests of Bell's inequality and the no-enhancement hypothesis using an atomic hydrogen source", in MST
48 A. Garuccio und F. Selleri, Phys. Lett. **103A,** 99 (1984)
49 T. Haji-Hassan, A. J. Duncan, W. Perrie, H. J. Beyer und H. Kleinpoppen, Phys. Lett. **A123,** 110 (1987)
50 F. Falciglia, A. Garuccio, G. Iaci und L. Pappalardo, Nuovo Cimento Lett. **38,** 52 (1983)
51 T. K. Lo und A. Shimony, Phys. Rev. **A23,** 3003 (1981)
52 E. Santos, Phys. Rev. **30A,** 2128 (1984)
53 P. D. Drummond, Phys. Rev. Lett. **50,** 1407 (1983)
54 M. D. Reid und D. F. Walls, Phys. Rev. Lett. **53,** 955 (1984)
55 M. S. Chubarov und E. P. Nikolayev, Phys. Lett. **110A,** 199 (1985)
56 Z. Y. Ou, C. K. Hong und L. Mandel, Phys. Lett. **122A,** 11 (1987)
57 Siehe z. B. J, S. 285
58 Siehe Ref. 20 von Kapitel 3
59 PWZ, S. 247
60 F. Selleri, Nuovo Cim. Lett. **1,** 908 (1969). Siehe auch V, S. 398
61 A. Szczepanski, Found. Phys. **6,** 427 (1976)
62 L. Janossy und Zs. Naray, Nuovo Cim. Suppl. **9,** 588 (1958)
63 J. F. Clauser, Phys. Rev. **9D,** 853 (1974)
64 R. Hanbury Brown und R. O. Twiss, Nature, **177,** 28 (1956)
65 J. R. Croca, Found. Phys. **17,** 971 (1987)
66 J. R. Croca, A. Garuccio und F. Selleri, Found. Phys. Lett. **1,** 101 (1988)

67 R. L. *Pfleegor* und L. *Mandel*, Phys. Rev. **159**, 1084 (1967)
68 L. *de Brogie* und J. *Andrade e Silva*, Phys. Rev. **172**, 1284 (1968)
69 L. *de Broglie*, Ann. Fond. L. de Broglie **2**, 1 (1977)
70 L. *de Broglie*, Non-Linear Wave Mechanics: A Causal Interpretation, Elsevier, Amsterdam 1960, S. 242
71 J. R. *Croca*, persönliche Mitteilung
72 EB, S. 162
73 P. A. M. *Dirac*, „The Development of Quantum Mechanics", Contributi del Centro Linceo Interdisciplinare, Roma, Anno CCCLXXI, n. 4 (1974)
74 DP, S. 10

Bildquellenverzeichnis

Umschlag, Bild 12, Bild 13, Bild 19, Bild 27: M. C. Escher © Beeldrecht/Amsterdam – Bild-Kunst/Bonn 1982

Bild 3, Bild 6, Bild 7: Dr. Karl von Meyenn, Barcelona

Bild 5: Zeichnung von Robert Fuchs, Bild-Archiv der Österreichischen Nationalbibliothek, Wien

Bild 9, Bild 10: C. Philippidis et al., Nuovo Cimento **52B**, 15 (1979)

Bild 11: Nach M. C. Escher

Namen- und Sachwortverzeichnis

Absorption 71–72, 141
Abweichung, mittlere quadratische 55
Aharonov, Y. 141
Akausalität 45
Anaxagoras 37
Aristarch 36
Andrade e Silva, J. 183, 185
Aristoteles 155, 180
Aspect, A. 168, 170, 173, 174, 175
Ausschließungsprinzip, Pauli 49
Axiome, von Neumannsche 59, 63

Bell, J. S. 63, 132
Bellsche Observable 141
Bellsche Ungleichung 130, 136–141, 143, 144, 150, 154, 168
Beobachtung 99
Berkeley 159
Bethe, H. A. 10
Beugung 78
Beyer, H. J. 175
Birkhoff 93
Blackett 18
Bohm, D. 45, 63, 65, 128–129, 141
Bohr, Christian 155
Bohr, Niels 3, 11, 21–24, 29–35, 45, 77–90, 94, 115–118, 125–126, 141, 152–157, 178–180
Boltzmann, L. 13, 19–21, 33
Bonse, U. 101
Born, Max 3, 10–11, 16–18, 22, 25, 29–32, 35, 41, 45, 77–79, 94, 104, 152, 158, 180, 192

Bose, S. 3
Bothe, W. 83
Brownsche Bewegung, Theorie 15
Bruno, Giordano 37

Calcium 168, 169, 173
Chubarov, M. S. 178
Clauser, J. F. 141, 145, 148, 149, 168, 169, 170–172, 175, 176
Clausius, R. 6
Cochran, A. A. 99, 167
Compton, A. H. 3, 18, 73, 83
Compton-Streuung 83
Condon 18
Costa de Beauregard, O. 131, 192
Courant, R. 32
Croca, J. R. 182, 188

Dalibard, J. 174
Darwin, Charles 155–157
Davisson, C. J. 3, 75
de Broglie, Louis 3, 21, 25–28, 31, 42, 45–49, 65, 75, 84, 98, 117, 155, 166, 178, 183, 184
de Broglie, Maurice 27
de Broglie-Welle 182
Debye, P. 3, 10, 22
Delbrück 18
Demokrit 37, 160
Descartes 129, 160
Determinismus 21, 45
Dewdney, C. 65–68
Deuterium 175
Dichtewellen 127

Dirac, P. A. M. 3, 18, 22, 25, 29, 33–35, 94, 129, 192
Dispersion 55
Dispersionsfreiheit 55
Doppelspaltexperiment 65–68, 99, 182
Drummond, P. D. 178
Dualismus, Einstein-de Broglie 87
–, objektiver 69, 178
–, Teilchen-Welle 24, 51, 69, 72, 74, 83, 90, 91, 106, 110, 178, 189
Duncan, A. J. 175, 176, 185
Dyson, F. J. 2

Eddington, A. 153, 166
Eigenwerte 53
Einstein, Albert 3, 11–22, 27, 31, 35–42, 45, 49, 64, 71–73, 82, 84, 98, 108–110, 126, 132, 135, 139, 153–155, 166, 178–179, 191–193
Einstein-Lokalität 144, 148, 150
Einstein-Podolsky-Rosen-Paradoxon 109, 115–116, 118–129, 136, 140, 154, 191
elektromagnetische Strahlung, Interferenz, Beugung 71
– –, Teilchencharakter 73, 75
Elektronen 69
–, gebundene 75
Elektronen-Beugung 81
Elektronenspin 49
Elementarteilchenphysik 4
Elemente, separierbare 139
Elsasser 18
Emission 71, 72, 82
–, spontane 72
–, stimulierte 72, 179
Energie-Impulserhaltung 85
Energieerhaltung 82
Ensemble 133, 136
–, von Teilchenpaaren 122

–, dispersionsfreies 59, 63
Ensemble-Mittelwert 59
Ensemblewahrscheinlichkeit 145
EPR-Experiment 177
EPR-Kriterium 112
EPR-Paradoxon 148, 149, 150, 167
Epstein, P. S. 10
Evolution 157, 160
Ewald, P. P. 10
Exner, F. 19, 41

Faktorisierbarkeit 119, 145
Faktorisierungsbedingung 145, 148
Falciglia, F. 170, 176
Fermi, E. 3, 18
Fernwirkung 124, 126
Feynman, Richard 2
Fock, V. A. 87–90
Forman, P. 38–40
Fowler, H. R. 33
Franck, James 3, 18, 22
Franck-Hertz-Experiment 18
Freedman, S. J. 168, 169, 170
Freedmansche Ungleichung 144, 168, 170, 171, 174
Fry, E. S. 170, 173
Furry, W. H. 141

Gabor, D. 131
Galilei 36–37
Garuccio, A. 148, 174, 176
Geiger, H. 83
Geist und Materie 161
Gerlach, W. 50, 72
Germer, L. H. 75
Gespensterfelder 179–180
Gibbs 33
Goeppert-Mayer, Maria 18
Goudsmit, S. 50
Grangier, P. 173, 175
Gruppengeschwindigkeit 75

Hall, J. 166
Hanbury-Brown-Twiss-Effekt 178
Hasenöhrl 19
Hegel 159
Heisenberg, Werner 3, 18, 22, 25, 29–32, 35, 37, 40, 45, 77, 80, 83–84, 91–96, 151–158, 165, 180
Heitler, W. 10
Helmholtz, H. 6
Hilbert, D. 8, 17, 32
Hiley, B. 65–68
Høffding 84
Hologramm 128
Holt, R. A. 141, 168, 169, 170, 171, 189
Hong, C. K. 178
Horne, M. A. 141, 145, 148, 149
Houtermans 18
Hurwitz 8

Iaci, G. 176
Idealismus 159

James, W. 161
Jammer, Max 159
Janossy, L. 180
Jauch, J. M. 141
Jeans 22
Jönsson 65
Jordan, Pascual 3, 18, 25, 32–33, 35, 38, 40, 45, 94, 152, 158
Jordan-Pauli-Propagatoren 131

Kaskaden 141, 177
Kausalgesetz 85
Kausalität 4, 7, 24, 30, 40, 45, 85, 88, 95, 116
–, finalistische 156
–, probabilistische 88
–, teleologische 156
Kepler 36

Kierkegaard 22, 84
Kim, C. 166
Kirchhoff, G. 6, 119, 153
Klein, Felix 8, 17
Klein, O. 3, 22, 29
Kleinpoppen, H. 175, 176
Koinzidenz 148, 169, 177
komplementäre Eigenschaften 90
Komplementarität 4, 17, 21–22, 28, 84–87, 91, 116, 152, 156
Komplementaritätsprinzip 4, 19, 21–22, 31, 83, 88
Konfigurationsraum 80
Kopenhagener Deutung 27, 182, 187
Kopernikus 36
Korrelationsfunktion 132–136, 140, 142, 149, 177
Korrespondenzprinzip 81
Kramers, H. A. 3, 22, 29–31, 79, 81–82, 86, 179
„Kriterium der physikalischen Wirklichkeit" 109
Kuhn, T. S. 1

Ladenburg 3, 69
Landau, L. D. 22
Landé, A. 3, 10
Langevin, P. 3, 27
Laplace 157
–, Determinismus 88
Larmor 22
Laue-Streuung 102
Lebenskraft 157
Leibniz 159
Lenard, Ph. 69, 71
Lenz, W. 10
Lichtquanten 75
Lindemann 8
Lo, T. K. 178
Logik, klassische 93

Lokalisierung 46–49, 69, 78, 85, 90, 110
Lokalität 145
London, F. 99
Lorentz, H. A. 3, 13, 27
Lorentzsche Elektronentheorie 26
Loschmidt, Umkehreinwand 130

Mach, Ernst 13, 29, 153, 161
magnetisches Moment 50
Mandel, L. 178, 183
Matrizen-Mechanik 30
Maxwell 21
McElroy, B. 166
Meßapparat 83
Messung 55–64, 85, 89, 96–99, 114–126, 129, 132, 163
Meßprozeß 143
Meßvorgang 52
Meyer, E. 72
Millikan, R. A. 72
Minkowski 17
Mischung von Zuständen 124
Mittelwert 54
Monadologie 159

Naray, Zs. 180
Nernst 3
Neutronen 42
Neutroneninterferometer 101, 104–106
Neutronenwelle 106
Neutronenzerfall 43
nichtlokale Effekte 193
–, Theorien 46
Nichtlokalität 132–141
Nikolayev, E. P. 178
Nordheim 18
Normierungsbedingung 52

Objekt 88
Objekt, quantenmechanisches 89
objektiv lokale Theorien 148
objektive Welt 5
Observable 52–59, 63
–, zweiwertige 132
Ontologie, dualistische 167
Operatoren 51
–, lineare hermitesche 52
Oppenheimer, J. R. 18
Orbital 49
Ordnung, enthüllte 129
–, verhüllte 129
Ostwald 21
Ou, Z. Y. 178

Pappalardo, L. 176
Paradoxon, de Broglie 46, 49, 96, 126, 154, 193
Parapsychologie 165
Pauli, Wolfgang 3, 10, 18, 22, 25, 29, 35, 45, 49–51, 77, 152–154, 158, 165
Pauli-Matrizen 53
Peirce, Ch. S. 161
Perrie, W. 168, 175, 176
Pfleegor, R. L. 183, 184
Phänomen 117
Philippidis, C. 65–68
Philosophie, idealistische 159
Photon 74, 82, 146, 167, 168
Photonen, Polarisation 167
photoelektrischer Effekt 15, 69, 72, 95
Photoelektronen 69, 72
Pipkin, F. M. 168, 170
Planck, Max 3, 19–22, 27, 35, 40, 49, 71, 77, 79, 84, 153, 155
Plancksche Beziehung 74
–, Formel 75, 179
–, Konstante 71–72

Plato 159
Podolsky, B. 108–110
Poincaré, H. 26
Polarisation 167, 175
Polarisator 142, 148
Positivismus 24, 32, 161
–, methodischer 161
Pragmatismus 161
Produktansatz 119
Prosser, R. 68
psychoelektrische Zelle 98, 165
ptolemäisches Weltsystem 36
Ptolemäus 36

Quantenelektrodynamik 5
Quantenmechanik, Vollständigkeit 46, 112, 125–126, 139, 154
Quantenpotential 64–68, 182
Quantenzahlen 49
Quecksilberisotop 171, 173, 177

Rabinowitsch 18
Rapisarda, V. 148, 174, 176
Rauch, H. 101
Rayski, J. 129
Realismus 144
–, lokaler 144, 178
Realität 4, 117, 148
–, objektive 11
–, physikalische 11, 112–118
–, Prinzip der lokalen 144, 148, 149
–, separierbare 135, 154
Realitätskriterium 150
Reduktion des Wellenpakets 97, 99, 164, 166, 177, 182, 187
Reichenbach, M. 152
Reid, M. D. 178
Relativitätstheorie 129
Religion 158
Rietijk, C. W. 130
Roger, G. 173, 174

Rosen, N. 108–110
Rosenfeld, L. 29, 84, 155
Rotationsvarianz 121
Rückstoßelektronen 73
Rutherford, E. 22

Santos, E. 178
Schottky, Walter 41
Schrödinger, Erwin 1, 3, 11, 18–22, 31, 35, 38, 41, 49, 76–80, 84, 117, 153–155, 166
Schrödingergleichung 46
Seidl, L. 6
Selleri, F. 176
Separabilität 132, 144, 148–150, 191
Shimony, A. 141, 178
Simon, A. W. 73, 83
Singulett-Zustand 120, 134–136
Slater, J. C. 31, 79, 81–82, 86, 179
Solipsismus 160
Sommerfeld, Arnold 3, 5, 7–11, 22, 25, 29, 35, 49
Spektrallinien 49
Spengler, O. 39
spezielle Relativitätstheorie 15
Spin 50, 122
Spin-Messung 60
Spin-Observable 52, 57
Spin-Zustände 52, 119
Stapp, H. P. 130
starre Teilchen 127
statistisches Ensemble 54, 57, 138
Stern, O. 50
Stern-Gerlach-Experiment 50
Strahlung schwarzer Körper 72
Strahlungsfelder, virtuelle 81
Strahlungsquanten 71
Streuung 73
Subensembles, dispersionsfreie 57
Superpositionsprinzip 52, 122, 192
Szczepanski, A. 180

Teilchen 71, 75, 86
Teleologie 158
Temperatur 91
„Theorie der Wirklichkeit" 130
Thermodynamik 43
–, zweiter Hauptsatz 6
Thomson, G. P. 76
Thomson, J. J. 22, 69
Thompson, R. C. 170, 173
Teilchentrajektorien 64–68
Transmission 141
Treimer 101
Triplettzustand 121

Übergangswahrscheinlichkeit 83
Überlichtgeschwindigkeit 127, 192
Uhlenbeck, G. E. 50
Ungleichung, inhomogene 146
–, schwache 144, 146, 178
–, starke 144, 147, 150, 169, 178
Unschärferelationen 4, 30, 84, 87–90, 94, 110
„unteilbare Ganzheit" 128

verborgene Variable 43, 45, 56, 58, 148
– –, interne und externe 44
Verständlichkeit 4
Vigier, J. B. 127, 129
Vogt, Karl 160
Vollständigkeit, Wellenfunktionen 131
Voltaire 37
von Hippel 18
von Jolly, P. 6
von Misés 40
von Neumann, J. 3, 18, 33, 45, 57, 93, 99
von Neumannsches Theorem 45, 57–64, 115, 191
von Neumannscher Beweis 54–59
von Weizsäcker, C. F. 93

Wahrscheinlichkeit 119, 142, 143, 145
–, quantenmechanische 147
Wahrscheinlichkeitsdeutung 18, 77, 104
Wahrscheinlichkeitsdichte 51, 79
Wahrscheinlichkeitswellen 31, 78
Walls, D. F. 178
Weisskopf, V. F. 18
Wellen 69, 71, 86
–, leere 189
–, retardierte und avancierte 131
–, virtuelle 79, 180
Welleneigenschaften der Strahlung 81
Wellenfunktion 46, 52, 86, 97–100, 112–115, 119, 162–164
Wellengleichung 19
Wellenpaket 77
Wentzel, G. 10
Whitehead 130
Wien, W. 22, 41
Wigner, E. P. 18, 98, 150, 165
Wirkungsquantum 85, 89, 110, 116

Zeeman-Niveau 173
Zeilinger, A. 175
Zerfall 122, 125, 132
Zerfallsprozeß 114
Zermelo, Umkehreinwand 130
Zustand, faktorisierbarer 119, 139–140
Zustandvektoren 52
Zweifel, P. F. 99

Die Deutungen der Quantentheorie
von Kurt Baumann und Roman U. Sexl

3., überarbeitete Auflage 1987. X, 233 Seiten mit 14 Abbildungen
(Facetten der Physik, Bd. 11; hrsg. von Roman U. Sexl.)
Kartoniert DM 39,–
ISBN 3-528-28540-0

„(... Baumann und Sexl liefern auf den ersten 40 Seiten einen knappen, aber verständlichen Überblick über die philosophische Auseinandersetzung von den Anfängen der Quantentheorie bis heute. Der Schwerpunkt des Buches liegt auf einer Zusammenstellung der Jahre 1926 bis 1972, die sich aus verschiedenen Blickwinkeln dem Thema widmen und zum Teil zum ersten Mal in deutscher Sprache veröffentlicht werden. Für Liebhaber der Materie ein Leckerbissen (...)"

Bild der Wissenschaft

Vieweg Verlag, Postfach 58 29, D-6200 Wiesbaden

Ein Klassiker der Wissenschaftsliteratur

Mr. Tompkins' seltsame Reisen durch Kosmos und Mikrokosmos
von George Gamov

Mit Anmerkungen „Was der Professor noch nicht wußte" von Roman U. Sexl.
Aus dem Englischen übersetzt von Helga Stadler.
1980. XII, 182 Seiten mit 43 Abbildungen
(Facetten der Physik, Bd. 4; hrsg. von Roman U. Sexl.)
Kartoniert DM 34,80
ISBN 3-528-08419-7

„(...) Es kommt nicht gerade häufig vor, daß erfolgreiche Wissenschaftler den Versuch unternehmen, die Erkenntnisse ihres Fachgebiets einem breiten Publikum darzulegen. Daß solche Versuche auch noch gelingen, ist die Ausnahme. Zu diesen seltenen Glücksfällen zählen ohne Zweifel die Bücher des Physikers George Gamov. Die vor 40 Jahren erschienenen Bände ‚Mr. Tompkins in Wonderland' und ‚Mr. Tompkins Explores the Atom' gehören zu den Klassikern der populären Wissenschaftsliteratur. Sie schildern auf amüsante Weise, wie sich der kleine Bankangestellte C. G. H. Tompkins mit den Erkenntnissen von Relativitätstheorie, Atomphysik und Kosmologie auseinandersetzt. In der verdienstvollen Reihe ‚Facetten der Physik' hat Roman U. Sexl diese Schriften Gamovs wieder herausgebracht und, wo neue Erkenntnisse es nötig machten, ergänzt." F. A. Z.

Vieweg Verlag, Postfach 58 29, D-6200 Wiesbaden